NOUVEAU MANUEL

COMPLET

DE L'HORLOGER.

NOUVEAU MANUEL

COMPLET

DE L'HORLOGER,

OU

GUIDE DES OUVRIERS,

QUI S'OCCUPENT DE LA CONSTRUCTION DES
MACHINES PROPRES A MESURER LE TEMPS.

Par M. Séb. Le Normand,

Professeur de Technologie et des sciences physico-chimiques
appliquées aux arts, l'un des Collaborateurs du Dictionnaire
technologique et de l'encyclopédie moderne, Membre de
plusieurs Sociétés savantes nationales et étrangères.

Et M. J......

AVEC UN GRAND NOMBRE DE FIGURES.

NOUVELLE ÉDITION AUGMENTÉE.

PARIS,

À LA LIBRAIRIE ENCYCLOPÉDIQUE, DE RORET,

RUE HAUTEFEUILLE, AU COIN DE LA RUE DU BATTOIR.

————

1837.

A MONSIEUR

VALLET (ANTOINE-LÉON).

HORLOGER A PARIS,

RUE SAINT-JACQUES-LA-BOUCHERIE, N° 33.

MONSIEUR,

Je me rappellerai toujours avec la plus vive satisfaction le moment où je fis votre connaissance. Ce fut à l'Exposition de 1823 ; j'accompagnais feu Bréguet dans la visite qu'il faisait aux horlogers qui avaient exposé leurs ouvrages. Je fus témoin des éloges qu'il vous adressa, et pour les soins que vous aviez donnés au jeune Alavoine, sourd-muet de naissance, dont vous avez fait un excellent ouvrier, et pour les outils ingénieux que vous avez imaginés, afin de faciliter et de régulariser l'échappement à cylindre et quelques autres parties de l'horlogerie.

Amant passionné pour l'art que j'ai décrit, et que j'ai exercé pendant longtemps, j'ai dû me lier d'une étroite amitié avec un artiste aussi distingué que vous. Le Manuel de l'Horloger, que je viens de terminer, a pris naissance dans nos fréquentes conversations, où vous m'avez fait connaître, avec détail, tous les per-

1

fectionnemens qu'on a introduits dans un art aussi difficile et aussi important que celui de l'horlogerie.

Vous avez approuvé le plan que j'avais conçu ; nous avons arrêté ensemble les matières que je devais y traiter, vous avez même choisi celles qui vous paraissaient les plus utiles pour les ouvriers qui exécutent la bonne horlogerie ordinaire ; vous m'avez permis d'y décrire les outils que vous avez imaginés, et vous m'avez engagé à y décrire plusieurs de mes inventions. Vous avez perfectionné mon opuscule par les soins que vous avez pris de lire mon manuscrit et d'en corriger les épreuves. Daignez en agréer la dédicace : je vous la devais comme artiste distingué et modeste, et en témoignage de l'attachement sans bornes que vous a voué

Votre concitoyen,

L. Séb. LE NORMAND.

AVANT-PROPOS.

L'HORLOGERIE est, sans contredit, celui des arts mécaniques qui est le plus important, celui sur lequel les savans de tous les siècles se sont le plus exercés, celui qui exige le plus de connaissances théoriques et pratiques. Aucun art n'a autant intéressé la sagacité des artistes et des savans que celui dont nous nous occupons; la mesure du temps a été l'étude continuelle de tous les peuples et de tous les âges. Quatre cents ans avant notre ère, le célèbre philosophe *Platon*, disciple de *Socrate*, inventa l'horloge nocturne : c'était une clepsydre ou horloge d'eau, qui indiquait les heures de la nuit par le son et le jeu d'une flûte. Voilà le plus ancien monument que l'histoire nous ait conservé; mais cette invention très-remarquable semble nous faire connaître que déjà les clepsydres étaient inventées, et servaient à mesurer la division du temps d'une manière imparfaite, à la vérité, mais aussi exacte cependant que les connaissances acquises pouvaient le permettre.

« La première origine de la mesure du temps par les horloges *mécaniques* est très-incertaine, dit Ferdinand Berthoud; et pour la découvrir, on ne peut le faire sans

recourir aux ouvrages relatifs à l'astronomie, avec laquelle elle se trouve intimement
liée. Nous allons présenter ici en abrégé,
d'après ce savant auteur, les diverses époques des inventions sur lesquelles l'art de la
mesure du temps est fondé.

» La PREMIÈRE ÉPOQUE de l'origine de
l'horlogerie est l'invention des roues dentées, cette partie importante sans laquelle
on n'eût jamais eu d'horloges telles que
celles que nous possédons; les roues dentées en sont la base. Cette invention est fort
ancienne : *Ctésibius*, qui vivait deux cent
cinquante ans avant notre ère, en fit usage
dans son horloge d'eau ou *clepsydre*; et
vraisemblablement la sphère mouvante d'*Archimède* était construite avec des roues.
L'auteur de cette invention est inconnu.

» DEUXIÈME ÉPOQUE. C'est celle de l'invention des horloges à roues dentées, qui
furent réglées par un balancier dont les
vibrations alternatives sont produites par
l'*échappement*, et dont la force motrice
fut un poids. Cette invention est attribuée
à *Pacificus*, qui vivait vers le neuvième
siècle; mais il paraît plus certain qu'elle ne
date que du treizième ou quatorzième siècle, et qu'elle a été faite en Allemagne.

» TROISIÈME ÉPOQUE. A la fin du quinzième siècle, on construisit des horloges à
balancier qui marquaient les secondes du
temps; ces machines étaient destinées aux

observations astronomiques. *Ticho-Brahé* en fit usage, ainsi que *Valtherus*.

» QUATRIÈME ÉPOQUE. Elle présente une invention bien précieuse, celle du *ressort* formé par une lame qui, pliée en *spirale* et enfermée dans un tambour, a servi de force motrice à l'horloge, et a été substituée au poids; c'est à cette invention qu'est due celle des horloges portatives, ou *montres*, dont on était en possession vers le milieu du seizième siècle. A cette époque on avait des horloges *à sonnerie*, *à réveil*, etc.

» CINQUIÈME ÉPOQUE. La découverte du pendule par *Galilée*, vers le commencement du dix-septième siècle, sera à jamais mémorable; elle l'est surtout devenue par l'application de ce pendule à l'horloge, en le substituant au balancier. Cette application est due à *Huygens*, vers le milieu du même siècle.

» SIXIÈME ÉPOQUE. Elle consiste dans l'application d'un ressort ou balancier-*régulateur* des montres, au moyen duquel ce régulateur a acquis la propriété de faire des vibrations ou oscillations qui sont indépendantes de l'échappement; en sorte que la force élastique de ce ressort est au balancier ce que la *pesanteur* ou *gravité* est au pendule. Cette heureuse application fut faite vers 1660, par le docteur *Hook*. En 1674, *l'abbé de Hautefeuille* fit usage d'un ressort droit; *Huygens* perfectionna cette in-

1*

vention, en 1675, en donnant la figure
spirale à ce ressort.

» Peu après cette époque, c'est-à-dire
vers la fin du dix-septième siècle, on inventa,
en Angleterre, la *répétition*. Ce mécanisme
ingénieux fut d'abord appliqué aux pendules
par M. *Barlow*, en 1676, et ensuite aux
montres portatives par MM. *Barlow, Tompion* et *Quarle*.

» SEPTIÈME ÉPOQUE. Vers la fin du dix-
septième siècle, on reconnut des variations
assez considérables dans les horloges à pendule construites par *Huygens;* on substitua,
à l'échappement ancien que cet auteur avait
adopté, un nouvel échappement appelé *à
ancre*, dont la propriété fut de faire décrire
de petits arcs *isochrones* au pendule, ce qui
rendit la belle invention de la cycloïde
d'Huygens entièrement inutile.

» HUITIÈME ÉPOQUE. Peu avant le milieu
du dix-huitième siècle, on adapta au pendule un mécanisme au moyen duquel on
corrigea les variations que l'horloge éprouvait par les changemens, dans sa longueur,
produits par l'action du chaud et du froid.
A cette époque, les horloges astronomiques
acquirent le plus haut degré de perfection.

» Enfin, la NEUVIÈME ÉPOQUE est celle de
l'invention des horloges et des montres à
longitudes, machines dans lesquelles le balancier, qui en est le régulateur, semble
disputer au pendule ses plus grands avan-

tages, au moyen d'une propriété très-précieuse reconnue dans le spiral, celle de rendre isochrones ou de même durée les arcs d'inégale étendue décrits par le balancier. C'est aussi à cette époque que toutes les parties de l'exécution des pièces qui composent les horloges ont été portées à la plus grande précision par l'invention de divers instrumens et outils : perfection à laquelle il reste peu à désirer. L'époque dont nous parlons date du milieu du dix-huitième siècle jusqu'au temps actuel. »

L'art de l'horlogerie embrasse plusieurs parties distinctes dont voici le tableau succinct.

1° *Pour l'usage civil*, les horloges publiques, dont le régulateur est un pendule ; elles sonnent l'heure et souvent les quarts ; le pendule porte un correctif pour les effets de la température. Les horloges à pendule ou d'appartement ; elles sont aussi à sonnerie, à répétition, à réveil, à équation, etc. Les horloges portatives ou montres, qui produisent les mêmes effets.

2° *Pour l'astronomie*, les horloges à secondes, et à pendule-compensateur. Elles sont exécutées avec la plus grande précision, et servent aux observations les plus délicates de l'horlogerie.

3° *Pour la navigation et l'hydrographie*. On les nomme *montres marines* ou à *longitude* : elles sont à secondes et à balancier. Elles sont destinées à donner la longitude en mer et à rectifier les cartes marines.

4° *Horloges qui imitent le mouvement des astres.* Telles sont les pendules et les montres à quantièmes des jours, de la semaine et des mois, à quantièmes et phases de la lune, celles qui marquent le lever et le coucher du soleil, le lieu du soleil dans le Zodiaque ; celles qui marquent les révolutions des astres, les planétaires, planisphères, et les sphères-mouvantes, etc.

On voit par ce simple exposé combien doivent être étendues les connaissances que doit posséder un habile horloger. Indépendamment de la pratique, qui ne doit jamais être séparée de la théorie dans les arts industriels, il doit être mathématicien et avoir des notions plus qu'ordinaires de physique et de chimie. Il serait à désirer que nos observations inspirassent à nos jeunes artistes le goût pour ces sciences et pour le dessin linéaire, qui leur serait d'un si grand secours.

MANUEL

DE

L'HORLOGER.

~~~~~~

INTRODUCTION.

Coup d'œil rapide sur l'état actuel de l'horlogerie. — Plan et division de cet ouvrage.

« Parmi les immenses et merveilleuses productions de la mécanique, *l'art de la mesure du temps par les horloges*, a dit Ferdinand Berthoud, est sans contredit celle qui tient le premier rang, tant par son utilité, que par l'étendue variée de ses inventions, par la subtilité de ses effets, par le génie et la profondeur de ses conceptions, et par l'extrême délicatesse des pièces qui le composent. »

Depuis un siècle environ, l'art de l'horlogerie a acquis un si haut degré de perfection, que l'on est autorisé à croire qu'il sera difficile d'aller beaucoup au-delà du point où cet art est arrivé de nos jours, tant pour la construction et la parfaite exécution des diverses pièces que nos ouvriers exécutent dans quelques ateliers privilégiés, que pour la conception ingénieuse et l'exécution soignée des diverses machines qui abrègent les manipulations et rendent la construction des montres, des pendules et des horloges, plus parfaite, et par conséquent d'un usage plus régulier.

Ce sera donc un service important à rendre aux ouvriers intelligens, jaloux de porter dans leurs ouvrages toute la perfection dont ils sont susceptibles, que d'offrir à leur méditation la description des moyens employés par les meilleurs ouvriers pour se diriger vers le but qu'ils cherchent à atteindre, la plus grande régularité dans ces ingénieuses machines.

Notre dessein n'est pas de copier les auteurs célèbres qui ont écrit avant nous; nous n'avons rien à ajouter aux traités de l'infatigable Ferdinand Berthoud, dans son *Essai sur l'horlogerie*, où il a conduit par la main l'ouvrier, pour la parfaite exécution des branches dont il a traité. Nous ne pourrions rien dire de plus clair, de plus précis, de plus méthodique que ce qu'il a écrit, et qui n'est malheureusement pas assez suivi, dans la vue de perfectionner la construction des montres de poche.

Depuis le dernier ouvrage de Ferdinand Berthoud, en 1802, l'ingénieux et excellent artiste Bréguet a changé la forme et la disposition des boîtes; il a simplifié la construction des mouvemens en les rendant plus parfaits. Plusieurs horlogers ont ajouté à ces dispositions quelques améliorations qui n'ont pas été décrites, ce sont ces nouvelles constructions, ces perfectionnemens que nous nous sommes proposé de faire connaître.

Notre plan n'embrasse absolument que la description de la bonne horlogerie, celle qui s'exécute à Paris, et qui jouit, à juste titre, de la supériorité sur les fabriques de la Suisse. Nous entrerons dans tous les détails nécessaires pour décrire avec exactitude toutes les manipulations employées par les meilleurs ouvriers; dans la vue d'atteindre le plus haut degré de perfection dans la construction de ces ingénieuses petites machines de poche qui nous indiquent, avec le plus de précision, la mesure du temps. Nous ferons connaître les perfectionnemens qu'on a apportés dans la construction des pendules de cheminée, des régulateurs et des horloges de clocher. Nous décrirons les divers outils que le génie de nos artistes a imaginés, soit pour accélérer les manipulations, soit pour les rendre plus régulières.

Nous donnerons les notions les plus importantes sur les soins qu'un horloger doit prendre, soit pour réparer les pièces d'horlogerie qui se sont dérangées, soit pour les entretenir dans une marche régulière. Cette partie de l'horlogerie se nomme *rhabillage*, et ce n'est pas la moins importante ; car une excellente montre est souvent détériorée lorsqu'on a le malheur, pour la réparer, de la confier à une main maladroite ou peu expérimentée.

Nous décrirons avec soin les échappemens les plus usités dans le moment où nous écrivons. Nous y ajouterons la description des engrenages et des outils les plus importans dont l'ouvrier se sert habituellement pour la confection des instrumens à mesurer le temps. Nous ne décrirons que les outils nouveaux ; les autres sont généralement connus.

Nous diviserons ce Manuel en Chapitres, dans lesquels nous traiterons successivement, 1º de la construction des montres de poche ; 2º de l'exécution des pendules ; 3º de l'exécution des grosses horloges. Nous ne nous attacherons qu'à décrire la construction des pièces qui sont reconnues comme les meilleures et les plus exactes.

DES MACHINES A MESURER LE TEMPS.

On donne en général le nom d'*horloge* à une machine quelconque qui divise le temps en parties égales, et qui fait connaître ces divisions. Cependant, dans la pratique, on exécute les horloges de différentes dimensions, afin de les approprier aux divers usages de la vie ; on les distingue par des noms différens, selon l'emploi auquel on les destine. Ce sont : 1º les horloges portatives, qu'on désigne sous le nom de *montres*, et qu'on porte presque toujours sur soi ; 2º les horloges qui servent à indiquer dans les appartemens la division du temps, qui restent fixées à une place qu'on leur a affectée, et qu'on nomme *pendules ;* 3º les horloges qui sont destinées au service public, et qu'on place sur les endroits élevés, afin que leur timbre puisse se faire entendre de loin, et que les divisions du temps puissent être vues d'une distance assez considérable. On les nomme *grosses horloges*, ou *horloges de clocher*, ou plus simplement *horloges*.

Il existe une quatrième classe d'horloges qu'on nomme *montres marines*, ou *montres à longitudes*, dont notre cadre ne nous permet pas d'entreprendre la description. Deux volumes seraient à peine suffisans pour traiter convenablement cette partie importante de l'horlogerie, et qui n'intéresse qu'un très-petit nombre d'ouvriers qui doivent réunir une théorie solide à une pratique soignée et scrupuleuse dans la main-d'œuvre.

« Le mécanisme d'une horloge, à quelque usage qu'elle doive être appliquée, est composée de plusieurs parties également importantes, et qui, par leur correspondance, assurent la mesure exacte du temps. Ce sont, ajoute Ferdinand Berthoud, 1º le régulateur ; 2º l'échappement ; 3º le rouage ; 4º le moteur ; 5º l'encliquetage ou moyen de remontage du moteur ; 6º le cadran et les aiguilles qui marquent le temps mesuré par l'horloge.

« Le régulateur, ajoute le même auteur, est la partie la plus importante de l'horloge ; il est le véritable instrument de la mesure du temps ; c'est lui qui, par ses oscillations, par ses pas égaux et précipités, divise le temps. Le régulateur, par les fonctions de l'échappement avec lequel il est lié, règle la vitesse des roues, dont les fonctions sont de compter les pas du régulateur ; et par un double effet de l'échappement, ces mêmes roues, par leur action sur lui, transmettent au régulateur la force du moteur, afin d'entretenir son mouvement oscillatoire, que les frottemens et la résistance de l'air tendent à détruire. »

CHAPITRE PREMIER.

DES MONTRES OU HORLOGES DE POCHE.

Deux systèmes de construction partagent aujourd'hui les horlogers dans l'exécution des *montres*. Le plus ancien, qui est encore en vigueur et qui sert de base à la plus grande quantité de ces machines que l'on voit entre les mains de la plus nombreuse partie des hommes, se distingue par une cage composée de deux platines soutenues à une distance déterminée par quatre piliers également élevés, entre lesquels sont renfermées toutes les roues et les autres pièces qui constituent la machine entière.

Ce premier système a reçu de notables améliorations de la part de Ferdinand Berthoud, qui, dans son *Essai sur l'horlogerie*, tome II, page 347 à 429, n'a rien laissé à désirer sur la parfaite exécution de cette montre, dont nous allons parler en détail.

Le second système appartient au célèbre Bréguet, qui a supprimé une des platines, et par conséquent les piliers qui formaient une cage, sans compter les autres simplifications que nous détaillerons.

Nous ne parlons ici que des montres simples ; nous nous occuperons plus loin des répétitions de poche, auxquelles l'ingénieux Bréguet a fait subir des modifications judicieuses et importantes.

§ Ier. — *Montres selon l'ancien système, perfectionné par Ferdinand Berthoud.*

Les améliorations que cet habile horloger a apportées dans la construction des montres à *roue de rencontre*, furent le fruit de ses constantes observations, dirigées par l'étude approfondie et long-temps soute-

nne des sciences mécaniques. Il préférait l'échappement
à roue de rencontre aux échappemens à repos, parce
que, dit-il, cet échappement produit un très-grand
mouvement au balancier, avec un très-petit espace parcouru dans l'échappement, d'où suit le peu de frottement qu'il a. Aussi ne voit-on pas qu'après plusieurs
années de marche les palettes soient marquées : le frottement est donc constamment le même, à moins que,
par accident, l'huile ne se communique aux palettes;
alors elles se creusent, et la montre varie; mais ce défaut est facile à éviter. Il avoue franchement qu'il croit
les montres à roue de rencontre plus propres à mesurer le temps avec précision.

Nous sommes fâché d'être forcé de contredire ici
ce savant artiste. Il nous serait facile de prouver, par
des expériences multipliées et par l'usage journalier que
l'échappement à roue de rencontre, quoique plus facile
à exécuter par un ouvrier médiocre que les échappemens à repos, n'a pas la justesse de ce dernier; que le
recul, qui est inhérent à sa nature, ne peut lui être
entièrement enlevé, et que cette seule cause suffirait
pour lui ôter la régularité que doit avoir nécessairement cette partie de la montre. Toutes les tentatives
qu'on a faites pour rendre cet échappement isochrone
ont été inutiles. Nous nous étendrons davantage, au
Chapitre des échappemens, sur cette matière.

La seule cause à laquelle Berthoud attribue la piqûre des palettes, paraît être la communication de
l'huile à cette partie de l'échappement, et il n'y fait
entrer pour rien la qualité du laiton qu'on emploie pour
la roue; cependant il n'y a pas un seul horloger observateur qui n'ait remarqué que le cuivre influe beaucoup sur ce défaut, que l'huile cependant favorise aussi.
Nous consacrerons aussi un paragraphe au *laiton*.

Cependant l'échappement à *verge* ou à roue de rencontre ne doit pas être proscrit, par la raison, 1º que ces
montres sont plus faciles à construire et à réparer par
des horlogers ordinaires; 2º qu'elles sont d'un prix

beaucoup moins élevé, et que par là elles sont à la portée d'un plus grand nombre de personnes qui n'ont pas besoin d'une régularité extrême dans ces machines ; 3° qu'elles n'exigent pas des réparations aussi fréquentes que les montres à échappement à repos, qui a besoin qu'on renouvelle les huiles de temps en temps.

Voici la description de la montre à roue de rencontre perfectionnée par Ferdinand Berthoud. (*Voyez* Planche I, extraite de l'*Essai sur l'horlogerie*). ·

Montres ordinaires à roue de rencontre.

Les *fig.* 1 et 2 représentent le *calibre*, car avant d'exécuter une montre on doit en tracer le calibre. On prend pour cela un morceau de laiton d'une bonne ligne d'épaisseur, un peu moins grand que ne doit être le calibre ; on le forge avec soin, jusqu'à ce qu'on l'ait réduit à la moitié de cette épaisseur, et d'environ dix-neuf lignes de largeur. Après l'avoir bien dressé à la lime sur ses deux faces, et avoir enlevé tout le feu et les traits de la lime rude par la lime douce, on perce dans le milieu un petit trou bien perpendiculaire à la surface de la plaque, avec un compas à ressort ; on trace un cercle d'un rayon de neuf lignes et demie (21 millimètres) ; on arrondit à la lime, en ayant soin de ne pas atteindre tout-à-fait le trait, et on le fixe avec de la cire à cacheter sur un arbre à cire, en ayant soin qu'il soit aussi droit sur le tour qu'il est possible, ce qu'on obtient facilement en chauffant le calibre à l'aide du chalumeau et de la flamme d'une chandelle. On profite de la chaleur qu'on a imprimée à la plaque de cuivre pour la dresser parfaitement, en appuyant légèrement contre sa surface un morceau de bois, tenu solidement sur le support du tour, pendant qu'on fait tourner l'arbre avec l'archet. On laisse refroidir en place en agitant toujours l'archet.

Lorsque le calibre est bien froid, alors on peut le tourner sur sa circonférence pour réduire le cercle à quarante-deux millimètres de diamètre, qui est la dimension qu'on veut donner à la grande platine. On a soin que le contour de ce cercle soit une portion de cylindre, et non une portion de cône. On donne avec la pointe du burin, de part et d'autre des deux surfaces et sur le bord, quelques traits qui atteignent partout, ou bien un petit biseau ; on enlève la plaque de dessus l'arbre à cire, en chauffant légèrement avec le chalumeau ; on lime ensuite les deux surfaces sur un bouchon de liége, afin d'atteindre également partout les traits qu'on a donnés, sans cependant les enlever entièrement, même à la lime douce ; on enlève ensuite tous les traits avec la *pierre à l'eau*. Alors la plaque doit être d'une égale épaisseur partout.

Il ne s'agit plus que de tracer sur les deux surfaces l'emplacement et la grandeur des roues et de toutes les pièces qui doivent former la montre.

Il faut être très-habile pour tracer d'imagination un calibre, et peu d'ouvriers sont en état de le faire. Ils se procurent ces pièces importantes, soit en les prenant sur les pièces les mieux exécutées qui leur tombent sous la main, soit en cherchant à s'en procurer la communication chez les ouvriers qui les exécutent.

Sur une des surfaces du calibre on trace toutes les pièces qui se trouvent dans l'intérieur de la montre, et celles qui doivent être placées sur la petite platine ; et sur l'autre surface, celles qui doivent se trouver sous le cadran. Le centre de toutes les roues et celui du balancier doivent être percés de petits trous perpendiculairement à la surface de la platine. En indiquant la manière de copier un calibre, nous ferons connaître la manière de le tracer.

Les *fig.* 1 et 2, Pl. I, représentent les deux surfaces du calibre. La *fig.* 1 montre l'intérieur de la cage et le dessus de la petite platine ; la *fig.* 2 fait voir la disposition des pièces qui doivent se trouver sur la grande platine, au-dessous du cadran.

On place le calibre qu'on veut copier sur *la plaque* qu'on a déjà préparée, et qui doit porter cette copie exacte ; on place les trous qui sont au centre de chacune l'un sur l'autre ; et afin que les deux pièces ne changent pas de position, on fait entrer un peu à force une goupille de cuivre qui les traverse tous les deux à la fois, en faisant attention que cette goupille soit bien perpendiculaire à leur surface ; on serre avec des tenailles ces deux plaques ensemble, afin qu'elles ne se dérangent pas ; on place un morceau de papier qui embrasse les deux pièces, afin que les tenailles ne les gâtent pas. L'on a soin encore de placer les mâchoires des tenailles de manière qu'elles ne cachent aucun des trous qu'on doit percer.

Tous les trous étant percés avec un petit foret, on trace les cercles avec le plus grand soin, après avoir séparé les plaques, et l'on se sert, comme compas, de l'outil ou compas à engrenages, en tenant les pointes bien perpendiculaires à la surface sur laquelle on trace.

Le barillet *a* est placé à côté de la fusée *b* ; par ce moyen, il est de toute la hauteur de la cage ; le ressort en est meilleur, parce qu'il est plus large, et que le barillet étant plus haut, il est moins sujet à vaciller sur son axe.

La grande roue moyenne *c*, est au centre ; la petite roue moyenne *d*, et la roue de champ *f*, sont tracées ensuite. Par le centre du balancier *g*, et le centre de la roue de champ *f*, on trace une ligne droite *i*, qui indique l'emplacement du pignon de la roue de rencontre. Par le même centre du balancier *g*, on mène une ligne droite *i*, *h*, perpendiculaire à la ligne *i*, *f*. Cette ligne *i*, *h*, représente le devant de la potence qui doit occuper tout l'espace entre cette ligne et le barillet, avec un jeu léger pour le passage de la chaîne. Voilà tout ce qui concerne l'intérieur de la cage.

Les autres pièces tracées sur ce calibre sont : 1º le pont de la fusée *m* ; 2º la coulisse *n*, avec son râteau ; et 3º la rosette *o*.

2*

L'autre surface, *fig.* 2, montre les pièces qui sont sous le cadran : 1º sur la chaussée des minutes *p*; 2º la roue de renvoi *q*, avec son pont; 3º la roue de cadran *r*; 4º le pont *s*, qui reçoit les pivots de la petite roue moyenne et de la roue de champ ; 5º le rochet du barillet *t*, qui sert à bander le ressort, et à le maintenir ainsi bandé par la masse ou cliquet *v*; 6º on y voit aussi les trous 1, 2, 3, 4, qui marquent l'emplacement des piliers.

Avant de décrire les manipulations qu'on doit employer pour l'exécution de toutes les pièces qui composent cette montre, il est important de faire connaître les avantages que présente ce calibre. La *fig.* 3, dans laquelle Berthoud a placé toutes les parties sur une même ligne droite, et dont les platines sont coupées par le milieu des trous, nous en donnera la facilité.

La grande platine, ou platine des piliers A , A , est prise dans un morceau de laiton épais. On y a ménagé autour une batte ou fausse plaque *a, a*, et un drageoir *b*, *b*, afin qu'elle repose sur le bord de la boîte. On a ménagé au centre du côté de la batte, une forte goutte *c, c*, dont on verra plus bas l'usage. On laisse à cette platine une épaisseur d'un millimètre et demi. On fait la petite platine un peu plus mince.

On pratique, au tour, une creusure au centre de cette grande platine, afin d'y loger en entier l'épaisseur de la grande roue moyenne B, avec un petit jour, afin qu'elle ne frotte pas sur la creusure de la platine. La goutte *c, c*, que nous avons dit qu'il fallait réserver, sert à y pratiquer une creusure, aussi profonde qu'on le peut dans la vue d'y faire reposer la portée de la tige de grande roue moyenne, à laquelle on laisse un tigeron assez long pour éloigner, de la roue et du pignon du centre, l'huile que l'on met dans le réservoir qu'on pratique sur cette goutte du côté du cadran.

La grande roue moyenne B, ainsi cachée dans l'épaisseur de la platine, donne la facilité de tenir la fusée *C*, avec sa roue, de toute la hauteur de la cage, et procure ainsi le moyen d'avoir une chaîne plus solide. Le barillet

D, placé à côté de la grande roue, est pareillement tenu de toute la hauteur de la cage, et par ce moyen on obtient un ressort dont la lame est plus large, par conséquent plus fort, plus solide, quoique plus mince.

Pour obtenir, dans la fusée C, le même avantage que présente la goutte dans la roue du centre, d'éloigner l'huile de la portée, Berthoud prescrit de rapporter une goutte d, bien tournée, à l'emplacement du trou de la fusée dans la grande platine, et d'y pratiquer une creusure semblable à celle de la grande roue moyenne. Pour obtenir un éloignement semblable dans le pivot d'en haut, il place sur la petite platine un fort pont f, qui reçoit le pivot, et le pont y est fixé par une vis et deux pieds.

À l'aide du pont h, que l'auteur a placé sous le cadran et auquel il a donné toute l'élévation que l'emplacement lui permet, il a trouvé la facilité de donner une grande longueur aux tiges inférieures de la petite roue moyenne E et de la roue de champ F; et en plaçant le plan de la petite roue moyenne entre ceux de la grande roue moyenne et de la roue de champ, il a résolu un problème important de mécanique. Il dispose ces trois roues de manière que la pression que chacune d'elles opère sur le pignon respectif, s'exerce à peu près dans le milieu de la longueur des tiges entre les deux pivots. Par ce moyen, les frottemens sont également distribués entre ces deux pivots.

Avant cette heureuse disposition, la petite roue moyenne était noyée dans la grande platine, son pivot inférieur était porté, presque sans tigeron, dans une barrette qui traversait la creusure; la grande roue moyenne était posée sur la grande platine, sans creusure, ce qui diminuait l'emplacement pour la fusée et pour le barillet. Les pignons de grande et de petite roue moyenne étaient rarement à l'abri de l'huile qui remplissait leurs ailes. Il en était de même de la roue de renvoi q (fig. 2.), qui, frottant sur la grande platine, s'emparait souvent de l'huile placée au pivot de la grande roue moyenne et augmentait les frottemens de la machine.

Dans la nouvelle construction (*fig.* 3), la chaussée *g* étant plus élevée à cause de la goutte *c,c*, oblige la roue *i* à s'élever comme elle; son pignon à une tige plus longue dont le pivot roule dans la platine, tandis que son autre pivot roule dans un pont C.

En plaçant la tige *m* de la roue de rencontre perpendiculairement à la tige de la roue F, il a le double avantage d'avoir une tige plus courte, plus facile à tourner, et d'obtenir un engrenage beaucoup plus parfait que lorsque cette tige passe à côté de la tige de la roue de champ pour aller aboutir au bord de la petite platine.

L'auteur a perfectionné aussi les deux pièces dans lesquelles roulent les deux pivots de la verge du balancier. Le pivot inférieur roule comme par le passé dans un trou pratiqué dans l'épaisseur du talon de potence, et sa pointe appuie sur une plaque d'acier trempé et poli. Il pratique un tigeron au-dessous de la palette inférieure, afin d'en écarter l'huile. Au-dessus du coq, il place un coqueret de cuivre, qu'il fait aussi épais que la boîte peut le lui permettre, comme on le voit en P, et par-dessus un coqueret d'acier trempé et poli. Ces deux coquerets sont fixés ensemble par la même vis, et le coqueret de cuivre est de plus fixé sur le coq par deux pieds qui ne lui permettent pas de tourner. Dans la vue de fixer l'huile vers ces deux pivots, il a arrondi le talon de potence et le coqueret de cuivre en goutte de suif, du côté des plaques d'acier, en ayant soin de laisser un tout petit jour entre la goutte de suif et la plaque d'acier, afin de laisser passage à l'huile. Cette forme attire continuellement l'huile vers le bout des pivots et ne lui permet pas de s'extravaser. Nous parlerons plus bas (pag. 17 et 18) de la potence.

Dans l'ancienne construction, le pivot supérieur roulait dans le coq, et la verge n'avait aucun tigeron, de sorte que l'huile se desséchait promptement en se fixant sur toute la surface du coqueret d'acier. Par la nouvelle disposition, on voit en *p*, qu'il a conservé un tigeron très-long, qui garantit souvent la rupture de ce pivot, lorsqu'on a soin de tenir le trou du coq le plus petit possible, sans cependant que le tigeron puisse frotter contre ses parois. Cette construction présente en même temps un autre avantage, qui consiste à garantir la roue de rencontre, puisque si le trou du coq n'est pas trop grand, il retient la verge dans sa position presque naturelle et le rouage ne peut pas filer, si le pivot d'en haut vient à se casser par une chûte.

Nous ne nous occuperons ici ni de la construction des roues et des pignons, ni de celle du barillet, devant entrer dans tous ces détails en traitant de l'exécution des montres, d'après les nouveaux calibres et le dernier système. Nous renvoyons aussi à parler des échappemens au Chapitre que nous destinons à cette partie importante de l'horlogerie. Nous nous bornerons à décrire la construction de la fusée, telle que l'a imaginée Ferdinand Berthoud, les nouvelles montres n'ayant pas de fusée. Voici cette pièce avec tous ses développemens.

La *fig.* 4 représente l'arbre de fusée, de profil et en perspective. Cet arbre est fait en acier, d'une seule pièce forgée, ce qui rend le crochet plus solide. On soude communément à l'étain l'arbre sur la fusée; mais cette méthode est défectueuse, car ces sortes de fusées sont sujettes à se dessouder. Voici donc un ajustement qui est préférable et qui a l'avantage de pouvoir refaire sans difficulté une fusée en conservant l'arbre. Après avoir tourné la tige *a*, d'une bonne grosseur, on la fait entrer bien juste dans le trou du centre de la fusée B (*fig.* 5), qui représente le dessus de la fusée ; on pratique au sommet de la fusée une creusure dans laquelle se noie l'épaisseur du crochet, et l'on fait en *b* une entaille dans laquelle entre très-juste le crochet. On arrête l'arbre avec la fusée, au moyen d'une vis; ainsi il ne peut pas tourner séparément de la fusée; la vis sert à retenir l'arbre appliqué contre la creusure.

Pour donner à la fusée toute la grandeur qu'elle peut avoir, on loge dans sa base l'encliquetage : pour cet effet la base C,C, vue par-dessous (*fig.* 6), est creusée de deux renfoncemens ; dans le premier *a, a,* se loge le ressort d'encliquetage et le cliquet, portés par la roue de fusée DD(*fig.* 7), dans le second *b, b,* se loge fort juste le rebord *c, c,* du rochet E, vu en plan et en élévation(*fig.* 8). Les dents du rochet s'appliquent sur le premier enfoncement *a, a,* (*fig.* 6). Ce rochet, vu en profil (*fig.* 8), porte deux chevilles 1, 2, qui entrent dans les trous *b, b,* (*fig.* 6). Ainsi, le rochet est entraîné par la fusée, et il reste appliqué sur le fond de sa creusure, au moyen de la roue de fusée qui le retient. Cette roue DD est retenue, à frottement doux, contre la base de la fusée par une pièce d'acier F (*fig.* 9), qu'on nomme *goutte;* cette pièce se loge dans une noyure pratiquée au centre de la roue de fusée; c'est pour cela que l'on réserve la goutte *d, d,* qui se loge dans le vide du rochet E. (*fig.* 8). La pièce *i, i, f,* (*fig.* 7), est le ressort d'encliquetage, rivé sur la roue par des goupilles de laiton ; *g* est le cliquet.

. Les *fig.* 10 et 11 montrent les dispositions de toutes les pièces de cette montre dans l'intérieur de la cage. La *fig.* 10 fait voir toutes les pièces, lorsqu'on a enlevé la petite platine, qu'on a représentée retournée, c'est-à-dire vue par-dessous, lorsqu'elle recouvre la grande platine. Les mêmes lettres indiquent les mêmes pièces qu'on a vues dans la *fig.* 3, mais placées dans l'ordre où elles sont dans la montre.

Dans la *fig.* 10, on voit en R la tête du ressort de cadran et la charnière en S; par conséquent la roue de champ se trouve placée sur le diamètre où l'on voit sur le cadran les deux chiffres 12-6; la roue de champ se trouve au-dessus de 6 heures.

Dans la *fig.* 11, on distingue la potence H, que nous décrirons plus bas ; la roue de rencontre G, dont le pivot intérieur entre dans le lardon, la contre-potence *n,* avec la vis qui la fixe sur la platine, et sa plaque d'acier contre laquelle roule son pivot extérieur. On y voit de plus le *garde-chaîne r* avec son ressort *s;* le contour du barillet, la chaîne et le crochet de fusée, ponctués, représentant le moment de l'arrêt de la fusée.

Il nous reste à donner les nombres des dents des roues et des ailes des pignons que Berthoud a fixés pour ces montres. Nous allons indiquer ces nombres, non seulement pour les montres ordinaires, mais même pour les montres à secondes, qu'on nomme *trotteuses*. Nous ferons connaître plus bas la construction nouvelle des montres à *secondes mortes*, destinées aux observations astronomiques.

MONTRE ORDINAIRE.

	Dents des r.	Ailes des pig.	Tours en h.
Roue de fusée.........	54		
Grande roue moyenne..	60	12...	1
Petite roue moyenne...	48	6...	10
Roue de champ.........	45	6...	80
Roue de rencontre.....	13	6...	600

Nota. Les lignes inclinées qui vont d'un chiffre à l'autre dans l'exemple qui précède, et dans ceux qui suivront, indiquent les pignons dans lesquels les roues correspondantes engrènent pour leur faire faire leurs révolutions.

La roue de rencontre fait, comme on le voit ici, 600 tours par heure, pendant que la grande roue moyenne en fait un seulement. Mais comme la roue de rencontre a 13 dents et que chaque dent produit deux vibrations, en multipliant 600 par 26, double de 13, on obtient pour produit 15,600, nombre de vibrations que bat le balancier pendant une heure. L'expérience a prouvé que pour qu'une montre marche avec plus de régularité et se règle plus facilement, il faut qu'elle batte par heure de 17,300 à 17,400 vibrations. C'est la règle que l'on suit aujourd'hui.

Montres à secondes ordinaires.

Berthoud, en disposant son calibre, a eu l'intention de l'approprier et aux montres ordinaires et aux montres à secondes, ainsi qu'il l'annonce formellement et qu'on le voit par son calibre *fig.* 1, et par la disposition des pièces *fig.* 10. On aperçoit dans le calibre le diamètre *r, s,* qui indique la ligne de 12 et 6 heures, 12 en *r,* 6 en *s.* Il n'y a, dans cette construction, qu'à changer le nombre des dents des roues et celui des ailes des pignons, ainsi qu'il suit :

	Dents des r.	Ailes des pig.	Tours en 1 h.
Roue de fusée	54		
Grande roue moyenne	60	12	1
Petite roue moyenne	48	8	7 1/2
Roue de champ	48	6	60
Roue de rencontre	15	5	480

La roue de rencontre ayant 15 dents, fait faire 30 vibrations au balancier par chacun de ses tours, et par conséquent 14,400 vibrations par heure ou 4 vibrations par seconde ; de sorte qu'en prolongeant le pivot de la roue de champ qui fait 60 tours par heure, ou un tour par minute et en plaçant une petite aiguille légère sur ce pivot, cette aiguille marquera, sur un petit cadran tracé au-dessus de 6 heures, les secondes divisées en quatre parties. Cette disposition, par laquelle l'aiguille ne marque pas les secondes par un seul mouvement, a fait donner à ces montres la dénomination de *trotteuses.*

Le nombre 54, indiqué par Berthoud pour les dents de la roue de fusée, engrenant dans un pignon de 12, nécessiterait six tours et demi de spirale autour de la fusée, afin de faire aller la montre pendant 30 heures sans la remonter, comme c'est l'usage, et à moins d'employer des chaînes très-fines et par conséquent peu solides, exigerait une hauteur de cage considérable. Cette disposition n'a pas été adoptée par les horlogers : ils donnent 60 dents à la roue de fusée, 10 ailes au pignon de grande roue moyenne. Cette combinaison, qui ne change rien au calibre, procure la facilité de ne donner

que cinq tours à la fusée, en faisant marcher la montre
pendant 30 heures sans la remonter.

La description des nouvelles montres que nous allons
donner, après avoir décrit la potence imaginée par
Berthoud, achèvera de faire connaître les manipulations
qu'emploient les bons ouvriers dans l'exécution de toutes
ces machines ingénieuses.

De la potence. C'est à Ferdinand Berthoud que nous
devons le perfectionnement de cette pièce, importante
par les fonctions qu'elle exerce en recevant les trois
pivots principaux de l'échappement. Voici comment il
décrit cette pièce :

« La potence C est vue de profil (*fig.* 12), *d, d,* est
» la rainure pratiquée pour y loger le lardon ou nez de
» potence D, (*fig.* 13). La vis de rappel *e* entre dans le
» trou taraudé de la potence parallèle au chemin du
» lardon. La partie *g,* de cette vis, entre dans l'entaille
» *h,* du lardon D,) *fig.* 15). Ainsi, celui-ci se meut dans
» la rainure de la potence, selon que l'on fait tourner
» la vis de rappel. Ce mouvement du nez de potence
» est nécessaire pour mettre parfaitement la montre
» dans son échappement. Pour retenir le lardon appliqué
» contre la rainure *d, d,* de la potence, celle-ci est
» percée en *k,* d'un trou dans lequel entre une vis dont
» la tête appuie sur le lardon, et pour que la vis n'em-
» pêche pas le mouvement du lardon, on alonge le
» trou *b,* à travers lequel la vis passe. La plaque E est
» d'acier ; elle se fixe par une vis sur le haut de la po-
» tence, pour recevoir le bout du pivot de la verge de
» balancier, qui roule dans le talon *f* de la potence. Ce
» talon est arrondi en goutte de suif par-dessus, afin
» de retenir l'huile du pivot entre cette partie sphérique
» et la plaque E. Les pieds 1, 2, de la potence, entrent
» très-juste dans des trous faits à la petite platine.

» Pour que l'huile que l'on met au pivot intérieur
» de la roue de rencontre ne puisse pas être emportée
» par la palette, Julien Leroi imagina de recouvrir ce
» trou d'une plaque d'acier F (*fig.* 13), qui s'assemble

3

» avec le lardon même, et il est retenu avec elle par
» la vis qui fixe le lardon. Le bout du pivot de rencontre
» roule sur cette plaque. Afin que le lardon d'acier se
» meuve en même temps que le nez de potence, celui-ci
» porte une cheville *n*, qui entre dans un trou de la
» plaque d'acier. »

     « Pour retenir l'huile de ce pivot, le nez de potence
» *m* est arrondi par-derrière, en goutte de suif, de la
» même manière que pour le nez de potence. On doit à
» MM. Sully et Julien Leroi cette excellente méthode
» de conserver l'huile aux pivots.

     » On voit en G (*fig.* 13), la plaque d'acier assemblée
» avec le lardon. »

§ II. — *Montres selon le nouveau système de Bréguet.*

     Les montres construites d'après le système imaginé
par cet excellent horloger, Bréguet, diffèrent essentiellement des constructions que nous avons décrites dans
les paragraphes précédens, d'abord par le calibre, ensuite parce qu'il n'emploie que la grande platine, sans
piliers, et qu'il supplée à la petite platine par des ponts.
Son rouage n'est pas de fusée, et son échappement est
ordinairement à cylindre de son invention.

     Les montres qu'on nomme à la *demi-Bréguet* sont
construites sur le même calibre; elles ne diffèrent
que par la forme du pont qui porte le barillet. Nous
allons décrire la montre à la demi-Bréguet, nous décrirons ensuite le pont dont nous venons de parler.

     La *fig.* 15, Pl. I, montre le calibre de grandeur
naturelle. L'on voit en A, le barillet qui a 80 dents;
en B, la grande roue moyenne de 64 dents : son pignon a 10 ailes; la petite roue moyenne C a 60 dents,
son pignon 8 ailes; la roue de champ D a pareillement
60 dents, son pignon 8 ailes; la roue de cylindre E a
15 dents, son pignon 6 ailes. On voit en F la grandeur
du balancier. Il est facile de se convaincre que cette
montre bat 18,000 vibrations par heure.

La *fig.* 1, Pl. II, indique ce système sur une échelle plus grande que le calibre, *fig.* 15, Pl. I, afin de faire mieux distinguer toutes les parties de la montre. Le mouvement est vu ici sur la face de la platine opposée au cadran ; car, comme nous l'avons dit, il n'y a qu'une platine dans ce système de montres. La platine A a, tout autour de sa circonférence, une petite portée par laquelle elle repose sur la boîte, avec laquelle elle est fixée par plusieurs clefs à vis.

Le barillet B, dont on ne voit qu'une partie, le restant étant caché par le pont C, C, porte 80 dents sur sa circonférence. Le pont C, C est fixé sur la platine A, par deux fortes vis *a*, *a*, et deux pieds. On aperçoit sur ce pont un rochet *b*, en acier, un cliquet *c*, appelé *masse*, mobile sur une vis à gorge ou à portée, continuellement poussé contre les dents du rochet par le ressort *d*, fixé sur le pont par une vis et un pied. Ces deux dernières pièces sont en acier, comme le rochet. Les trois vis qu'on aperçoit sur le rochet, autour de son centre, ne sont pas taraudées dans le pont, comme on pourrait le croire par l'inspection de la figure ; elles sont taraudées dans la grande portée de l'arbre, comme on le verra plus bas ; car sans cela il ne pourrait pas tourner ; elles servent à le fixer avec l'arbre du barillet qui sert à remonter le grand ressort, et le retient par l'encliquetage afin qu'il ne puisse pas retourner en arrière.

C'est dans l'ajustement des pièces qui composent l'arbre du barillet, l'encliquetage, et la forme du pont C, C, que les montres à la Bréguet diffèrent des montres à la demi-Bréguet, dont nous nous occupons actuellement ; nous reviendrons sur ces pièces, qui sont différentes ; et en les comparant on pourra juger comment elles en diffèrent.

La grande roue moyenne D, est la plus élevée de toutes ; elle passe au-dessus du barillet, et même au-dessus du balancier, comme le montre la figure ; elle est portée par le pont E, qui est fixé à la platine,

comme tous les autres, par une forte vis et trois
pieds.

La petite roue moyenne F, portée par le pont G,
est placée au-dessous de la grande roue moyenne D,
et au-dessous du balancier.

La roue de Champ H, portée de ce côté par le
pont I, passe à travers la platine dans une ouverture
que l'on voit à la *figure* 2 en M, et va se loger dans une
creusure pratiquée dans la barrette N, qui est fixée
sur cette face de la platine par deux bonnes vis et deux
pieds.

La roue de cylindre qui se trouve cachée dans la fi
gure par le pont K, qui la supporte, et par le balancier, a un de ses pivots qui roule dans le pont K, et
l'autre roule dans la barrette N, qui se trouve sur
l'autre surface de la platine, et qui sert à recevoir
en même temps les pivots inférieurs des deux roues F
et H.

Le coq L reçoit le pivot supérieur du balancier, et
c'est dans ce coq que roule le pivot d'en haut, ou supérieur; le pivot d'en bas roule dans un autre pont,
qui est placé sur l'autre face de la platine, et qu'on
nomme *chariot*; nous le décrirons dans un instant.

Le pont L, dont nous venons de parler, porte une
petite oreille r, qui reçoit par-dessous, dans un petit
trou qu'on y aperçoit, le pivot du piton du spiral. On
aperçoit en m, une espèce d'aiguille; c'est la queue de
la raquette que l'on pousse avec la clef, à droite ou à
gauche, pour faire retarder ou avancer la montre. Voici
la construction de cette pièce : dans une plaque d'acier
mince, assez longue pour aller depuis le bout de l'aiguille m, jusqu'à l'extrémité o, diamétralement opposée, on perce un trou au milieu de la partie n, on la
place sur un arbre, et l'on trace sur le tour les deux
traits que la figure présente. On peut même enlever la
partie du milieu sur le tour, en ayant soin que le trou
soit un peu conique, c'est-à-dire plus étroit sur la surface qui est destinée à appuyer sur le coq L, et plus

large sur la partie extérieure. On lime tout le reste selon la forme indiquée par la figure. On ajuste sur le tour une petite pièce d'acier *n*, conique dans le sens inverse du trou de la raquette. Cette pièce se fixe sur le coq au milieu de la raquette, par deux vis. On sent qu'alors la raquette la peut tourner facilement autour de la pièce *n*, à frottement doux.

L'oreille *o*, qu'on a conservée au bout de la raquette, porte en dessous deux petites chevilles, distantes entre elles d'un millimètre. C'est entre ces deux chevilles que passe la première révolution du spiral, dont l'élasticité commence à compter à peu près de ce point.

L'échappement est ordinairement à cylindre, cependant on peut y employer tout autre échappement à repos; nous entrerons dans les détails de cet échappement au Chapitre qui en traitera spécialement. Nous nous bornerons à dire ici que dans les montres bien exécutées, les quatre pivots au moins des deux pièces de l'échappement roulent dans des trous pratiqués dans des rubis qu'on rapporte sur la platine ou sur les ponts.

La *fig.* 2 représente la seconde surface de la platine du côté du cadran, dont la *fig.* 1 montre l'autre surface du côté des roues. On y voit, en P, une ouverture dans laquelle le cylindre qui constitue le barillet proprement dit peut tourner sans aucun frottement contre les parois de l'ouverture P, ce qui donne la facilité d'obtenir un ressort moteur le plus large possible, puisque le barillet peut s'élever presque jusqu'au cadran. On voit aussi, sur cette même *fig.* 2, une barrette N, appelée *pont*, fixée à la platine par deux vis. Cette barrette reçoit, en *a*, le pivot de la petite roue moyenne; en *b*, celui de la roue de champ; en *c*, celui de la roue d'échappement. Cette barrette est amincie par-dessous, afin de ne laisser au laiton que l'épaisseur nécessaire relativement à la longueur des pivots.

On aperçoit, sur la même *fig.* 2, une seconde bar-

3 *

rette O, qu'on nomme *chariot*. Cette barrette porte
vers le milieu de sa longueur une partie saillante R,
de l'épaisseur de la platine. Cette partie R, entre dans
une entaille de même forme, pratiquée dans la platine, et arrive jusqu'à fleur de l'autre surface : l'ajustement n'est pas assez exact pour que cette pièce ne
puisse pas prendre un petit mouvement à droite ou à
gauche de trois ou quatre degrés au plus ; on verra
dans un instant l'utilité de cette construction. On fixe
d'abord ce chariot par une vis *s*.

Le coq L (*fig.* 1), n'est pas fixé par la vis *t* sur la
platine. Il est fixé par cette même vis sur la partie R
du chariot O (*fig.* 2), et par trois pieds qu'on y voit
indiqués. On voit en *d*, sur le même chariot, la place
du pivot du cylindre. On concevra actuellement avec
facilité que si les deux pièces sont bien ajustées et
fixées invariablement entre elles, que de plus le *chariot* O soit fixé sur la platine par la vis *s*, le point *d*,
où se trouve le pivot d'en bas du balancier, pourra
décrire un petit arc de cercle autour du point *s*, et que
par ce moyen le cylindre pourra s'éloigner ou s'approcher du centre *c*, de la roue, et que par là on
pourra rectifier à volonté l'échappement si l'on s'aper-
cevait qu'en plaçant les deux pièces qui le composent
on avait commis quelque erreur.

Pour parer à cet inconvénient, on noie dans la platine une vis T, à large tête ; cette vis porte une entaille *v*, dans laquelle s'engage une goupille d'acier
fixée à la queue du chariot ; de sorte qu'en tournant
avec un tourne-vis un tant soit peu la tête à droite ou
à gauche, on imprime au cylindre un mouvement qui
l'approche ou l'éloigne suffisamment de la roue ; lorsque l'échappement est fixé, on marque un repère sur
la platine, et on serre la vis *t* du coq ; alors l'échappement est irrévocablement fixé.

Ce qui nous importe le plus de considérer en ce moment, c'est la construction de l'arbre du barillet, qui
n'est point la même dans le système de Bréguet et dans

celui à la demi-Bréguet. Nous ne connaissons pas l'inventeur de cette dernière construction ; il paraît que celui qui en a eu la première idée ne l'a adoptée que parce qu'il trouvait la construction de l'ingénieux Bréguet trop difficile à exécuter. Il paraît que ce système a été généralement admis dans toutes les fabriques de Paris, et que ce n'est que dans celle de Bréguet que l'on a conservé presque exclusivement la construction, imaginée par cet habile horloger. Nous allons d'abord décrire le système à la demi-Bréguet, qui fera mieux concevoir l'autre.

La *figure* 5 donnera une idée de l'ajustement de l'arbre du barillet des montres à la demi-Bréguet. La tige entière, d'une pointe à l'autre, depuis *a* jusqu'en *b*, y compris la plaque circulaire *d*, est d'une seule pièce. Le barillet est compris avec son couvercle dans la hauteur *c*, vers le milieu de laquelle on aperçoit un trou *n*, percé de part en part. Sur cette partie *c*, cylindrique, on ajoute un cylindre *m*, dont le diamètre est égal au tiers du diamètre intérieur du barillet ; c'est sur cette pièce que se roule le ressort moteur. Mais comme ces deux pièces doivent être solidement et invariablement fixées ensemble, on perce ces deux trous à la fois, après avoir placé à frottement dur ces deux pièces l'une sur l'autre. On les fixe ensemble par une bonne goupille d'acier qu'on laisse déborder d'un côté, afin d'y pratiquer un crochet capable de retenir parfaitement le ressort. Comme c'est sur la plaque *d*, que doit frotter le barillet, et que ce frottement serait considérable si on le laissait exister de tout le diamètre de la pièce, on la tourne en plan incliné, de manière que le barillet ne puisse appuyer que sur une portée suffisante pour sa solidité, et assez petite pour que le frottement soit le moindre possible.

L'on ménage sur l'arbre du barillet *a*, *b* (*fig.* 5), une rondelle *f*, de l'épaisseur du pont C,C (*fig.* 1), et l'on ajuste ensuite, par-dessus, le rochet *g*, qui tient par trois vis avec cette rondelle, comme on le voit en *b*, fig. 1.

On voit dans les *fig*. 4, 5, 6, 7, 8 et 9, les détails du pont à la Bréguet, et de l'ajustement de son arbre de barillet.

La *fig*. 4 montre le pont vu par-dessus, tout monté avec son ressort d'encliquetage.

La *fig*. 5 fait voir le même pont par-dessous, mais sans le ressort que l'on voit séparément à côté (fig. 6).

La *fig*. 7 montre l'arbre du barillet en profil, et à côté en *q*, le rochet vu de face.

La *fig*. 8 fait voir, sur une échelle quadruple, l'ajustement de la pièce d'acier qui augmente la grosseur de l'arbre selon les proportions requises, et qui porte le crochet pour retenir le ressort. Toutes les autres figures sont sur une échelle double, pour un calibre d'une grandeur ordinaire. Les mêmes lettres indiquent les mêmes objets dans toutes ces figures.

Le pont (*fig*. 4) n'est pas d'une seule pièce; il est composé de deux parties : 1° le pont proprement dit, dont on peut considérer l'épaisseur dans la partie supérieure *b*, *b*, (*fig*. 9) divisées en trois parties égales, l'une *m*, qui fait une seule pièce avec le pont; la seconde *b*, *b*, qui porte un canon *a*, qui tient avec le pont par deux vis *b*, *b*, (*fig*. 4); la troisième, qui est creusée dans la partie massive du pont, et qui sert à loger le rochet d'encliquetage. Le canon *a*, dont nous venons de parler, sert à recevoir le bout de la clef, lorsqu'on veut remonter la montre, afin de garantir les autres pièces de tout accident causé par maladresse.

Le ressort d'encliquetage *d*, *c*, est aminci depuis *f*, jusqu'en *c*, d'environ moitié de son épaisseur, afin de ne lui laisser que la force suffisante. Il a une fenêtre ou dégagement alongé en *g*, qui laisse affleurer les dents du rochet. La partie supérieure *c* est limée en plan incliné, afin de se loger entre les dents du rochet et les empêcher de rétrograder. Ce ressort est fixé sur l'épaisseur du pont par une vis et deux pieds, comme le montre la *fig*. 6.

L'arbre du barillet (*fig*. 7) est en acier et d'une

seule pièce, compris le rochet *s*, que l'on voit de face
à côté en *q*. La partie *o, n*, est limée en carré ; tout le
reste est rond à l'exception des deux tiges *p*, et *r*, que
l'on fait carrées pour le remontoir. Sur les deux angles
opposés de la même diagonale, on fait deux petites
entailles *o, n*, et l'on place à carré, sur cette partie, un
cylindre d'acier, dont le diamètre est égal au tiers du
diamètre intérieur du barillet. La *fig.* 8, faite sur une
échelle double des autres figures, fera concevoir cet
ajustement. Sur le prolongement de la diagonale du
carré *r*, qui est au centre, on perce un trou de chaque côté
et à la même distance des deux angles. Après avoir
taraudé les deux trous, on y ajoute deux petites vis à
tête plate, noyée ; on fait à chacune d'elles une entaille
à angle droit, suffisante pour laisser passer le carré.
Lorsque cette pièce est en place, on fait tourner chaque
vis d'un quart de tour ; la partie pleine des vis se loge
alors dans les entailles *o, n*, les vis servent de clef, et
cet assemblage est parfaitement solide. La pièce représentée par la *fig.* 8 porte le crochet qui saisit le
ressort moteur au centre.

Dans ces deux systèmes, on a adopté une construction
particulière pour la chaussée. Au lieu de percer le
pignon, qui dans l'ancien système se place à frottement
sur la tige prolongée de l'aze de la grande roue moyenne,
c'est ici tout le contraire : le pignon de la grande roue
moyenne est percé dans son axe d'un bout à l'autre ;
on remplace la chaussée par un pignon plein, dont la
tige inférieure entre dans le trou pratiqué à ce pignon,
à frottement doux et assez fort pour qu'il soit entraîné
comme l'était la chaussée, et cette tige porte le pivot
de la grande roue moyenne. Par ce moyen, la tige supérieure du pignon qui remplace la chaussée peut être
tenue beaucoup plus petite, et les canons, soit de la
roue des heures, soit de la roue des secondes, qui doivent rouler dessus, éprouvent moins de frottement.

Nous pensons avoir suffisamment décrit, et d'une
manière intelligible, ces deux systèmes, pour que

tout horloger intelligent puisse nous avoir compris.

Les horlogers de Genève et de la Suisse ont adopté à peu près ces systèmes; mais quand les consommateurs ont vu qu'on pouvait par ces moyens obtenir des montres plates, ils ont mésusé de cette faculté, et ont exigé des montres tellement plates, que les ouvriers, pour leur complaire, se sont mis dans l'impossibilité de se ménager des ressorts aussi larges que dans le système de Bréguet; ils n'ont que très-peu de tigerons aux axes de leurs roues; l'huile gagne promptement les pignons, et les montres sont d'un mauvais service. Il n'est pas rare de voir ces montres tellement plates, que les roues n'ont pas entre elles les jours nécessaires, qu'elles frottent les unes contre les autres, de sorte qu'il est impossible de les faire marcher régulièrement. Nous ne nous prononçons pas formellement contre les montres plates; mais il est une limite au-delà de laquelle la matière se refuse, et qu'un bon ouvrier ne dépasse jamais.

Que dirait Ferdinand Berthoud, lui qui a si bien établi les règles à suivre pour fabriquer la bonne horlogerie, s'il lui tombait sous la main une de ces montres dont nous venons de parler, qui se construisent à Genève et dans la Suisse, et qu'on désigne sous la dénomination de montres à la Bréguet ou demi-Bréguet? Sans doute il admirerait ces dernières; mais il gémirait avec nous sur les mauvaises constructions par lesquelles on s'efforce de vouloir les remplacer. Le bas prix auquel on les livre, porte avec lui le témoignage irrécusable de leur mauvaise construction.

§ III. — *Des montres à secondes indépendantes.*

Lorsqu'on fut parvenu à faire marquer les secondes aux pendules, on chercha à obtenir le même avantage dans les montres de poche; mais, dans ces petites machines, on rencontra des obstacles que les pendules ne présentaient pas. Les vibrations lentes, dans les pendules, à l'aide d'une lentille lourde et de petits arcs de vibration, sont des moyens certains pour obtenir la plus grande régularité. Dans les montres, au contraire, des vibrations lentes et des balanciers lourds nécessitent de grands arcs de vibration, et tout cela concourt, comme le remarque très-judicieusement Ferdinand Berthoud, à rendre irrégulières ces machines portatives.

Tous les horlogers savent que la montre la meilleure, la plus facile à régler, doit battre de dix-sept à dix-huit mille vibrations par heure ; ils ont adopté le nombre de 14,400 vibrations, qu'avait indiquées Berthoud ; et, en suivant son calibre, qui place le pignon de la roue de champ un peu au-dessus de six heures sur le cadran, ils ont placé sur le pivot de ce pignon une petite aiguille légère qui fait son tour en une minute, marque, sur un petit cadran tracé à cette place, et par conséquent excentrique à celui des heures et des minutes, les secondes, qui sont indiquées chacune par quatre divisions égales ; et c'est là ce qu'on a appelé des *trot-teuses*, parce qu'effectivement l'aiguille a l'air de trotter sur ce cadran.

Cette construction ne satisfit pas les personnes qui voulaient faire des observations exactes, et, malgré qu'on eût adopté des échappemens à repos, la petitesse du cadran, les divisions extrêmement rapprochées, et les petits sautillemens de l'aiguille, leur causaient des désagrémens, et rendaient cette construction inutile. Ils désirèrent que les trois aiguilles fussent concentriques, qu'elles marquassent toutes les trois sur le même cadran, et que l'aiguille marquât les secondes mortes. Voici comment on y parvint en faisant battre, pour plus de justesse, un plus grand nombre de vibrations, 18,000, ou 5 vibrations par seconde. On prolongea sous le cadran la roue d'échappement, dont le pivot était porté par un pont très-élevé, et l'on ajusta sur cette tige un petit chaperon qui portait six petites chevilles également espacées. Ces chevilles, fixées per-

pendiculairement sur la surface du chaperon, faisaient
fonction d'un pignon à lanterne qui engrenait dans les
dents, en rochet, d'une roue placée sur la tige de la
chaussée. Cette roue à rochet avait 60 dents retenues
et fixées par un valet, exécuté avec soin, se mouvant
sur deux pivots, et poussé par un ressort très-faible.
C'est sur le canon de cette roue qu'était fixée l'aiguille
des secondes très-légère, et parfaitement d'équilibre.
On conçoit ce mécanisme : chaque fois qu'une cheville pousse une dent de la roue à rochet, elle soulève
le valet qui, aussitôt que la dent avait laissé passer
l'angle qu'il forme, oblige la roue à sauter d'une division à l'autre, et reste fixe jusqu'à ce qu'une
autre cheville vienne la faire avancer de même. La roue
de cylindre ayant 15 dents fait faire 50 vibrations au
balancier par chacun de ses tours ; et comme elle fait
5 vibrations par seconde, elle met six secondes à faire
un tour entier ; voilà pourquoi le chaperon a six chevilles, et fait sauter six dents au rochet pour battre
un pareil nombre de secondes.

On ne resta pas long-temps à s'apercevoir que, quoique cette disposition remplit bien le but qu'on s'était
proposé, elle ne laissait pas que d'être très-défectueuse,
à cause de la force qu'on empruntait à la roue d'échappement pour soulever le valet et pour faire tourner
la roue à rochet. On voulut faire faire cette fonction
par le pignon de la roue de champ ; mais comme elle
tourne en sens contraire, on fut obligé de placer une
roue de renvoi, ce qui augmenta les frottemens sans
avantage réel, et ce système fut de suite abandonné.

Enfin, pour obtenir cet effet, sans altérer le mouvement de la montre, on imagina de faire marquer
la seconde morte par un rouage particulier et indépendant du rouage qui agit sur l'échappement. Ce petit rouage, que nous décrirons dans un instant, a
pour moteur un ressort renfermé dans un barillet particulier que l'on remonte séparément avec la même clef.
Il n'a d'autre fonction que de faire tourner un rouage

destiné à faire marquer les secondes par une aiguille concentrique avec celles des minutes et des heures, et en soixante pas égaux par chaque tour du cadran.

Nous allons donner d'abord les nombres des roues et des pignons de la montre, nous expliquerons ensuite le mécanisme qui fait sauter l'aiguille.

Nombre des dents des roues et des ailes des pignons pour la montre à secondes.

	Dents des r.	Ailes des pign.	Tours en 1 h.
Roue du barillet............	60		
Grande roue moyenne.......	72	10...	1
Petite roue moyenne.......	50	8...	9
Roue de champ............	48	6...	75
Roue de cylindre..........	15	6...	600

La roue de cylindre, ayant 15 dents, fait 30 vibrations à chaque tour, et, par conséquent, 18,000 vibrations par heure ou 5 vibrations par seconde.

Le petit rouage est composé de 5 roues et de 4 pignons, dont voici les nombres et leurs dispositions.

	Dents.	Pignons.	Tours.
1re roue sur l'arbre du baril.	80	10...	»
2e roue..................	64	8...	»
3e roue..................	60	8...	1
4e roue qui bat les secondes.	60	8...	7 1/2
5e roue..................	48	6...	60
Volant..............			

Toutes ces roues sont excentriques à la platine, excepté la quatrième, dont le pignon de 8, qui la porte, est percé comme une chaussée, et roule librement sur la tige de grande roue moyenne qui traverse le cadran.

Le canon de cette quatrième roue porte l'aiguille des secondes, et fait par conséquent un tour entier

en une minute ; cette aiguille parcourt la circonférence
du cadran en 60 battemens égaux, indépendans du
mouvement qui fait marquer l'heure et les minutes.
Voici comment cela s'opère :

La quatrième roue de ce rouage additionnel fait son
tour à chaque minute ou en 60 secondes ; elle engrène
dans un pignon de 8, auquel elle fait faire 7 tours
et demi pendant qu'elle achève son tour. Ce pignon
de 8 porte la cinquième roue de 48, qui engrène dans
un pignon de 6, qui fait fonction de volant ou de délai ;
elle lui fait faire 8 tours pendant qu'elle en fait 1,
et, par conséquent, il fait 60 tours pendant que la
quatrième roue en fait 1, ou bien il fait 1 tour par
chaque seconde.

Ce petit rouage est disposé sur la platine du mouvement, de manière que le volant soit placé tout près
du pignon de la roue du cylindre, sans cependant le
toucher. Il faut pourtant que ce soient les ailes de ce
pignon qui arrêtent la rotation du volant, ou qui lui
permettent de tourner : voici comment cela a lieu. Le
pignon du volant porte sur sa tige une petite palette
en cuivre plus longue que ses ailes, et assez longue
pour aller s'engager librement entre les ailes du
pignon de la roue de cylindre ; alors elle suit le mouvement de la roue de cylindre, tout le temps qu'elle
est engagée ; mais dès que l'aile du pignon permet à
la petite palette de se dégager, elle fait un tour, et
va s'engager dans la dent du pignon qui précède, et
ainsi de suite, tant que la montre marche. La marche
du pignon est suspendue pendant 5 vibrations ; c'est-
à-dire pendant une seconde, puisque la montre bat
18,000 vibrations.

Une petite détente que l'observateur pousse avec le
doigt, arrête à volonté le petit rouage, et l'empêche de
marcher lorsqu'il le juge à propos.

Ce moyen, quelque ingénieux qu'il soit, ne présente
pas encore le degré de perfection que les machines
qui servent à mesurer le temps devraient posséder ;

surtout celles qui sont destinées à des observations astronomiques. On ne peut pas se dissimuler que le ressort moteur du petit rouage, quelque faible qu'il soit, transmet au volant une force quelconque; ce volant appuie constamment et par saccades sur les ailes du pignon de la roue de cylindre, en lui communiquant, dans le même sens de sa marche, la force dont il est animé, ce qui augmente celle qui lui est transmise par le ressort moteur. C'est cependant ce que l'on a trouvé de plus parfait jusqu'à présent. On ne peut pas disconvenir que ce moyen ne soit très-ingénieux; il conduira sans doute à une perfection désirable.

§ IV. — *Des montres à répétition.*

On appelle *montres à répétition* des montres de poche qui, toutes les fois qu'on enfonce le poussoir dans l'intérieur de la boîte, sonnent l'heure et les quarts que les aiguilles indiquent. Elles diffèrent des montres simples ou ordinaires que nous avons décrites, par un second rouage uniquement destiné à faire sonner l'heure et les quarts qu'indique le cadran, et par des pièces d'acier qu'on nomme *cadrature*, parce qu'elles sont ordinairement placées sous le cadran. Ces pièces, dans le temps du repos, c'est-à-dire lorsqu'elles n'ont pas été sollicitées à entrer en mouvement, par l'action du poussoir, ont une place déterminée, et ne la quittent jamais. Leurs fonctions sont absolument indépendantes de celles du mouvement du rouage qui fait mouvoir le balancier; de sorte que le mouvement marque la division du temps, comme une montre ordinaire. Ce n'est que dans l'instant où le propriétaire de la montre enfonce le poussoir dans l'intérieur de la boîte, qu'il remonte le ressort du petit rouage et qu'il le met en mouvement. Cependant ce petit rouage ne déplacera aucune pièce de la cadrature, et la montre ne sonnera pas d'heure, si l'on n'a poussé jusqu'au bout, et jusqu'à ce qu'on ait senti et même entendu un petit bruit. Alors les pièces de la cadrature ont été déplacées : elles sont sorties de leur repos, et pendant que le petit rouage est occupé à les remettre dans leur premier état, il rencontre les levées des marteaux et leur fait sonner sur un timbre, ou sur un ressort d'acier qui en fait les fonctions, autant de coups simples et doubles qu'il y a d'heures et de quarts marqués par les aiguilles. La *fig.* 10, Pl. II, montre les dispositions des pièces de cette cadrature.

Aujourd'hui on trouve, dans le commerce de l'horlogerie de poche, deux systèmes de cadratures, comme nous avons fait connaître deux systèmes de construction pour le mouvement. Nous allons d'abord faire connaître la composition du petit rouage ou du rouage de répétition ; nous parlerons ensuite des deux systèmes.

Le rouage de répétition est composé de cinq roues et de cinq pignons. Il est placé sur le bord de la grande platine dans l'espace compris entre la roue de champ et le barillet. L'effet de ce rouage est de régler l'intervalle entre chaque coup de marteau.

La première roue, qu'on nomme aussi grande roue de sonnerie, porte un cliquet et un petit ressort, sur lequel agit un rochet qui fait partie de l'arbre ou axe de cette roue, ce qui forme un encliquetage qui cède lorsque l'axe tourne en sens inverse de celui dans lequel doit tourner la roue pour imprimer le mouvement à tout le rouage. L'arbre de cette grande roue sert en même temps d'arbre de barillet pour tendre le petit ressort qui anime ce rouage. Ce petit ressort, tourné en spirale, comme celui du mouvement, est placé dans un petit barillé fixé à la petite platine par deux vis. Nous donnerons la description de cet arbre ou axe dans le Chapitre IV, § 2, où nous traiterons *de la main-d'œuvre, construction de la fusée.* Voici les nombres de ces roues et de pignons :

	Dents des r.	Ailes des pign.	Révolutions.
1re ou grande roue....	42		1
2e roue..............	56	6...	7
3e roue..............	33	6...	42
4e roue..............	30	6...	231
5e roue..............	25	6...	1155
Pignon de délai ou volant.	»	6...	4812 1/2

L'axe de la grande roue de sonnerie, indépendamment du rochet d'encliquetage, porte un autre rochet destiné à mettre en mouvement le grand marteau, en soulevant sa levée. Ce rochet est ordinairement divisé en 24 parties égales dont on en retranche ensuite la moitié, afin qu'il n'en reste que 12 destinées à frapper 12 coups pour les 12 heures. En divisant par 24 le nombre 4812 1/2, qui exprime le nombre de tours que fait le pignon de délai ou volant pendant un tour de la grande roue, on aura pour quotient 200 1/2, qui exprime le nombre de tours que fera le pignon de délai pour chaque coup de marteau.

Deux marteaux en acier fondu sont placés dans l'intérieur et sur le bord de la cage. Chaque marteau est monté solidement sur un axe en acier trempé, terminé par deux pivots qui roulent l'un dans la petite platine et l'autre dans la grande, où ils se prolongent comme on le verra plus bas. La tige du grand marteau est placée entre la roue de champ et la grande roue de sonnerie; son corps passe sous la roue de champ, et sa tête conserve toute la hauteur que permet le rouage, afin qu'elle ait toute la masse possible pour frapper de bons coups. La fig. 11 montre le grand marteau et sa levée.

Sur la tige de ce grand marteau est placé un canon d'acier qui porte dans la cage une espèce de dent ou levée m (vue à part, fig. 12,) qui va engrener dans le rochet de 12 dents qui lui fait frapper les heures. Ce canon, qu'on nomme levée, porte une cheville 1, laquelle passe par l'ouverture circulaire 1 (fig. 10), pour

4

y opérer les effets dont nous allons bientôt parler. Cette même cheville sert à faire mouvoir le grand marteau lorsque la levée *m* (*fig.* 11) est en prise avec les dents du rochet à 12 dents, dont nous avons donné la description.

Indépendamment de la cheville 1, de la levée, le grand marteau porte lui-même deux autres chevilles 2 et 3, solidement fixées à vis avec son corps, qui traversent la grande platine, et passent l'une et l'autre à la cadrature, à travers les ouvertures circulaires 2 et 3 (*fig.* 10), et dont voici l'usage. La cheville 3 (*fig.* 11) est plus éloignée de l'axe *q* du marteau, que la cheville 2 : c'est contre cette cheville qu'agit du côté de la cadrature le ressort *g* (*fig.* 10). Ce ressort est fort, et, agissant par un levier long, fait frapper des coups forts par le marteau, afin de bien distinguer les heures.

Aussitôt que les heures sont sonnées, ainsi que les quarts, la levée *m* (*fig.* 11 et 12) est renversée par le moyen que nous indiquerons en décrivant la cadrature. Cette levée ne se trouve plus en prise avec les dents du rochet; la cheville 1, qu'elle porte, s'éloigne du marteau, et n'a plus de prise sur lui. Les quarts sont sonnés par les pièces de la cadrature qui se trouvent en prise avec une autre levée qui est placée sous le cadran, et qui fait moins lever le même marteau qui, par cette raison, frappe des coups moins forts.

Tout cela bien entendu, nous arrivons à la description de la *cadrature* dont la *fig.* 10, Pl. II, montre toutes les pièces en action:

Le *poussoir p*, agissant sur le *talon t*, de la *crémaillère* C, a poussé celle-ci en avant. Dans ce mouvement elle a une double fonction : 1° par son bras *a*, elle tire la chaîne *c*, qui passe d'abord sur la poulie de renvoi B, et s'enroule sur la poulie A, laquelle est ajustée à carré sur l'arbre du petit ressort de la sonnerie, et porte au-dessus de cette poulie une levée *d*, arrêtée sur cet axe par une goupille qui l'empêche de sortir de sa

place. Dans cette première fonction, la crémaillère fait
faire presque un tour entier, en arrière, à la poulie
A, lorsqu'il s'agit de sonner 12 heures 3 quarts; 2º par
son second bras *b*, la crémaillère va appuyer sur le
limaçon E, dont les divers enfoncemens fixent le nombre de coups qui doivent être frappés pour indiquer
l'heure que marque la montre.

Ce limaçon E, est fixé par deux vis à l'étoile D, qui
a 12 dents fixées par un ressort à sautoir S. A chaque
tour que fait la chaussée, elle pousse une dent du
limaçon, c'est-à-dire une dent par heure. Ces deux
pièces, le limaçon à l'étoile, sont portées par une tige
pratiquée au bout d'une vis F, taraudée dans la pièce
d'acier G, que l'on nomme *tout-ou-rien*. Le bout de
cette tige F, entre dans un trou pratiqué dans la platine, lequel est suffisamment grand pour laisser à cette
tige la facilité de se reculer un peu, lorsque le limaçon est poussé par le bras *b*.

Le *tout-ou-rien* G, est une pièce importante dont il
faut bien connaître la construction, afin d'en apprécier
les effets, qui se combinent avec ceux de la pièce des
quarts, pour éviter les erreurs, en faisant sonner
exactement toutes les heures et les quarts indiqués par
les aiguilles, ou ne rien sonner du tout. C'est ce qui a
fait donner à cette pièce la dénomination de *tout-ou-
rien*.

Le *tout-ou-rien* G, a son centre de mouvement au
point T, sur la tige d'une vis semblable à la vis F, taraudée dans le *tout-ou-rien*, et qui entre dans un
petit canon rivé à la platine, afin de l'élever à la hauteur convenable. Par son autre extrémité, il repose sur
une broche à vis *f*, taraudée dans la platine. Cette broche
traverse l'épaisseur du *tout-ou-rien*, en passant dans
un trou oblong qui permet au *tout-ou-rien* un petit
mouvement en arrière au moment où le bras *b* de la
crémaillère le lui imprime. Dès l'instant que la pression cesse, le *tout-ou-rien* est ramené à sa première
position par le petit ressort *h*, qui agit sur la broche *f*.

dans une entaille qui y est pratiquée. La clef *j*, empêche le *tout-ou-rien* de s'élever. Le trou *k*, pratiqué
dans cette pièce, est destiné à laisser passer le carré
de la fusée, afin de donner la facilité de monter la
montre.

Le bout H, du *tout-ou-rien* a une forme un peu
courbe et se termine par le sommet d'un angle aigu.
C'est sur le sommet de cet angle que vient se placer le
bras *m*, de la pièce des quarts pendant son repos.

La pièce des quarts Q est en acier trempé ; le centre
de son mouvement est en *i* ; elle est poussée par le
ressort I, pour la faire tomber sur le limaçon des quarts
N, porté par la chaussée, et sur lequel elle appuie par
son bras *n*. Elle porte 1° trois dents à chaque bout, afin
de faire sonner double coup à chaque quart ; les trois
dents J, agissent sur la levée du grand marteau, tandis
que les trois dents L, agissent sur la levée du petit
marteau. Son bras *o*, lorsque le bras *m*, repose sur le
bout du *tout-ou-rien*, pousse la cheville 1 de la levée
intérieure du grand marteau, et l'empêche d'être au
prise avec le rochet de 12 dents, placé dans l'intérieur
de la cage. Une cheville *l*, fixée sur la pièce des quarts,
sert à mettre cette pièce en prise avec la levée *d*, qui la
ramène à son état de repos.

La levée du grand marteau *q*, a deux bras, de même
que celle *r*, du petit marteau ; le bras supérieur est
en prise avec les dents de la pièce des quarts, et le
bras inférieur est en prise avec la cheville qui tient à
chaque marteau, et qui traverse des ouvertures circulaires pratiquées à la platine. Ces levées sont placées
chacune sur l'axe de son marteau respectif, dont le
bout passe dans la cadrature. Le ressort *g*, comme
nous l'avons dit, anime le grand marteau ; le ressort *u* anime le petit. Un ressort que nous n'avons
pas dessiné sur la figure, pour ne pas l'embrouiller, a
un double effet ; il agit sur une entaille de la levée
extérieure *q*, du grand marteau, l'empêche de se soulever et de sortir de sa place, et pousse en même temps

la cheville 1, de la levée intérieure du grand marteau pour la mettre en prise avec le rochet de 12 dents : il en est de même du ressort *u*, qui agit de la même manière sur la levée *r*, du petit marteau, à la cadrature.

Comme on n'emploie que deux marteaux pour faire sonner les heures et les quarts, on obtient l'effet de trois marteaux par le moyen des deux chevilles 2 et 5 (*fig.* 11), qu'on fixe sur le grand marteau, à deux distances inégales de son axe. La levée intérieure fait parcourir un grand espace au grand marteau et donne des coups les plus forts possibles ; la levée *q* de la cadrature fait parcourir un moindre espace au marteau qui frappe moins fort, en s'accordant mieux avec l'effet du petit marteau.

Si cette description a été bien comprise, il nous sera facile d'en expliquer les effets, en nous réservant de donner plus bas la construction de la *surprise* du limaçon des quarts, en en développant les parties.

En poussant le bouton ou la queue de la montre, on fait agir le poussoir *p*, sur le talon de la crémaillère *t* ; celui-ci pousse la crémaillère C, et lui fait décrire un arc de cercle. Pendant ce mouvement, le grand bras *a*, tire la chaîne *c*, et fait tourner la poulie A, en bandant le ressort du petit rouage. La levée *d*, que porte cette poulie, tourne en arrière et abandonne la cheville *l*, de la pièce des quarts contre laquelle elle appuyait. Pendant ce mouvement, le bras *b*, de la crémaillère atteint le limaçon E, des heures, et pousse un peu en arrière le *tout-ou-rien*. Alors le bras *m*, de la pièce des quarts, ne se trouvant plus soutenu par le *tout-ou-rien*, la pièce des quarts, animée par le ressort I, quitte sa place, son bras *n*, va appuyer sur une des divisions du limaçon des quarts N, et le bras *o*, de la pièce des quarts, n'appuyant plus sur la cheville 1, de la levée intérieure, cette levée, poussée par le ressort à double effet, revient en prise des dents du rochet de 12 dents, et la répétition peut sonner.

On retire de suite le poussoir, afin qu'il n'exerce plus

de pression sur la crémaillère. Alors le ressort du petit rouage le met en mouvement, les heures indiquées par le limaçon des heures sonnent, et la levée *d*, qui en tournant se trouve en prise avec la cheville *l*, remonte la pièce des quarts, qui, agissant sur les levées des marteaux, les fait sonner, après quoi elle la ramène à sa place primitive, où elle est retenue dans le repos par son bras *m*, qui appuie sur le *tout-ou-rien*, et par son bras *o*, elle a renversé la levée intérieure, et l'a placée hors de prise avec le rochet de 12 dents. On voit actuellement que, sans le petit recul qu'on a imprimé au *tout-ou-rien*, le rouage aurait filé, sans qu'aucun marteau eût frappé.

Il nous reste à expliquer la construction de la surprise du limaçon des quarts et son effet.

La *fig*. 13, Pl. II, montre la chaussée et le limaçon des quarts vus en perspective et par-dessous. Le limaçon des quarts est composé de deux pièces, le limaçon N, proprement dit, et la surprise S; ces deux pièces sont en acier. Le limaçon N, est rivé sur le pignon de chaussée, au-dessous duquel on laisse un canon pour recevoir librement la surprise, assujétie par une petite *goutte* d'acier placée à frottement sur l'excédant du canon de la chaussée, de manière à ce que la surprise ne soit pas gênée. La surprise porte une grosse cheville O, rivée comme un pignon, sur cette pièce : la tige qui excède va se loger dans une entaille *y*, (*fig*. 10) faite au limaçon, et lui laisse le jeu nécessaire. La surprise a été imaginée afin que la montre puisse sonner les trois quarts, jusqu'à 60 minutes, et qu'alors dès que l'aiguille marque 60 minutes elle ne sonne aucun quart. Voici comment se produit cet effet.

La cheville O, fait sauter le limaçon d'une dent à chaque heure. Dans ce mouvement elle force la dent opposée de l'étoile à chasser en arrière le sautoir. Lorsque l'angle de la dent de l'étoile commence à passer au-delà de l'angle du sautoir, alors le ressort, qui pousse le sautoir, force celui-ci à remplir l'espace des deux dents, et pousse la cheville O, en avant; celle-ci, qui n'est retenue par rien, cède, et la surprise se présente, de sorte que si l'on pousse le bouton au moment où l'aiguille se trouve sur 60 minutes, la pièce des quarts tombe sur la surprise, et il ne sonne aucun quart.

L'extrémité D, de la chaussée (*fig.* 13), est limée en carré; c'est pour porter l'aiguille des minutes. On voit, dans cette figure, que le canon de la chaussée *c*, D, est fendu : cela se pratique aussi dans toutes les montres bien exécutées, afin que ce canon puisse faire ressort sur la tige de la grande roue moyenne sur laquelle il entre à frottement, assez doux pour pouvoir tourner aisément l'aiguille des minutes de côté et d'autre, et que ce canon ne grippe pas sur cette tige, comme cela arrive quelquefois. Cette précaution n'est pas prise, comme l'ont cru certaines personnes, qui ont pensé qu'on y ménage de petites fentes longitudinales, dans lesquelles on glisse un peu d'huile en les remontant. C'est une erreur, les horlogers se garderaient bien de mettre de l'huile dans ces fentes; car, outre qu'elle ne tendrait qu'à alibrer la chaussée sur la tige qui la porte, au point que cette tige ne pourrait plus la mener, cette huile se communiquerait au pignon, et de là à la roue de renvoi, et ne formerait que du cambouis, qui finirait par arrêter la montre. Ces fentes ont un double but : 1º elles servent à faire un peu ressort sur la tige, comme nous l'avons dit; 2º à pouvoir la sortir de sa place si elle venait à gripper, en y introduisant un peu d'huile, qui, en s'insinuant entre elle et la tige, la rendrait libre; mais l'horloger a soin ensuite d'enlever cette huile entièrement, lorsqu'il a pu sortir la chaussée. Ce *grippement*, nous ne l'ignorons pas, fait le désespoir des horlogers; mais les bons ouvriers font une pommade avec de l'huile et de la cire, dont ils mettent un atôme sur la tige de grande roue moyenne. Cette légère pommade ne coule pas comme l'huile et ne cause aucun des désagrémens que l'huile entraîne.

Nous avons dit (*page* 32) qu'on trouve aujourd'hui

dans le commerce deux systèmes de répétitions de poche; nous venons de décrire le système ancien perfectionné par les meilleurs artistes. Il nous reste à dire un mot du nouveau système adopté pour les montres plates connues dans le commerce sous la dénomination de *calibre à la Lépine.*

Il paraît que c'est à Lépine que l'on doit l'idée du nouveau système qui, selon nous, n'est pas fort heureux. Toutes les pièces sont les mêmes que dans la répétition que nous venons de décrire. Il supprima la chaîne *c*, et la poulie B, de renvoi. Il donna une nouvelle disposition à toutes les pièces de la cadrature afin de rapprocher la poulie A de la crémaillère. Il dessina sa crémaillère de manière qu'elle se terminait par un arc de cercle dont la longueur était égale à la circonférence de la poulie A. Il plaça ces deux pièces l'une contre l'autre et assez près pour que la crémaillère, par un frottement dur, entraînât la poulie.

On voit qu'ici l'auteur avait puisé cette idée dans les premières répétitions où la crémaillère était dentée, et engrenait dans un pignon porté par l'arbre du petit barillet, et le faisait tourner. Cet effet produit par l'engrenage était immanquable; mais vouloir l'obtenir par le simple frottement, c'est une prétention que nous ne saurions approuver, puisque cette construction tend continuellement à détruire l'effet qu'on a voulu obtenir.

Bréguet a fait quelques changemens dans la cadrature des répétitions, dont nous devons dire un mot. Cet habile horloger a supprimé la chaîne et les deux poulies sur lesquelles elle s'enroulait dans les anciennes cadratures. Cette suppression a nécessité un changement de forme dans la crémaillère, à laquelle il a donné des dents qui engrènent dans un pignon placé à carré sur la tige de l'arbre du barillet du petit rouage. Il a obtenu par là un peu plus de place vide dans la cadrature, et il a remédié à un des accidens notables des répétitions, l'alongement de la chaîne qui faisait mécompter, et dont la réparation faisait souvent perdre beaucoup de temps.

§ V. — *Des montres à réveil.*

L'on appelle *montre à réveil*, une horloge de poche qui, indépendamment du mécanisme commun à toutes les montres, et qui sert à faire connaître la division exacte du temps, a un autre petit rouage qui, à un moment déterminé, et à l'aide d'un double marteau qui frappe sur un timbre, produit un bruit suffisant pour éveiller une personne endormie.

La construction des réveils a beaucoup varié depuis la première idée que l'on eut de l'appliquer aux montres de poche. Les plus simples, tels que les décrit Ferdinand Berthoud, étaient ceux qui portaient un petit cadran placé au centre du cadran de la montre, et qu'on faisait tourner à la main; mais ce cadran était désagréable à la vue, et il était difficile à bien placer.

Lepaute, dans son *Traité d'horlogerie*, pag. 115, a donné la description de la construction qui a été généralement adoptée, qui est beaucoup plus sûre et plus élégante que toutes celles que l'on avait adoptées jusqu'alors. Nous allons la reproduire.

La *fig.* 14, Pl. II, montre au trait les pièces qui sont sous le cadran et qui constituent ce genre de réveil. On voit, dans cette même figure, en pointillé, les roues du mouvement, celles du réveil, et son marteau.

Le rochet A, est la pièce qui fait mouvoir le marteau F, G, avec une grande rapidité. Le rouage qui fait mouvoir le rochet A, se compose de deux roues et deux pignons. La roue C, est portée par un barillet qui renferme un grand ressort qui anime cette roue; elle engrène dans un pignon porté par la roue B, laquelle engrène dans un pignon dont la tige s'élève sous le cadran et porte le rochet A.

La tige du marteau F, G, passe sous le cadran et porte en D, carrément une palette qui engrène dans les dents du rochet; elle porte en même temps une fourchette qui reçoit entre ses deux fourchons une dent portée par la pièce E, qui porte une seconde palette qui va pareillement engrèner dans les dents du même rochet A. On voit que ces deux pièces forment entre elles une espèce d'échappement à double levier.

Lorsque le rochet est libre, il fait mouvoir alternativement le marteau qui va frapper sur la boîte ou sur un timbre. Mais lorsque le réveil ne doit pas sonner, le marteau se trouve engagé par une goupille a, placée perpendiculairement sur sa tige dans l'extrémité de la détente.

La détente N, a, est mobile autour d'un axe horizontal L, I, en sorte que lorsque son extrémité N, a la liberté de descendre, le ressort K, M, qui presse toujours de bas en haut, fait élever la partie a, qui dégage la goupille et le marteau.

Tout se réduit donc à concevoir comment cette partie N, de la détente, a la liberté de descendre à l'heure où le réveil doit sonner, et pourquoi, tout le reste du temps, elle est relevée, malgré le ressort M, K, qui tend à l'abaisser. Pour cela, on doit concevoir que la roue de cadran ou des heures est placée sous la partie N, de la détente qui est appuyée sur cette roue. Sur le cadran et sous l'aiguille des heures Q, S (*fig.* 15), est placée l'aiguille du réveil P, O. Cette dernière aiguille est entaillée en c, et cette entaille se termine en plan incliné vers P. Cette aiguille est fixée sur le cadran, à frottement doux, par une clavette. Le canon de l'aiguille des heures Q, S, passe sans frottement à travers le trou de l'aiguille de réveil, et lorsqu'on la place pour l'engager sur le canon de la roue des heures, on fait en sorte que la cheville Q, se trouve dans le fond de l'entaille c. Il suit de là que lorsque l'aiguille des heures tourne, elle monte le long du plan incliné et entraîne avec elle la roue de cadran.

Lorsqu'on a placé l'aiguille du réveil P, O, sur l'heure à laquelle on veut être réveillé, la cheville Q, qui tient la roue de cadran élevée, et par conséquent le bras N, du levier N, a (*fig.* 14), se promène sur le plan de l'aiguille du réveil ; mais dès l'instant qu'elle rencontre l'entaille c, l'aiguille des heures et la roue de cadran s'enfoncent de la même quantité, le bras N, s'abaisse, le bras a, se relève, la goupille a, du marteau est dégagée, le rouage du réveil roule, et le marteau frappe.

La pièce d'arrêt T, sert à déterminer le nombre de tours que l'on peut faire faire au ressort contenu dans le barillet, en remontant le réveil. La palette X, fixée sur l'axe du barillet, lorsqu'on monte le réveil, accroche successivement les dents 1, 2, 3, et au dernier tour vient se reposer sur la partie pleine et relevée 4.

L'usage de la pièce R, H, V, est de faire cesser promptement et avec précision le mouvement du réveil. En effet, lorsque le réveil commence à sonner, l'extrémité R, de la pièce R, H, V, étant sur la partie 4, la plus relevée de la pièce d'arrêt, son autre extrémité V, est écartée de la cheville, et ne gêne point le mouvement du marteau ; mais au moment où le ressort aura achevé ses cinq tours, et que la palette X, sera prête à se reposer en X, la partie R, tombera dans la première entaille et l'autre extrémité V, qui a une petite ouverture demi-circulaire pour embrasser la cheville a, arrêtera subitement le marteau.

CHAPITRE II.

DES HORLOGES APPELÉES PENDULES.

On désigne sous le nom de *pendules*, des horloges d'appartement, qu'on appliquait autrefois contre les murs, et qu'on place ordinairement aujourd'hui sur les cheminées, sur les secrétaires, sur des consoles, etc. Pour ne pas confondre *le pendule*, qui sert ordinairement de régulateur aux machines qui servent à mesurer le temps, et qui ne sont pas portatives, avec ces mêmes machines que l'on nomme vulgairement *pendules*, nous désignerons celles-ci sous le nom d'*horloges-pendules*, afin de réserver la dénomination seule de *pendule* au régulateur des horloges qui ne sont pas portatives, quelles que soient leurs dimensions.

Nous ne parlerons pas ici des boîtes dans lesquelles sont renfermés les rouages de ces pendules ; elles ne sont pas du ressort de l'horloger pendulier, qui ne s'occupe que des mouvemens.

Le mouvement des horloges pendules est composé de deux rouages : l'un sert pour mesurer la division du temps, l'autre pour la sonnerie. Quelquefois on ajoute un second rouage de sonnerie qui sert pour faire sonner les quarts ; de sorte qu'il y a deux rouages pour la sonnerie, l'un qui sert à faire sonner les quarts et les quatre quarts avant l'heure, et l'autre qui est spécialement destiné à faire sonner les heures seulement. Nous reviendrons sur cette partie après avoir décrit les *horloges-pendules* ordinaires.

Nous divisons ce Chapitre en trois paragraphes, dans lesquels nous traiterons : 1º des *horloges-pendules*, qu'on désigne sous le nom de *régulateurs* ; 2º des *horloges-pendules* ordinaires ; 3º des *horloges-pendules* à répétition et à quarts par le même rouage.

§ Ier. — *Des horloges-pendules appelées régulateurs.*

Les horlogers sont dans l'usage de désigner sous le nom de *régulateurs* des horloges à long pendule battant la seconde, et marquant les heures, les minutes et les secondes par trois aiguilles ordinairement concentriques. Il n'est pas un seul horloger qui n'ait dans son atelier un régulateur de cette espèce qui lui sert à régler les montres ou les horloges-pendules qu'il exécute ou qu'il raccommode. Ces sortes de régulateurs, lorsqu'ils sont construits avec tous les soins que l'art exige, sont aussi nommés horloges astronomiques. Notre cadre ne nous permet pas d'entrer dans tous les détails que Ferdinand Berthoud a si bien développés dans son *Essai sur l'horlogerie*. Il nous suffira d'indiquer au lecteur le Chap. XXIV du tome II, pag. 143, de cet ouvrage important, que tous les horlogers devraient connaître.

On verra tous les soins qu'a pris ce savant horloger pour arriver à une exécution parfaite de cette machine, qui va un an sans remonter. Le seul changement que nous proposerons à celui qui voudrait l'exécuter serait de substituer à l'échappement à la Graham, l'échappement à chevilles de Lepaute, qui n'était pas encore connu lorsque Berthoud écrivit son *Essai sur l'horlogerie*, mais qu'il décrivit ensuite avec éloges dans son *Histoire de la mesure du temps par les horloges*, tome II, page 30, et *Traité d'horlogerie* par Lepaute, page 191, que nous décrirons au Chapitre des échappemens.

§ II. — *Des horloges-pendules ordinaires.*

Les *horloges-pendules* ordinaires ou de cheminée sont le plus souvent à deux rouages, dont un est destiné à la sonnerie. Ces horloges sont ordinairement à pendule ou balancier long. C'est la hauteur de la boîte dans laquelle est renfermé ce mécanisme qui détermine la longueur du pendule, et par la même raison le nombre de vibrations que l'horloge doit battre par heure. On trouvera dans le Chapitre du régulateur des montres et des pendules, une table des longueurs des pendules pour chaque nombre déterminé de vibrations par heure.

Ces horloges-pendules sont à ressort, et vont ordinairement quinze jours sans être remontées. La sonnerie est animée pareillement par un ressort renfermé

5*

dans un barillet dont la roue a 84 dents. Cette roue engrène dans un pignon de 12, porté par la seconde roue de 72 dents; l'arbre de celle-ci porte sur la petite platine, et à carré, la *roue de compte*, ou *chaperon* qui a 12 entailles inégales pour fixer le nombre de coups que doit frapper le marteau, relatifs à l'heure marquée sur le cadran. La seconde roue de 72 dents engrène dans un pignon de 8 de la troisième roue de 60 dents, qu'on nomme roue de chevilles. Elles porte dix chevilles également espacées, destinées à lever le marteau. La roue qui suit se nomme roue d'*étoteau*; elle a 64 dents, elle fait un tour à chaque coup de marteau, et porte une seule cheville pour arrêter la sonnerie. La roue d'étoteau, qui porte un pignon de 6, engrène dans un pignon de 6 qui porte la roue suivante, qu'on nomme *roue de délai*, qui a 48 dents. Celle-ci engrène enfin dans un pignon de 6, qui porte le volant.

Cette construction à l'aide de la roue de compte est sujette à quelques inconvéniens. Il arrive assez souvent que la sonnerie mécompte, c'est-à-dire qu'elle sonne une heure différente que celle que les aiguilles marquent; alors on est obligé de mettre l'aiguille sur l'heure que la pendule sonne, et à faire tourner les aiguilles, en s'arrêtant à 30 minutes et à 60, afin de donner le temps à la sonnerie de sonner les heures indiquées; sans cela la sonnerie mécompterait. On verra plus bas comment on a remédié à cet inconvénient.

On voit quelquefois de ces pendules qui sont à répétition; alors elles ont un petit rouage de plus analogue au rouage de répétition des montres; elles ont aussi une cadrature basée sur les mêmes principes. Un cordon, qui enveloppe une poulie placée sur l'arbre du barillet du petit rouage de répétition, sert à monter le ressort lorsqu'on veut faire répéter la pendule.

Nous ne décrirons pas ces diverses constructions, que l'on trouve avec les figures nécessaires à leur intelligence, dans tous les ouvrages qui ont traité de l'horlogerie, et principalement dans le *Traité d'horlogerie* de

Thiout l'aîné ; *Essai sur l'horlogerie*, par Ferdinand Berthoud ; *Traité d'horlogerie*, par Lepaute ; *Encyclopédie méthodique des arts et métiers*, au mot *Horlogerie*, etc., etc. Nous ne pourrions que répéter ce que ces auteurs ont dit, sans aucune utilité réelle pour le lecteur.

§ III. — *Des horloges-pendules à sonnerie, à quarts et à répétition par le même rouage.*

L'invention de ces horloges à pendules date presque de la naissance de l'horlogerie, où l'on voyait des montres de poche et des horloges d'appartements faisant ces quatre fonctions, y compris la division ou la mesure du temps ; on les appelait, par cette raison, montres ou horloges à quatre parties. On peut en voir la description dans les ouvrages que nous avons cités dans le paragraphe précédent ; le lecteur sera vivement surpris du nombre de pièces dont on avait surchargé ces cadratures. Une de ces pièces nous tomba entre les mains : c'est celle dont nous parlons au Chapitre IV *des échappemens*, §.7 ; elle appartenait à l'ancien évêque de Montauban, en 1784. Comme nous avions toute latitude pour en faire une bonne machine, nous n'hésitâmes pas à changer toute la cadrature, dans le seul intérêt du perfectionnement de l'art.

La *fig.* 1, Pl. III, montre cette cadrature. Les deux crémaillères A, et B, ont le même centre en C. Voici comment elles sont ajustées : la crémaillère A, porte un axe sur lequel elle est rivée, et deux pivots dont l'un roule dans la platine, et l'autre dans un pont fixé sur la platine par une bonne vis à deux pieds ; cette crémaillère est tout près de la platine avec un jour suffisant. Elle porte 12 dents en forme de scie et peu profondes sur la surface convexe ; elle porte intérieurement sur la surface concave 12 autres dents en rochet, mais plus saillantes que les premières.

La crémaillère B, est rivée sur un canon en laiton,

dont le trou est bien ajusté avec la tige cylindrique de l'arbre de la crémaillère A, qui surpasse cette crémaillère. On réserve un jour suffisant entre les deux crémaillères, afin qu'elles ne frottent pas l'une sur l'autre. Elles sont l'une et l'autre en cage entre le pont et la platine. La crémaillère B, n'a que trois dents en dehors et en dedans, semblables à celles de la crémaillère A.

La crémaillère A, porte un bras D, fixé sur elle par deux vis ; ce bras, lorsque la crémaillère est libre, va tomber sur le limaçon des heures porté par l'étoile E, et règle par là le nombre de coups que doit sonner l'horloge.

La crémaillère B, porte pareillement un bras F, fixé de même par deux vis sur cette crémaillère. Ce bras va tomber sur les divisions du limaçon des quarts G, qui détermine le nombre des quarts qu'elle doit sonner.

Une détente H, sans cesse poussée vers les crémaillères I, retient les dents des crémaillères au fur et à mesure qu'elles sont relevées par les deux dents du pignon J, porté à carré à la cadrature par le prolongement de la tige de la roue d'étoteau, qui porte deux chevilles diamétralement opposées, et qui servent à arrêter le rouage, lorsque le bec de la détente est entré dans la dernière dent des deux crémaillères qui est la plus profonde, permet à la pièce K, rivée sur la détente, et qui, après avoir traversé la platine et avoir pénétré dans le rouage, vient se présenter devant une des chevilles d'étoteau et arrête le rouage.

Le pignon J, porte aussi à carré une pièce sous la forme d'une S, qui sert à relever la détente, comme on va le voir.

La pièce L, est la détente principale, qui met en jeu toute la machine, lorsqu'elle agit par l'impulsion du mouvement. Cette pièce a son centre de mouvement au point *a*, sur un petit axe porté par la platine et un petit pont. Elle est continuellement sollicitée à se mouvoir en avant, c'est-à-dire vers G, par l'effort du ressort *b*. Cette détente porte à charnière au point

M, la pièce horizontale M, N, O. C'est cette dernière
pièce qui fait détendre le rouage, et voici comment :
La pièce L, M, porte un talon en *c*, qui est en plan
incliné du côté de L, et coupé horizontalement dans la
direction du centre G. La roue des minutes, qui passe
sous le limaçon des quarts G, porte 4 chevilles, placées
vers les quatre extrémités de deux diamètres perpendiculaires l'un à l'autre. Trois de ces chevilles consécutives sont un peu plus près du centre que la quatrième.
Ces trois chevilles ne poussent la détente H, que de la
quantité nécessaire pour faire passer la crémaillère des
quarts ; la quatrième permet à la détente L, de pousser
plus loin, alors les deux crémaillères tombent en même
temps, celle des heures tombe, fait sonner les heures,
tandis que celle des quarts est soutenue par le limaçon,
et il ne sonne aucun quart après l'heure. Nous allons
voir dans un instant la différence pour la faire répéter.

La détente L, en reculant, entraîne la pièce horizontale M, N, O. On voit qu'au point O, cette pièce est plus
étroite et présente une sorte d'escalier : La pièce L, M,
en se reculant, par l'effet d'une des quatre chevilles,
fait tombr l'encoche O, au-devant de la partie supérieure
de la détente H, et lorsque la cheville est passée, le
ressort *b*, pousse la pièce L, M, et par conséquent la
pièce N, O, qui fait reculer la détente H, dégage le
rouage, et laisse tomber les crémaillères. Alors les
dents J, relèvent les crémaillères, la pièce en S, qu'elles
portent, soulève la branche N, O, l'empêche d'accrocher
la détente H, jusqu'à ce que toutes les heures et les
quarts aient achevé de sonner ; alors la détente H, s'a-
vance autant que le permet la dernière dent des crémaillères qui est la plus profonde, et la palette K, arrête le
rouage. En tirant, à l'aide du cordon *d*, la détente H,
en arrière, on dégage les crémaillères, et le rouage de la
sonnerie sonne d'abord les heures, ensuite les quarts.

Lorsque la crémaillère des heures a achevé sa course
et qu'elle s'est élevée autant que cela lui est permis,
elle rencontre le bout du levier *f*, qui met en prise la

levée du martèau des quarts avec les chevilles de la troisième roue, pour faire sonner les doubles coups à chaque quart. Voici comment cela s'opère.

Le levier *f, g, h,* (*fig.* 2) mobile sur le point *i,* derrière la petite platine, appuie par le point *h,* sur le bout du pivot *m,* de la levée du marteau des quarts ; l'autre pivot *l,* vient appuyer par sa pointe sur la tête du ressort *k,* de manière que lorsque la crémaillère A est au plus haut de sa course, comme la représente la figure 1, le bras de levier *h,* est poussé en avant, le bras *n,* est en prise avec les chevilles, et la levée *p,* fait mouvoir le marteau ; mais aussitôt que la crémaillère A, est tombée, le ressort *k,* repousse la levée, elle ne se trouve plus en prise avec les chevilles, et le marteau des heures sonne seul un coup à chaque heure.

Nous ne connaissons rien de plus simple que cette construction, qui a été généralement adoptée, et qui est une application du système suivi de temps immémorial dans les horloges qu'on appelle de Comté.

CHAPITRE III.

DES GROSSES HORLOGES OU HORLOGES DE CLOCHER.

C'est depuis un siècle environ que l'on a reconnu le grand avantage qui résulte de placer dans un même plan horizontal toutes les roues d'une grosse horloge, au lieu de les disposer les unes au-dessus des autres dans une cage verticale, comme on le faisait auparavant. Cette construction supprime la hauteur de la cage; elle rend les frottemens moindres et les engrenages plus constans et moins sujets à varier par l'usure. Il n'entre pas dans notre plan de nous étendre sur ces constructions, qu'on trouve détaillées dans les ouvrages que nous avons cités, et que le lecteur peut consulter avec fruit.

Nous ne décrirons pas non plus les remontoirs que l'on adapte actuellement à ces horloges, et qui tendent à augmenter la régularité de la marche du mouvement. Voici la définition que donne, de ce mécanisme, Ferdinand Berthoud, *Histoire de la mesure du temps pour les horloges*, t. II, page 40.

« On appelle *remontoir*, dans les horloges, une mécanique fort ingénieuse, dont le but est de procurer une parfaite égalité à la force qui entretient le mouvement du régulateur, et de telle sorte que cette force ne participe ni aux inégalités des engrenages et des frottemens, ni à celle du moteur, et par conséquent à conserver une constante égalité dans l'étendue des arcs de vibrations du régulateur. Pour remplir ce but, on a employé deux forces motrices. La première est celle qui fait tourner les roues du rouage, celle-ci se remonte *à la main*, tous les jours ou tous les huit jours ; la seconde force motrice, au contraire, est renouvelée à chaque instant, ou au moins dans des périodes très-courtes par le premier moteur ; en sorte qu'elle est réputée constante et d'égale action. Nous nommerons ce mécanisme *remontoir d'égalité*, afin de le distinguer du remontoir ou remontage ordinaire des horloges.

» Les anciens artistes qui se sont occupés de perfectionner les horloges à balancier ont reconnu depuis long-temps la nécessité de conserver à ce régulateur une égale étendue d'arcs, afin d'obtenir de l'horloge toute la justesse dont elle était susceptible. C'est à cette idée, également heureuse et vraie, que l'on doit la première invention du remontoir d'égalité ou d'un moteur secondaire, dont le but est de rendre parfaitement égale et constante la force qui entretient le mouvement du régulateur, et de telle sorte qu'il ne participe pas ou ne reçoive pas les forces inégales que causent les variations des frottemens des pivots du rouage, celle des engrenages, l'inégalité de la force motrice, etc. On doit à Huygens la première idée de ce mécanisme ; il en fit usage dans la première horloge marine à pendule, Leibnitz, après lui, a proposé le même moyen : Gaudron et d'autres artistes en ont aussi fait usage ; Thomas Mudge, célèbre artiste anglais, imagina en 1794 le meilleur remontoir jusqu'alors connu. Enfin de nos jours, le célèbre Bréguet à imaginé, sous le nom d'échappement à force constante le meilleur remontoir que l'on connaisse. »

Cet ingénieux mécanisme, le remontoir d'égalité, est aujourd'hui généralement adopté dans la construction des grosses horloges soignées. L'on a remarqué avec satisfaction, à l'exposition de 1827, la belle horloge exécutée par M. Wagner, à côté de laquelle s'arrêtaient tous les connaisseurs. Le rouage du mouvement n'avait aucune action sur la roue d'échappement ; il n'était occupé qu'à remonter, toutes les deux minutes, un petit poids qui agissait directement sur cette roue.

On voit au palais de la Bourse, à Paris, une très-belle horloge à remontoire d'égalité, exécutée par M. Lepaute avec une grande perfection, par un système différent de celui de M. Wagner, mais faisant les mêmes fonctions.

Chaque artiste a adopté un genre de construction pour ainsi dire différent, pour chaque remontoir d'égalité, et il y a une si grande quantité d'horloges pourvues de ce mécanisme, qu'il serait au moins superflu de vouloir en|entreprendre la description. Dans les ouvrages que nous avons cités à la fin du § 1er du Chapitre II, page 61, on en trouvera plusieurs descriptions qui mettront le lecteur sur la voie d'en imaginer de mille manières différentes.

Jusqu'à ces derniers temps, 1828, on n'avait pu parvenir à faire sonner les quatre quarts avant l'heure qu'en employant deux rouages pour la sonnerie, dont l'un faisait sonner les quarts spécialement, et l'autre ne faisait sonner que les heures. Le mouvement faisait détendre le rouage des quarts ; celui-ci, à chaque heure et après avoir sonné les quatre quarts, dégageait la détente du rouage des heures, qui sonnait ensuite l'heure séparément.

M. Raingo, père, horloger à Paris, s'occupa de la solution de ce problême ; il exécuta en 1828 une horloge d'appartement qui n'a que deux rouages et qui sonne l'heure et les quarts et les quatre quarts avant l'heure, avec précision. Cette horloge est à balancier circulaire, échappement à vibrations libres d'Arnold. Elle marque les heures, les minutes, les quantièmes du mois, les jours de la semaine et les phases de la lune. Cette pendule et décrite avec figures dans le *Bulletin de la société d'Encouragement de Paris*, du mois d'avril 1828. Nous citerons ici un fragment du rapport qui en fut fait à cette société, relativement à la pièce la plus importante de cette cadrature, qui est d'une grande simplicité.

« Le limaçon des heures est taillé comme dans les pendules ordinaires sonnant les trois quarts, il y a en outre une sorte de *surprise* formée par un limaçon mobile, accolé sous le premier et entraîné dans sa rotation générale. Ce limaçon mobile reste sans usage, si ce n'est accidentellement et lorsqu'il devient nécessaire pour faire résonner les quatre quarts. La sonnerie est réglée par un râteau denté, à la manière des horloges du Jura ; la détente, qui l'abandonne à temps, le fait porter sur quelque point du contour du limaçon, et en s'y enfonçant dans une entaille plus ou moins profonde, l'excursion de la descente détermine le nombre de dents, passées, et, par suite, le nombre de coups de marteau ; le tout conformément au mécanisme ordinairement usité. Lorsque le tour des quatre quarts arrive, c'est alors que fonctionne la surprise ou le limaçon mobile ; une détente le dérange de sa place accoutumée ; et il se trouve substitué à l'autre. C'est dans cette ingénieuse surprise que consiste le principal mérite de cette invention ; l'on voit que la pendule ne mécompte point lorsqu'on n'attend que les heures aient accompli leur sonnerie totale. C'est ainsi que cela a

6

lieu dans les pendules du Jura, qui, sous ce rapport, ont servi de modèle à l'auteur. Enfin, une détente mobile se présente de manière à ne permettre de sonner que quatre coups dans les parties du limaçon pour lesquelles la surprise n'est pas nécessaire, car ce n'est que de midi à quatre heures que cette fonction devient utile, à raison de la disposition même des entailles de cette pièce. »

Cette invention sera principalement employée avec avantage dans les horloges de clocher, où l'on désire que les quatre quarts sonnent avant l'heure. On emploie très-rarement cette disposition dans les horloges de cheminées ou d'appartement.

CHAPITRE IV.

DE LA MAIN-D'ŒUVRE, OU DE L'EXÉCUTION DE QUELQUES PIÈCES IMPORTANTES DES MACHINES QUI SERVENT A MESURER LE TEMPS.

Après avoir décrit la construction que les horlogers les plus habiles ont adoptée dans les montres et dans les pendules qui servent à mesurer le temps avec la plus grande régularité, nous devons donner quelques détails sur la main-d'œuvre, c'est-à-dire sur l'exécution de quelques pièces les plus importantes de ces machines. Nous diviserons ce Chapitre en autant de paragraphes que nous croirons nécessaires pour jeter le plus grand jour sur ces divers objets. Nous traiterons des engrenages et des échappemens dans des Chapitres particuliers.

§ Ier. — *Des métaux employés dans la fabrication des pièces d'horlogerie.*

L'*acier* et le *cuivre*, vulgairement appelé *laiton*, sont les deux métaux exclusivement employés dans la fabrication de toutes les pièces qui constituent les montres de poche, les pendules de cheminée, d'appartement, les régulateurs sans en excepter les montres marines. On pense bien que nous n'entendons pas parler des boîtes qui renferment ces machines, dont la construction est étrangère aux horlogers ; nous n'entendons parler que des mouvemens.

De l'acier. L'horloger n'emploie absolument que *l'acier fondu*, par la raison qu'il est le plus pur et le plus homogène. On le trouve chez les marchands de fournitures, sous toutes les formes usitées, en plaques laminées de toutes sortes d'épaisseur, tiré à la filière, soit en fil de toute grosseur, soit en pignons de tout nombre et de tout diamètre, selon l'usage le plus habituel, etc. Cet acier est rarement pailleux, et l'on peut presque le prendre aveuglément.

Du laiton. Il n'est pas de même du *laiton*; ce métal ne se trouve pas naturellement dans les mines, c'est un produit de l'art ; il résulte de l'alliage du zinc avec le cuivre rouge, appelé *cuivre de rosette*, dont le meilleur vient de la Suède. Si l'on ajoute de l'étain à cet alliage, il en résulte un métal gras, difficile à travailler ; il empâte les limes, et lorsque la proportion d'étain est considérable, le métal devient si dur qu'il est très-difficile à travailler ; c'est absolument du métal des cloches.

Lorsque dans la fabrication du laiton on allie le cuivre rosette avec sept pour cent, au plus, de zinc métallique, et qu'on y ajoute une petite quantité de plomb, on obtient un alliage sec qui se tourne et se lime avec la plus grande facilité. Il faut être cependant très-avare sur l'emploi du plomb ; et sur le choix que l'on fait de ce métal, qui doit être très-pure. Il résulte de plusieurs essais que nous avons faits dans la vue de fabriquer un laiton propre aux ouvrages d'horlogerie, que je me suis convaincu qu'on ne pouvait pas employer plus d'un pour cent de plomb : que lorsqu'on en emploie une plus grande quantité, il s'y forme des grains, souvent d'une petitesse extrême, mais qui sont si durs que la lime ne peut y mordre. Il faut éviter surtout de laisser introduire, dans la composition de l'alliage, des molécules de fer ou d'acier, car elles nuisent à la qualité du laiton, et prennent dans la fonte un tel degré de dureté, qu'elles résistent à la meilleur lime, et qu'elles entament l'acier le plus dur.

Nous ne doutons pas que la mauvaise qualité du laiton dont se plaignent depuis long-temps les horlogers, ne provienne des causes séparées ou réunies que nous venons de signaler, et que si quelques minéralogistes éclairés voulaient s'en donner la peine, ils parviendraient à trouver un alliage qui procurerait un laiton parfait pour l'usage de l'horlogerie, et ils rendraient par là un service signalé à une branche importante de l'industrie. Des essais nombreux que nous avons faits nous ont amené à un alliage composé de

85 parties de cuivre de rosette pur.

14 parties de zinc pur.

1 partie de plomb pur.

100 parties.

Cet alliage, que nous n'avons pas pu exécuter assez en grand, nous a paru renfermer les proportions nécessaires pour remplir les conditions voulues pour la fabrication des pièces les plus importantes des machines propres à mesurer le temps.

§ II. — De la fusée.

L'invention de la fusée, que Pierre Leroy, et après lui, Ferdinand Berthoud, n'ont cessé de louer, et qu'ils regardaient avec raison comme une des plus belles productions de l'esprit humain, la fusée est un mécanisme infiniment utile pour rendre, dans les montres l'action du ressort égale à celle d'un poids moteur. Cette précieuse découverte fut généralement adoptée dans toutes les fabriques, de sorte qu'on ne rencontre

que rarement aujourd'hui des montres, même nou-
vellement construites, dans lesquelles ce mécanisme
ingénieux a été supprimé. Cependant si l'on fait attention aux espérances que l'on avait conçues de le voir
remplacé par quelqu'autre invention, l'on sera parfaitement convaincu que quelque belle que fût cette
découverte, elle entraînait avec elle plusieurs inconvéniens, dont on pensait qu'il serait important de se
débarrasser.

A l'époque de la découverte de l'échappement à
repos, par Tompion, en 1695, on s'imagina que la
nature de ces échappemens permettait la suppression
de la fusée, et cette idée, renouvelée chaque fois qu'on
inventait un échappement à repos, démentie ensuite
par l'expérience, et démontrée erronée dans mille
passages de l'immortel ouvrage de Ferdinand Berthoud
sur l'horlogerie, a été renouvelée et accueillie de nos
jours par de célèbres horlogers, qui l'ont supprimée
dans les beaux ouvrages qu'ils construisent.

Les échappemens à vibrations libres parurent plus
propres à corriger les inégalités du ressort moteur, et
firent renaître l'espoir de pouvoir supprimer la fusée
sans altérer la justesse des montres. Les tentatives que
l'on fit furent sans succès; Berthoud prouva, et par l'expérience et par le raisonnement, que l'échappement quel
qu'il soit, ne peut avoir aucune influence sur le ressort
moteur, et que par conséquent ses inégalités se transmettent de la force motrice au régulateur, dont la
vitesse est plus ou moins accélérée, selon les irrégularités du ressort moteur. Tous ces faits prouvent que
tous les horlogers ont constamment regardé comme un
précieux avantage celui de pouvoir supprimer la fusée
sans altérer la régularité des montres. Ces faits suffisent pour nous convaincre que les maîtres de l'art
trouvaient certains inconvéniens à employer une
machine qui d'ailleurs était regardée comme une
invention précieuse.

Cherchons à découvrir les inconvéniens de la fusée,

et comparons-les aux avantages qu'elle présente. 1º Sans la fusée le ressort agirait immédiatement sur le rouage: les frottements sont au moins doublés par la fusée. Expliquons cette proposition : s'il n'y avait pas de fusée, la grande roue serait portée par le barillet ou par son arbre et le ressort n'aurait qu'à vaincre la résistance des deux pivots de l'arbre pour transmettre le mouvement à la grande roue moyenne ; mais lorsqu'il y a la fusée, le ressort a d'abord à vaincre la résistance que lui opposent les frottemens sur les deux pivots de son arbre, ensuite les frottemens des deux pivots de l'arbre de fusée ; or ces deux arbres, ayant à peu près le même diamètre, opposent une résistance égale ; la fusée double donc les frottemens. Il serait aisé de démontrer qu'elle les augmente dans un rapport bien plus grand; mais tout mécanicien s'en apercevra facilement.

2º Les frottemens étant augmentés par l'emploi de la fusée, il faut nécessairement un ressort beaucoup plus fort; or personne n'ignore que, pour qu'un ressort soit plus fort, que d'abord, sa largeur restant la même, il faut que son épaisseur augmente ; mais cette augmentation d'épaisseur rend le ressort d'autant plus mauvais, susceptible de casser plus aisément ou de se rendre plus promptement.

3º Le ressort venant à casser, il faut en remettre un autre, et un bon horloger n'ignore pas qu'il ne peut se dispenser alors d'égaliser de nouveau la fusée, s'il ne peut parvenir à trouver un ressort parfaitement égal au premier; ce qui est physiquement impossible. Si cet accident arrive seulement trois ou quatre fois, il faudra nécessairement refaire la fusée. Il n'est aucun ouvrier qui ne sache la peine qu'il éprouve lorsqu'il doit refaire une fusée dans une ville éloignée des fabriques.

4º La fusée nécessite une chaîne, un garde-chaîne et son ressort, un crochet de fusée; et l'ajustement de toutes ces pièces exige certaines précautions qui sont tellement au-dessus de l'intelligence d'un grand

nombre d'ouvriers, que l'on voit rarement des montres
dans lesquelles l'assemblage de ces pièces soit parfaitement soigné ; de là la rupture de la chaîne, pour
ainsi dire, à chaque fois qu'on remonte la fusée.

5º Enfin l'on a deux chances à courir pour le dérangement de sa montre : ou la rupture du ressort, ou la
rupture de la chaîne.

Le seul avantage que procure la fusée dans les montres, c'est de rendre l'effet du ressort moteur égal dans
toute la durée de sa marche.

Voici ceux que présente une montre sans fusée :
1º Moins de frottemens dans la transmission de la force
motrice.

2º Le ressort peut être plus faible d'environ la moitié ; alors ses lames seront plus minces, il sera moins
sujet à se casser ou à se rendre, il pourra être plus
long, et son effet plus sûr et moins inégal.

3º En supprimant la fusée, on supprime toutes les
pièces du garde-chaîne, la chaîne et le crochet de fusée : on a un mobile de moins et un plus grand espace
dans la cage pour donner à toutes les roues le jeu nécessaire ; l'on peut exécuter ces ingénieuses machines
plus facilement et à meilleur compte.

4º Dans les montres à répétition, à sonnerie, à ca-
rillon ou à réveil, dans lesquelles le peu de place
exige que l'on multiplie les roues du rouage de la sonnerie, par le peu d'étendue que l'on peut donner à
chacune d'elles, on trouvera un grand avantage à supprimer la fusée. On réduira le nombre des roues,
parce qu'on pourra leur donner un diamètre plus
grand ; elles seront plus aisées à travailler ; le petit
ressort pourra être plus long, plus mince de lame,
et par conséquent meilleur. La potence pourra conserver la forme qu'elle a dans les montres simples,
elle en sera plus aisée à faire, et les ouvriers habitués
à ce genre de travail pourront diminuer le prix de
leurs ouvrages.

Il suit de tout ce qui précède, que l'invention de la

fusée dans les montres, en corrigeant un défaut essentiel, l'inégalité de force dans le ressort moteur, a introduit une foule d'inconvéniens que sa suppression ferait assurément disparaître, surtout si l'on pouvait parvenir à suppléer la fusée par un mécanisme simple et indépendant du mouvement. Ces réflexions nous suscitèrent l'idée de la construction que nous allons décrire et que nous publiâmes au commencement de 1804. (*Annales des arts et manufactures*, t. XIX, p. 72.)

Explication de la fig. 3, Pl. III.

L'arbre du barillet entre carrément dans le trou central du pignon A, de 8 ailes; c'est cet arbre que l'on fait tourner avec la clef pour monter la montre.

Le pignon A, tournant à droite lorsqu'on monte la montre, fait tourner à gauche la roue B, B, Celle-ci porte une courbe C, fixée invariablement avec elle, de manière qu'elle suit tous les mouvemens de la roue. Cette courbe, taillée ainsi que nous l'expliquerons dans un moment, a tous les points de son contour inégalement éloignés de son centre de rotation I, depuis le point D, qui en est le plus loin, jusqu'au point E, qui en est le plus près.

Contre les parois de cette courbe agit continuellement un fort ressort G, F, fixé au point F, par une vis. Ce ressort G, F, porte à son extrémité G, une roulette à rebords, à peu près comme un cuivrot, dont les deux parois embrassent l'épaisseur de la courbe, afin qu'elle ne puisse jamais la quitter, et la courbe frotte sur le fond de la roulette, qui est plat, et appuie continuellement sur la courbe dans la vue de diminuer les frottemens.

La vis H, qu'on aperçoit placée à l'extrémité de la partie fixe F, H, du ressort, lui sert de pied et en même temps donne la facilité d'augmenter ou de diminuer à volonté la force du ressort F, G, selon que les circonstances l'exigent. La vis H, qui a un collet, peut être placée de plusieurs manières différentes : ou bien elle est placée comme dans la *fig.* 3, entrant librement dans le talon du ressort, et est taraudée dans la bâte ; ou bien elle entre librement dans la bâte, et elle est taraudée dans le talon du ressort. Dans les deux cas on produit le même effet en serrant la vis, on rapproche le talon H, de la bâte, et l'on donne plus de force au ressort ; en desserrant la vis, on produit l'effet contraire. La seconde disposition est souvent plus commode, à cause des pièces qui, se trouvant sur la platine, pourraient gêner l'effet du tourne-vis. On peut aussi donner au ressort une forme circulaire, en lui faisant suivre, ou à peu près, le contour de la bâte. Du reste, le principe une fois indiqué, la forme peut varier de plusieurs manières.

Les deux cercles concentriques ponctués K, K, indiquent la disposition du barillet fixé sur la platine par deux vis, et de la grande roue du mouvement, qui est portée par l'arbre du barillet que l'on voit sortir à carré au centre du pignon A. L'on sait qu'un ressort moteur ne doit pas être tendu tout-à-fait, et qu'il ne doit pas avoir la liberté de se débander en entier. Dans le premier cas il serait exposé à casser facilement ou à se rendre promptement ; et dans le second, il risquerait de se décrocher de l'arbre du barillet. Pour éviter ces deux inconvéniens, on est dans l'usage, lorsqu'on n'emploie pas de fusée et de garde-chaîne, d'y substituer un arrêt que nous décrirons dans un des paragraphes suivans.

Notre mécanisme réunit toutes ces conditions : la roue B, B, porte une grosse dent contre laquelle une aile du pignon A, vient arcbouter, lorsque le ressort est tendu ou qu'il est débandé. Supposons que le ressort puisse faire six tours, et qu'on n'ait besoin que de quatre tours de la grande roue pour faire marcher la montre pendant trente heures. On donnera huit ailes au pignon A, trente-quatre dents à la roue B, B, en observant de n'en fendre que trente-deux. Par ce moyen, il restera une grosse dent qui laissera au ressort un tour de bande dans ses deux extrèmes.

Il ne faut point confondre l'invention que nous venons de décrire avec une autre dont parle Ferdinand Berthoud, dans son *Histoire de la mesure du temps par les horloges*, tome I, page 77, dont il ne donne aucune figure : elle remonte au XVIe siècle, avant l'invention de la fusée, et *donna peut-être l'idée de cette invention, une des plus belles qu'ait conçues l'esprit humain.* Dans cette dernière invention, un ressort droit, à l'aide d'une courbe, s'opposait à l'action du grand ressort, lorsqu'il était au haut de sa bande, et augmentait son action, lorsque ce ressort, étant vers le bas, agissait plus faiblement. Voyons la différence qui résulte de ces deux constructions.

Dans notre invention, lorsque le ressort moteur est au maximum de sa tension, le point D, de la courbe est sous la roulette, et le ressort F, G, est aussi au maximum de sa tension ; celui-ci agissant sur un grand bras de levier, détruit une partie de la force du ressort moteur. Lorsqu'au contraire le ressort moteur est au minimum de sa tension, le point E, vient se présenter sous la roulette, et le ressort F, G, qui se trouve aussi au minimum de sa tension, ne peut plus produire aucun effet sur le ressort moteur, qui agit avec toute l'énergie qui lui reste.

C'est dans cette disposition que notre mécanisme diffère essentiellement de l'ancien. Dans ce dernier, le ressort F, G, était *soustracteur* pendant un certain temps, ensuite il devenait *additeur*; dans le nôtre, au contraire, il n'agit jamais que comme *soustracteur*. 1º Le double effet que l'on remarque dans le ressort de l'ancien mécanisme devait être de la plus difficile exécution, et son effet ne pouvait être bien sûr ; c'est sans doute une des raisons qui l'ont fait abandonner. 2º La courbe devait produire le même effet que la fusée qui l'a remplacée : or la fusée ne produit pas le double effet que l'on prétendait obtenir à l'aide de la courbe.

Lorsque le ressort est au maximum de sa tension, il agit sur la fusée par le plus petit bras de levier, lequel augmente à mesure que le ressort moteur perd de sa force; la courbe doit, à l'aide du ressort F, G, rendre la force du moteur égale, en agissant en sens inverse de la fusée. Le ressort *soustracteur* doit opposer au ressort moteur une résistance d'autant plus grande que celui-ci est plus bandé, et cette résistance doit diminuer dans le même rapport que celle du ressort moteur diminue. C'est l'effet que produit notre courbe, lorsqu'elle est bien taillée.

Quelques détails sur la manière d'exécuter la courbe et le ressort *soustracteur* nous paraissent utiles. La tige qui porte la roue B, B, se termine par un carré, et c'est par ce carré qu'est portée la courbe; elle y est retenue par une goupille qui traverse le carré, et l'on a, par ce moyen, la facilité d'enlever la courbe aussi souvent qu'on le désire, pour la tailler, et de la remettre à la même place sans peine. La courbe doit être en acier; son diamètre, avant d'être taillé, est égal au diamètre intérieur de la roue B, B, et l'on doit placer, entre cette roue et la courbe, une rondelle de laiton, afin de séparer ces deux pièces, pour que la roulette ne frotte pas sur la roue B,B. Le ressort F, G, doit avoir autant de hauteur qu'il est possible; il ne doit frotter ni sur la platine, ni sur la roue B, B. A son extrémité G, il porte la roulette, en laiton, qui tourne librement sur son axe, et appuie continuellement sur la courbe.

L'épaisseur du ressort et de sa force sont déterminées par la force du ressort moteur; mais comme nous avons fait observer qu'en supprimant la fusée, on n'a pas besoin d'un moteur aussi puissant, que l'on doit se servir d'un ressort long et mince de lame, alors ce ressort étant faible, n'a pas besoin d'un ressort compensateur bien fort; il doit aller insensiblement en diminuant d'épaisseur, afin qu'il fasse ressort dans toute sa longueur, et son mouvement doit se diriger toujours vers le centre I, de la roue B, B. Pour déterminer la longueur de ce ressort, il faut donc du point F, centre de son mouvement, avec F, I, pour rayon, décrire un arc G, I, ce qui détermine avec assez de précision la longueur F, G, du ressort ; le centre de la roulette doit se trouver constamment dans l'arc G, I.

Tout étant ainsi disposé, on procède à la taille de la courbe. Pour cela, le ressort moteur étant tout bas, on fait faire un tour à son arbre, et l'on fait tourner la roue B, B, jusqu'à ce qu'elle présente la grosse dent au pignon, afin que celle-ci arrète le retour du pignon en arrière, et laisse le ressort tendu d'un tour, lorsqu'il est au minimum de sa tension. On ôte la plaque d'acier qui doit être taillée en spirale, et à l'aide de la vis H, on fait arriver la roulette du ressort jusqu'au centre I, de la roue B, B. On replace la courbe, après avoir lâché assez la vis F, pour laisser au ressort *soustracteur* la liberté de passer sur la courbe. Alors on le laisse se rapprocher librement du centre I, et l'on marque le point où la roulette arrive. L'on monte ensuite tout-à-fait le ressort, et il faut, comme nous l'avons déjà dit, qu'au point où la dent du pignon s'arrête contre la grosse dent de la roue, le ressort puisse encore acquérir un tour de bande : on place le ressort *soustracteur* de manière que la roulette soit sur le bord de la courbe et l'embrasse, et l'on marque le point où se trouve la roulette. Le dernier point correspond au point D, et le premier au point E.

On divise la surface de la plaque d'acier qui doit former la courbe en huit ou dix parties à peu près égales, et l'on trace autant de rayons au centre I. Ensuite après avoir bien serré la vis F, et à l'aide d'une lime à queue de rat, on enlève de la matière dans la direction de chaque rayon jusqu'à ce que, par le moyen du levier à égaliser les fusées, placé sur l'arbre du ressort moteur, on trouve une égalité de ce ressort sur tous ses points. Ce préalable rempli, on fait passer une courbe par tous ses points ; on enlève la matière excédante, et la courbe est à peu près taillée, on la rectifie ensuite, et on en brunit les bords.

On voit avec quelle facilité cette courbe est taillée : elle est isolée ; on peut l'enlever sans démonter la cage. On voit aisément l'endroit où il faut toucher, tandis que pour égaliser une fusée, il faut tout démonter. On travaille souvent à tâtons, et l'on est rarement sûr de ce qu'on fait.

Feu M. Bréguet ne connut cette invention que la veille de sa mort, à l'exposition de 1823. Il nous en parla ; et sur la description que nous lui en donnâmes, il l'approuva, et nous dit qu'il l'exécuterait. Malheureusement la mort l'enleva à un art qu'il a tant perfectionné. Ce mécanisme, nous dit-il, me paraît présenter des avantages sur la fusée ; il est plus simple, il doit produire les mêmes effets ; il est facile à exécuter, il donne les moyens de se servir de ressorts moteurs beaucoup plus faibles et plus longs, et conséquemment tend à perfectionner l'horlogerie dans la partie la plus délicate, les montres de poche. Le jugement d'un artiste aussi habile nous a enhardi à en donner ici la description.

§ III. — Du barillet.

Dans toutes les montres, quelle que soit leur construction, le barillet doit être tenu aussi grand et aussi haut que peut le permettre le calibre qu'on a adopté. Le meilleur ressort est celui qui, dans ses dimensions, est le plus large et le plus mince de lame ; alors il devient plus long ; la force motrice est moins irrégulière, il casse moins facilement.

Quel que soit le système que l'on ait adopté, soit qu'on conserve la fusée, soit qu'on la supprime, on ne doit jamais négliger de placer une *bride* au ressort. Cette pièce est une petite lame d'acier que l'on place vers le bord intérieur du barillet, et qui entre par une de ses extrémités dans le fond du barillet, et de

7

l'autre dans le couvercle ; on la place à peu près à un quart de la circonférence du barillet, en comptant depuis le crochet qui fixe le ressort au barillet. Cette *bride*, que la *fig.* 14, Pl. I, représente en *a*, à côté de l'arbre de barillet B, dont on voit le crochet en *d*, sert à faire appuyer la première lame du ressort contre le barillet, et à garantir par là l'œil du ressort de la casse. Cet œil n'a pu être pratiqué qu'après avoir recuit l'extrémité du ressort, qui, dans cette partie, a perdu sa force et son élasticité. Il est donc très-important de ne faire commencer son action que là où le ressort a conservé ses bonnes qualités.

Ceux qui ont supprimé la fusée dans les montres ont été fort aveuglés, dit Ferdinand Berthoud, par les propriétés imaginaires de l'échappement à repos. Nous avons suffisamment prouvé le contraire par le raisonnement et par les nombreuses expériences que nous avons fait connaître. « On devrait adopter, nous disait feu Bréguet, votre construction, si, comme je n'en doute pas, elle corrige l'inégalité du ressort, et je l'adopterai aussitôt que l'expérience m'aura prouvé qu'elle remplace la fusée, si utile pour la justesse de la montre. »

Nous n'ignorons pas que Paris possède un habile fabricant de ressorts, M. Vincent, qui, par des moyens qu'il tient secrets, parvient à construire des ressorts dont la force est presque constante, et qu'il sait approprier à une fusée qu'on lui donne, de manière qu'on n'a pas besoin d'y toucher pour l'égaliser. Mais cet ouvrier, quelque habile qu'il soit, aura-t-il un successeur qui puisse le remplacer ? peut-il fournir tous les ressorts que l'horlogerie réclame ? faudra-t-il que de tous les coins de l'univers on soit obligé de renvoyer sa montre à Paris pour faire refaire un ressort qui viendra à manquer ? N'est-il pas préférable d'adopter un moyen facile et sûr pour remplacer la fusée avec avantage, moyen que nous n'avons pas tenu secret, que nous avons livré au domaine public, et que tous les horlogers peuvent exécuter sans peine ?

Le moyen que nous avons décrit très en détail dans le paragraphe précédent, peut être exécuté dans les divers systèmes qu'on aura adoptés, soit dans les montres ordinaires à roue de rencontre, soit dans celles du système à la Bréguet. Il n'y a qu'à faire un petit changement dans le barillet, qui doit être fixé, par deux vis, à la platine, ou à un pont, comme le petit ressort du rouage de la répétition, et son arbre, comme dans ce même rouage, doit porter la grande roue et l'encliquetage. Les autres pièces sont sous le cadran, et dispensent d'employer les divers arrêts dont nous allons parler, et qu'on a heureusement substitués au garde-chaîne.

§ IV. — *Des arrêts de remontoirs*. Pl. III.

On désigne, sous le nom d'*arrêts*, des constructions que l'on a adoptées dans les montres et dans les pendules, pour remplacer les garde-chaînes, ou pour régler le nombre de tours utiles qu'on veut fixer pour le ressort moteur.

Indépendamment de celui que nous avons adopté dans notre mécanisme pour la suppression de la fusée (page 61), on a imaginé plusieurs autres sortes d'arrêts, qu'il est important de connaître.

1° Celui que la *fig.* 4 représente. On place sur le carré de la fusée ou de l'arbre du barillet une rondelle A, et à côté une étoile B, portant autant de dents, plus une, que la fusée doit faire de tours. La rondelle A, a dans son milieu une portée aussi élevée que l'épaisseur de l'étoile, dont les dents sont très-larges : ces dents sont toutes déprimées ou limées en creux dans leur milieu D, excepté la dernière C, dont la rondeur est saillante. Une cheville d'acier est fixée sur la rondelle au point E, et c'est cette cheville qui engrène dans les fentes de l'étoile. A chaque tour de la rondelle A, il passe une dent de l'étoile ; le milieu de cette dent vient se présenter dans la direction de la portée de la rondelle qui se loge dans le creux qu'elle présente, et l'empêche de tourner : mais lorsque la dent convexe C, arrive, elle ne peut plus passer, et l'arrêt est formé.

2º Un autre arrêt plus ingénieux et plus sûr a été imaginé : la *fig.* 5 en montre la construction. Une roue A, est placée à carré sur l'arbre de la fusée ; ce carré porte en même temps une dent ou levier B. La roue A a douze dents ; elle engrène dans une roue C, de dix dents, qui porte un levier D. Ce n'est qu'après que la fusée a fait cinq tours et que la roue C, en a fait six, que les deux leviers B, et D, se rencontrent et qu'ils arc-boutent l'un contre l'autre, que l'arrêt s'opère, ce qui ne fatigue pas les dents des roues.

Si l'on eût placé les roues dans le sens contraire, sans en changer les nombres, c'est-à-dire qu'on eût placé la roue C, sur la fusée, et la roue A, à côté, la fusée aurait fait six tours avant de rencontrer l'arrêt. On conçoit qu'il est facile de varier les nombres à volonté pour obtenir l'arrêt au moment désiré.

3º La *fig.* 6 indique un genre d'arrêt imaginé par Lépine, pour des montres extrèmement plates. On fait dans la platine, ou mieux dans le couvercle du barillet, car ces sortes de montres n'ont pas de fusée, on fait une creusure *a*, dans laquelle on laisse une forte goutte dans le milieu, afin d'y loger une sorte de ressort en forme de roue B, fendu en *b*, et qui entre dans cette creusure comme un couvercle de barillet, ou mieux comme une *raquette* dans son *drageoir*, et l'on pratique au côté opposé à la fente *b*, autant de dents qu'il est nécessaire pour le nombre de tours que doit faire le ressort. On place sur l'arbre une roue d'acier A, taillée en rochet ; on fixe dans cette roue une goupille d'acier *c*, qui vient engrener dans les dents de la roue ressort B, sur laquelle elle passe ; et lorsque cette cheville ne rencontre plus de dents, il y a arrêt. Ce rochet sert pour l'encliquetage ; le cliquet et le ressort sont fixés sur la platine ou sur le pont.

On sent que ces arrêts, qui sont les plus usités,

peuvent être variés de mille manières différentes, et peuvent s'appliquer aux fusées, ou aux barillets, lorsque la fusée est supprimée.

§ V. — *De la main-d'œuvre en général.*

Nous ne parcourrons pas toutes les pièces de l'horlogerie, comme ont fait tant d'autres pour indiquer comment chacune doit être fabriquée. Nous n'ignorons pas qu'on ne peut pas, dans cet art surtout, remplacer par un livre les conseils pratiques que peut donner un bon maître dans un apprentissage suffisamment long. Nous nous bornerons à donner quelques avis qui pourront être utiles aux commençans, et même à plusieurs ouvriers que nous avons vus agir en sens inverse de ce qu'ils auraient dû faire.

Du travail du laiton. Quand on a choisi le meilleur laiton qu'on a pu se procurer, de toutes les épaisseurs dont on peut avoir besoin, on doit bien se pénétrer que dans cet état le métal est trop mou, et qu'il ne peut acquérir la dureté, la ténacité qui lui sont nécessaires, qu'en le forgeant à froid sur un tas bien dur, bien uni, avec un bon marteau. On scie dans une planche de métal dont l'épaisseur est double de celle qu'on veut donner à la pièce, et d'une dimension un peu plus de la moitié que celle qu'indique le calibre. Après avoir ébarbé la pièce, c'est-à-dire après avoir limé avec une carrelette rude les bords de chaque surface, on étend la pièce dans les deux sens et sur les deux surfaces avec la panne du marteau, à petits coups réitérés, jusqu'à ce qu'elle ait acquis l'étendue fixée par le calibre. Ensuite on le bat avec la tête du marteau et toujours à petits coups réitérés, en ayant soin, dès qu'on s'aperçoit de la moindre fente qui peut se faire sur les bords, de les enlever en entier à la lime, sans quoi elles gagneraient bientôt toute la pièce, et la rendraient défectueuse. Ces fentes n'ont le plus souvent lieu que par la maladresse de l'ouvrier.

7*

Il est un autre défaut qu'il faut savoir éviter : il consiste à écraser le laiton, et à le faire soulever comme par feuillets. Ce défaut est occasionné par des coups trop forts, négligemment portés, ou donnés à faux. Ce défaut ne peut être corrigé, et la pièce ne peut pas servir.

Nous avons vu des élèves qui, forgeant des petites pièces, telles que les petites roues, par la crainte de se donner des coups de marteau sur les doigts, coupent leur laiton trop grand. Ils se contentent de l'aplanir, et laissent la pièce le double plus épaisse qu'elle ne doit être ; alors ils sont obligés d'enlever, au tour, tout l'excédant, et leur pièce est molle. Ils ignorent vraisemblablement que le laiton ne se durcit presque que dans la surface qui est en contact avec le marteau, et que pour peu que la pièce soit trop épaisse, ils enlèvent avec le burin toute la surface dure. La pièce forgée doit être, à peu de chose près, de l'épaisseur qu'elle doit conserver ; on doit l'enarbrer aussi droit qu'il est possible, et lorsqu'elle est tournée ronde et de grandeur convenable, il faut se contenter de faire, sur les deux faces et près des bords, un trait léger qui atteigne partout, et qui indique ce qu'il faut enlever à la lime pour la rendre parfaitement droite ; mais on doit laisser exister le feu du cuivre, pour ne l'enlever en entier que lorsque la pièce est terminée.

Du travail de l'acier. Nous aurions beaucoup à dire si nous voulions nous appesantir sur la main-d'œuvre de toutes les pièces que l'horloger exécute avec ce métal ; nous ne pourrions rien dire de mieux que ce qu'on trouve répandu dans les deux volumes de l'*Essai sur l'horlogerie*, par Ferdinand Berthoud, et particulièrement dans le chapitre xxxvi, tome I, page 247 ; cet ouvrage se trouve entre les mains de tous les horlogers, et il serait au moins superflu de le répéter ici.

Nous nous bornerons à rappeler qu'il ne doit employer que de l'acier fondu, de première qualité, et avoir soin, en le trempant, de ne pas lui donner un degré de chaleur qui dépasse le rouge cerisé, et de le tremper dans l'huile. A ce degré de chaleur, en le trempant dans l'eau, surtout dans l'hiver, il s'exposerait à le brûler. Son attention doit se porter ensuite sur le recuit, et ne pas dépasser la couleur que chaque pièce exige, afin de lui conserver la dureté convenable aux fonctions auxquelles elle est destinée.

Tout ce que nous venons d'exposer dans ce paragraphe s'applique aux pendules et aux montres.

CHAPITRE V.

DES ENGRENAGES.

On entend par *engrenages*, un système de roues et de pignons couverts de dents dans toutes leurs circonférences, et qui agissent les unes sur les autres, de manière que le mouvement imprimé à l'une d'elles se communique à toutes les autres, à l'aide des dents des roues qui s'enchâssent entre les dents des pignons, dont les diamètres sont à l'égard de ceux des roues dans un rapport donné. Il importe, pour que la machine marche d'un mouvement régulier, que les *engrenages soient parfaits*.

Sous le nom d'*engrenages parfaits*, on entend celui qui est tel : 1° que la force employée par la roue à conduire le pignon soit la plus petite qu'il soit possible ; 2° que la vitesse avec laquelle la roue conduit le pignon soit aussi, à chaque instant, la plus grande que la roue est capable de lui donner ; 3° que cette force et cette vitesse soient constamment les mêmes depuis le point de rencontre, jusqu'au moment où la dent de la roue abandonne l'aile du pignon, et *vice versâ* ; 4° que le frottement de cette dent, pendant toute la conduite, soit aussi le moindre possible.

Tous les horlogers, généralement parlant, savent

que la courbe que doivent affecter les dents des roues
et des pignons se nomme *épicycloïde;* mais très-peu
savent ce que c'est que cette courbe, et surtout la manière de la tracer. Ce n'est pas que , sous le rapport
de la main-d'œuvre, cette connaissance soit très-importante pour eux ; car les roues des montres et des
pendules et les ailes de leurs pignons ont des dents
trop petites pour qu'ils puissent se flatter de pouvoir
donner à ces dentures une forme rigoureusement *épicy-*
cloïdale. Cependant cette courbe, tracée sur une grande
échelle , leur donnera l'idée de la forme que doivent
avoir ces dents, quelque petites qu'elles soient , et ils
chercheront à l'approcher s'ils ne peuvent se flatter de
l'atteindre parfaitement.

Notre longue expérience nous a appris que , parmi
les horlogers , les ouvriers qui exécutent, qui en est
la classe la plus intéressante, puisque c'est elle qui
confectionne les ingénieuses machines qui servent à
mesurer le temps, est la moins instruite dans la science
qui peut seule leur servir de guide dans leurs travaux.
La plupart de ceux qui nous ont consulté sur la partie
qui nous occupe , après qu'ils ont eu lu une ou tout au
plus deux pages d'un ouvrage que nous regardons
comme très-intelligible , nous ont répondu avec naïveté
que le langage dont l'auteur se servait était au-dessus de leur intelligence. Lorsqu'ils aperçoivent la
moindre proportion , la moindre formule, le moindre
signe , ils ferment le livre , et ne veulent plus s'en
occuper. Cependant en prenant nous-même l'auteur
qu'ils avaient rebuté , et leur lisant seulement le texte
en supprimant les formules, ils nous comprenaient facilement. Nous allons suivre cette marche, en nous servant
du travail des meilleurs auteurs sur les engrenages, et
nous espérons que les ouvriers nous liront avec fruit.

De la cycloïde. Si le long d'une ligne droite C, D,
(*fig.* 7 Pl. III), ou le long d'une règle bien droite, on
fait tourner un cylindre plat A, E , en observant de
ne jamais le laisser glisser, et qu'au point A, de la

circonférence soit placée une petite pointe légèrement
saillante, cette pointe tracera sur le plan qui portera la
ligne C, D, une courbe A, B, E, A ; donc cette ligne est
égale à la circonférence du cylindre ou du *cercle générateur*, c'est-à-dire qui a servi à tracer cette courbe,
qu'on nomme *cycloïde*, et qui sert à trouver la forme
que l'on doit donner aux dents d'une roue ou d'un
pignon qui engrène dans les dents d'une crémaillère
droite, comme celle d'un cric.

La courbe que nous venons de faire connaître, se
décrit d'après les mêmes moyens que nous allons déve-
lopper pour l'*épicycloïde*.

De l'épicycloïde. Lorsqu'un cylindre plat S (*fig.* 8),
ou un cercle tourne sur la circonférence extérieure
d'un autre cercle C, M, D, et avec les mêmes conditions
que pour la *cycloïde*, la courbe C, E, D, que la pointe
décrira sur le plan, se nomme *épicycloïde*. Si le même
cercle générateur A, au lieu de rouler sur la circonférence extérieure ou convexe du cercle, se meut dans sa
circonférence intérieure de G en H, le point décrivant
E, qui est parti du point G, décrira une autre espèce
d'*épicycloïde* G, E, H. La première de ces deux épicy-
cloïdes se désigne sous le nom d'*épicycloïde extérieure*,
et la seconde sous le nom d'*épicycloïde intérieure*. La
première sert pour les dents des roues et des pignons
qu'on emploie ordinairement, et dont les dents sont
placées sur la circonférence convexe des roues et des
pignons ; la seconde, qu'on emploie très-rarement,
sert pour les dents qu'on place sur la circonférence
intérieure des roues.

Ce serait une grave erreur de penser que l'épicycloïde dont nous venons de donner la figure, doit être
employée tout entière pour indiquer la forme des dents
des roues. On n'en prend qu'une partie de la naissance
de la courbe et une partie de la fin, selon la largeur
de la dent. Lorsqu'on connaît cette largeur, on la marque sur le cercle *primitif* C, M, D, de la roue, du
point C, en F, par exemple ; on transporte l'autre moi-

tié E, D, de la courbe, de manière que le point D, tombe
sur le point F ; ces deux demi-courbes se croisent au
point H, et tout ce qui excède ce point est inutile et se
retranche ; tout ce qui reste, c'est-à-dire C, H, F, donne
la forme de la partie de la dent qui excède son *cercle
primitif*.

Avant de décrire la manière de tracer par points une
cycloïde ou une *épicycloïde*, nous croyons utile d'expliquer ce qu'on entend par *cercle primitif*.

Si l'on conçoit un cercle J, K (*fig.* 9), qui représente
une roue sans dents, et le petit cercle N, un pignon
sans ailes, qui se touchent au point M, et que la roue
conduise le pignon par le simple contact de sa circonférence, de manière que le pignon soit toujours obligé de
tourner par le seul mouvement de la roue, alors on
donne le nom de *cercle primitif* de la roue au cercle
J, M, K, et celui de *cercle primitif* du pignon au cercle
N. Il ne manquera, pour leur donner les noms de roue
et de pignon, qu'à ajouter à l'un et à l'autre la partie des
dents qui leur manque, comme on le voit dans cette
figure 9.

Voici comment on s'y prend pour tracer la *cycloïde*
ou l'*épicycloïde* par points. On décrit (*fig.* 10) le cercle
primitif A, B, C, de la roue ; on décrit au-dessus un
cercle E, dont le diamètre est égal au double du rayon
du cercle primitif du pignon, et qui touche le premier
cercle en un point B, par exemple. On prend de B, vers
C, sur le grand cercle, à partir du point B, une dou-
zaine de parties égales très-petites, afin qu'elles ne
diffèrent pas sensiblement d'une ligne droite ; nous les
supposerons ici de deux millimètres. Avec la même
ouverture de compas, et en partant du point B, en allant
vers D, on marquera autant de points sur ce petit
cercle qu'on en a marqué sur le grand. On tracera le
premier rayon P, B, que l'on prolongera jusqu'à la rencontre de la circonférence du cercle générateur E. Par
le centre du grand cercle, et par les six divisions que
nous supposerons indiquées par les chiffres suivans,

que l'on n'a pas tracés sur la figure pour en éviter
la confusion, 2, 4, 6, 8, 10 et 12, du grand cercle, on
tracera des rayons prolongés comme le rayon P, B, E.
Sur chacun des prolongemens de ces rayons, et avec
la même ouverture de compas qui a servi à décrire le
cercle E, on décrira six demi-circonférences que la figure présente ponctuées. Sur la première de ces circonférences, on portera deux divisions, et l'on marquera
un point à la seconde ; sur la seconde circonférence,
on en portera quatre, et l'on marquera un second point ;
sur la troisième on en portera six, toujours en partant
du point de contact des deux cercles ; sur le suivant on
portera huit divisions ; on marquera ce point, et l'on
continuera de même jusqu'au dernier. On fera passer
une courbe par ces six points, et l'on aura une portion d'*épicycloïde* plus longue qu'il ne faudra pour
donner la forme de la moitié de la dent que l'on
cherche.

Comme l'autre moitié de la dent doit être égale à
celle-ci, mais placée symétriquement, on n'aura qu'à
calquer cette portion et la placer de l'autre côté, mais
en renversant le calque, comme la figure le représente
à côté, et l'on supprime tout ce qui excède le point où
les deux courbes se rencontrent. Voici la manière d'opérer : lorsqu'on sait la largeur que doit avoir la dent,
ce qui est facile en la divisant de telle sorte qu'elle ait
au moins autant de plein que de vide, nous la supposons égale à F, G, on porte sur F, la courbe ; sur G,
l'autre portion symétrique ; leur jonction indique la
longueur de la dent au-delà du cercle primitif ; les
deux parties F, H, et G, I, se nomment *flancs* de la
dent, et servent à loger les courbes des ailes du pignon.
On arrondit les pointes des dents des roues et des pignons ; la figure 9 montre l'effet de l'engrenage.

Tout ce que nous venons de dire, relativement à la
forme des dents des roues, s'applique également aux
ailes des pignons, soit que ces derniers soient menés,
soit qu'ils mènent. La seule différence consiste en ce

que les pignons doivent avoir plus de vide que de plein, et que l'on doit toujours prendre pour rayon du cercle générateur, dans tous les cas, la moitié du rayon primitif de la pièce sur laquelle on opère, c'est-à-dire de la roue ou du pignon dont on veut trouver la forme des dents.

L'épicycloïde est la courbe qui donne la meilleure forme pour faire un bon engrenage ; mais cela ne suffit pas pour avoir un engrenage parfait. Pour cela, il faut encore que, lorsque les deux pièces s'engrènent, la dent de celle qui mène commence à toucher la dent de celle qui est menée dans la ligne droite, qu'on nomme *la ligne des centres*, c'est-à-dire la ligne qui passe par les centres des deux pièces qui s'engrènent. Les pignons peu nombreux ne présentent jamais cet avantage. Le savant Camus, qui a traité fort au long de cette partie, a prouvé que les pignons qui ont moins de onze ailes, présentent cette difficulté, et qu'elle est d'autant plus grande, qu'ils sont moins nombrés. Voilà pourquoi on est obligé de les tenir plus faibles, d'efflanquer beaucoup les pignons, afin d'éviter les accotemens. Nous engageons le lecteur intelligent à lire cet ouvrage important, qu'on trouve dans le tome II de sa *Mécanique statique*, page 355. On lira encore avec beaucoup de fruit le mémoire de Delalande sur la meilleure forme à donner aux dents des roues et sur les engrenages, *Traité d'horlogerie*, par Lepaute, page 230.

Nous terminerons ce Chapitre par des observations très-judicieuses du savant Camus, qui confirment ce que nous avons dit en le commençant.

« 1. Quoique les règles qu'on vient d'exposer pour former les dents des roues et celles des ailes des pignons ne puissent être mises en pratique que dans le cas où les dents auraient au moins un centimètre de largeur et un centimètre de longueur, à partir du cercle primitif, elles ne seront point inutiles aux artistes qui auront des dentures beaucoup plus fines à former, parce qu'ayant sous les yeux la figure d'une grosse dent semblable à celles qu'ils doivent faire en petit, il leur sera aisé de l'imiter à la vue simple.

» 2. Comme on ne peut pas espérer de former les dentures avec toute l'égalité et la précision qui sont nécessaires pour que les circonférences primitives de la roue et du pignon tournent toujours avec la même vitesse ; que l'inégalité et les autres défauts de la denture seraient cause que quelques dents ne conduiraient pas aussi loin qu'il le faudrait après la ligne des centres, les ailes qu'elles doivent pousser, et qu'il en pourrait résulter des arcs-boutemens des ailes contre les flancs des dents, qui prendraient ces ailes trop tôt avant la ligne des centres, les artistes préviendront cet inconvénient en faisant le diamètre primitif de la roue un peu plus grand qu'il ne doit être, relativement à celui du pignon.

» 3. Au moyen de cet agrandissement du diamètre de la roue, qui doit être proportionné aux défauts que l'on peut craindre dans la denture ; la dent qui suit celle qui pousse l'aile après la ligne des centres, prend un peu plus tard celle qui suit ; et lorsque la dent précédente a poussé l'aile après la ligne des centres, aussi loin qu'elle peut le faire uniformément, la roue prend un peu plus de vitesse qu'elle n'en communique au pignon, ce qui est un défaut ; mais ce défaut, dans lequel on tombe volontairement, est moins à craindre que les arcs-boutemens auxquels on serait exposé si on voulait l'éviter.

» 4. Il est évident que ce qu'on vient de dire au sujet de l'agrandissement du diamètre de la roue, au-delà de ce qui est nécessaire pour conduire uniformément le pignon, suppose que ce sera la roue qui conduira le pignon. Lorsque c'est la roue qui doit être conduite par le pignon, il est clair que, pour éviter les arcs-boutemens, ce doit être le diamètre primitif du pignon qui devra être tenu un peu plus grand qu'il ne faut pour conduire la roue uniformément. »

Pour peu qu'un horloger ait réfléchi sur l'engrenage

de la roue de champ avec le pignon de roue de rencontre, il conviendra que cet engrenage est mauvais et très-défectueux, et que le système qu'on a depuis long-temps adopté à Genève et en Suisse, de faire passer l'axe de la roue de rencontre à côté de l'axe de la roue de champ, tend à le rendre encore plus mauvais. Le pignon qui engrène dans la roue de champ ne peut former un engrenage moins mauvais, que dans le cas où l'on donnerait à ce pignon une forme conique, d'après les règles qu'a prescrites le savant Camus ; nous renvoyons le lecteur à son traité lumineux.

CHAPITRE VI.

DES ÉCHAPPEMENS.

On désigne sous le nom d'*échappement*, dans l'horlogerie, l'action de la dernière roue du mouvement sur le régulateur. C'est cette action par laquelle le régulateur suspend la marche de la roue pendant tout le temps que dure sa vibration, après laquelle il vient dégager la roue pour laisser passer seulement une de ses dents, laquelle, dans son mouvement progressif, restitue au régulateur la force qu'il avait perdue pendant sa vibration ou son oscillation précédente.

Cette belle invention, qui date de la naissance de l'horlogerie, sans qu'on puisse en désigner l'auteur, est on ne peut plus importante dans l'art de mesurer le temps.

Nous n'avons pas l'intention de donner ici l'histoire chronologique de tous les différens échappemens qui ont été imaginés ; tant d'auteurs ont avant nous réuni ce recueil. Ferdinand Berthoud, dans son *Essai sur l'horlogerie*, et dans son *Histoire de la mesure du temps par les horloges*, etc., etc., a décrit avec soin tous les échappemens connus de son temps, et Thiout l'aîné, avant lui, en avait décrit une grande quantité. Lepaute, dans son *Traité d'horlogerie*, en a fait connaître plusieurs, et notamment son échappement à double virgule pour les montres, et celui à chevilles pour les pendules.

Nous nous bornerons à décrire les échappemens les plus usités dans le moment où nous écrivons, et nous suivrons, dans ces descriptions, l'ordre que nous avons adopté dans cet ouvrage. Nous parlerons d'abord des échappemens pour les montres, et nous finirons par les échappemens pour les pendules et les grosses horloges. Nous diviserons par conséquent ce chapitre en deux paragraphes.

Des échappemens pour les montres.

Dans tout échappement on doit considérer deux choses importantes : 1º *l'arc de levée de l'échappement ;* 2º *l'arc de vibration du régulateur.*

1º Par *l'arc de levée de l'échappement*, on entend le nombre de degrés absolus que chaque dent de la roue fait parcourir au régulateur, quel que soit l'échappement qu'on emploie, depuis le moment où elle commence à agir sur la pièce de l'échappement, jusqu'à celui où elle la quitte. C'est l'arc décrit entre ces deux termes qu'on nomme *l'arc de levée.*

2º Par *l'arc de vibration*, on entend l'arc total que décrit le régulateur animé par la force motrice qui lui est transmise par les dents de la roue ; d'où il suit que plus la force motrice est grande, plus la dent, qui la transmet à la pièce d'échappement, par ses plans inclinés ou par ses palettes, agit avec énergie et chasse le régulateur de manière à lui faire parcourir de plus grands arcs de vibration : le contraire arrive lorsque la force motrice diminue. On doit donc en conclure que dans ces deux cas les vibrations ne peuvent pas être *isochrones*, puisque ce mot suppose qu'elles ont une même étendue et qu'elles sont d'égale durée.

Ce simple raisonnement prouverait, quand même l'expérience ne serait pas venue à l'appui, l'erreur dans laquelle étaient et sont encore des horlogers, qui s'obstinent à vouloir soutenir que les échappemens à repos corrigent l'inégalité de la force motrice.

§ Ier. — *De l'échappement à roue de rencontre.*

Cet échappement, le plus ancien de tous ceux qui sont connus, est le plus simple et le plus facile à exécuter ; on le trouve dans toutes les montres les plus ordinaires : cependant quand on veut l'exécuter, comme le fait remarquer Ferdinand Berthoud, avec tous les soins qu'il exige, il devient très-difficile, et peu d'ouvriers sont en état de le bien faire. Le lecteur consultera avec fruit les observations de Berthoud, *Essai sur l'horlogerie,* qu'il serait superflu de répéter ici. La roue est à couronne et a toujours un nombre impair de dents.

L'échappement à roue de rencontre est à *recul,* c'est-à-dire que, lorsque la dent de la roue a donné l'impulsion au régulateur, celui-ci, après l'arc de levée, présente à la dent suivante un plan incliné, pendant son arc de vibration, et fait rétrograder la roue. Cet échappement est trop connu pour que nous nous attachions à le décrire. Nous avons tant de choses importantes à dire que nous sommes forcé de passer légèrement sur celles que tous les horlogers connaissent : ils ont, presque tous, les ouvrages de Berthoud.

§ II. — *De l'échappement à cylindre.* Pl. III.

Ce fut vers l'année 1720, que Graham, habile horloger à Londres, imagina l'échappement à cylindre, qui ne fut connu en France qu'en 1724. Cet échappement est nommé à cylindre, parce que la pièce d'échappement est un cylindre en acier, sur lequel est rivé le balancier ou régulateur.

La roue de cylindre a une forme toute différente des autres roues, elle est à couronne comme une roue de champ ; mais c'est surtout par la forme de ses dents qu'elle s'en éloigne. On la creuse comme une roue de champ, et lorsqu'on en arrête la hauteur, on conserve à son extérieur, au haut de sa surface supérieure, un rebord suffisamment saillant pour former les plans inclinés que la roue porte avec elle. Lorsque la roue est ainsi préparée, on la taille avec une fraise mince, d'un nombre de dents double de celui qu'elle doit conserver, qui peut être pair ou impair, à volonté. On supprime alternativement une dent, et à l'aide d'une fraise on donne à cette espace une forme circulaire, de sorte que le plan incliné reste supporté par une petite colonne, comme on le voit fig. 11, qui en montre l'élévation, et fig. 12, qui la fait voir à plat sur une plus grande échelle. Ferdinand Berthoud, dans son *Essai sur l'horlogerie*, t. II, p. 322, a donné la description d'un outil très-ingénieux pour tailler avec perfection les roues de cylindre ; nous engageons le lecteur à en prendre connaissance.

Lorsque la roue est taillée elle donne le diamètre extérieur et intérieur du cylindre. La longueur de chaque plan incliné donne le diamètre intérieur ; et que l'on fait un peu plus grand, afin d'éviter le frottement. Le diamètre extérieur est égal à la dent retranchée, plus deux fois l'épaisseur de la fraise qui a servi à tailler la roue, de sorte que le cylindre a la même épaisseur que celle de la fraise.

Le cylindre, dans la partie où se fait l'échappement n'est pas entaillé selon son diamètre, mais un peu moins ; la saillie que forme le plan incliné au-delà du cercle de la roue qui passe par la pointe du plan incliné détermine la grandeur de l'entaille. Lorsque la dent b, fig. 12, est dans l'intérieur du cylindre, le plan incliné a, c, forme le diamètre du cylindre.

Le cylindre est ordinairement en acier trempé et bien poli ; les deux tranches m, n, sur lesquelles se fait l'échappement, ont des formes différentes ; la tranche *n*, par laquelle la dent entre dans le cylindre, est arrondie; la tranche *m*, par laquelle elle sort, est en plan incliné. On voit en *e*, *fig.* 13, une autre entaille bien plus grande faite au bas du cylindre; cette entaille n'a d'autre but que de laisser vibrer librement le balancier sans que le cylindre puisse toucher la partie inférieure de la roue, ce qui porterait de l'irrégularité dans la machine, en diminuant les arcs de vibration.

Le cylindre terminé, comme nous venons de le dire, on ajuste, autour, dans ses deux bouts, des *bouchons ou tampons* en cuivre. La *fig.* 14 montre le bouchon supérieur, la *fig.* 15 fait voir le tampon inférieur. On chasse dans chacun de ces bouchons une tige d'acier trempé sur l'extrémité de chacune desquelles on formera les pivots. On fait aujourd'hui ces bouchons en acier, d'une seule pièce, avec la tige qui sert à les tourner. Le bouchon supérieur A doit porter en *b*, le balancier qui y sera rivé ; la partie *c*, est destinée à recevoir la virole du spiral ; la partie *d*, entre juste dans le haut du cylindre. Lorsque tout est ainsi préparé, tant pour ce bouchon que pour le bouchon inférieur *f*, on coupé, sur le tour les parties excédantes dans l'intérieur, on place les deux bouchons, qui doivent être tellement bien ajustés qu'un léger coup de marteau les fixe solidement. La *fig.* 16 montre le cylindre tout monté.

Le cylindre doit être entaillé de manière que l'arc de levée soit de 20 degrés pour chaque impulsion. Ce qui nous reste à dire servira à démontrer les principes de cet échappement. La *fig.* 12, dessinée sur une grande échelle, fera concevoir facilement les positions de la roue et du cylindre dans les divers instans de l'échappement.

La dent B, qui vient de faire son repos sur la surface convexe du cylindre, commence à entrer dans le cylindre ; mais le point *f*, ne peut arriver au point *a*, sur la surface concave du cylindre, qu'autant que le cylindre aura fait un mouvement circulaire sur ses pivots, déterminé par la saillie du plan incliné de la dent B, et par conséquent jusqu'à ce que la tranche a, sera arrivé en h. Alors la dent B, passe et prend la position C ; sa pointe va appuyer sur la surface concave du cylindre, où elle reste en repos jusqu'à ce que le balancier, ayant achevé son arc de vibration, ramène le cylindre au point où la présente la dent D. Ce cas-ci est le même que le précédent : la pointe g, ne peut sortir en entier que lorsque le plan incliné aura fait rétrograder le cylindre de manière que sa tranche r, soit arrivée en s; alors la dent suivante E, vient faire son repos sur la surface convexe du cylindre, et le premier effet dont nous avons parlé pour la dent B, aura lieu lorsque le balancier aura ramené le cylindre au point où on la voit en B.

On sent combien il est important que toutes les parties des plans inclinés de la roue soient égales et uniformes. Nous donnerons au Chapitre XIII la description des nouveaux outils pour arriver à cette perfection.

La difficulté qu'on éprouve à trouver du laiton bien pur pour les roues à cylindre, a fait adopter pour les montres soigneusement exécutées, des roues en acier fondu et trempé, le cylindre est en rubis, ou du moins la tranche sur laquelle se fait l'échappement. Cette pierre est fixée par de la gomme-laque, dans un attirail en acier que les ouvriers appellent *manivelle* qui sert à lier la partie supérieure du cylindre avec sa partie inférieure.

La *fig.* 17 donnera une idée de cette manivelle. On voit qu'elle est formée de trois parties cylindriques, a, b, c, soutenues à la distance convenable par les deux colonnes d, f. L'on prend, pour la construire, un morceau d'acier rond, on le perce d'un bout à l'autre d'un trou plus petit que ne devait être le cylindre. Après l'avoir tourné rond, d'après la forme indiquée par la figure, on l'entaille, en ne laissant que les deux colonnes d, et f; on enlève la moitié de la partie cylindrique b, et l'on creuse, sur la moitié du cylindre qui reste, une rainure dont on voit les deux extrémités vis-à-vis *b*, afin d'y loger le demi-cylindre en pierre, qu'on nomme *tuile*, et l'on achève la manivelle, que l'on trempe et que l'on polit. Lorsqu'elle est terminée, on ajuste dans la partie cylindrique *a*, le *bouchon* ou *tampon* supérieur et dans le cylindre *c*, le tampon inférieur, de la même manière que nous l'avons dit pour les cylindres d'acier ordinaires.

Le célèbre Bréguet, qui a perfectionné toutes les parties de l'horlogerie, a changé presque totalement, non les principes de l'échappement à cylindre, mais la forme des deux pièces essentielles qui le constituent, la roue et le cylindre.

La roue *fig.* 18, est tout simplement une roue de champ dont le champ est une portion de cône tronqué dont la grande base excède la petite d'une quantité égale à celle que présente, dans une roue ordinaire, la saillie qui forme le plan incliné. On taille la roue avec une fraise mince, d'un nombre de dents égal au double de celle qu'elle doit conserver ; on supprime alternativement une dent ; ensuite on lime en plan incliné le devant de chaque dent, du côté où elle marche en avant, presque jusqu'au bout de cette dent, ne laissant plat qu'un petit espace, par lequel se fait le repos et les levées. On lime le derrière pareillement en plan incliné, mais moins que par devant.

La *fig.* 19 indique la forme de la *monture* de Bréguet. Le demi-cylindre *a*, porte la rainure *d, d*, pour recevoir la *tuile*, ou le demi-cylindre en pierre. La partie *c*, est proprement la *monture*, et une sorte de colonne qui réunit les deux parties *a*, et *b*. Le cylindre *b*, est percé d'un trou suffisant pour recevoir l'axe du cylindre aux deux bouts duquel sont enlevés les pivots. Ces pivots, aussi fins qu'ils peuvent l'être, sont d'abord tournés cylindriques, ensuite on les déprime dans le milieu de leur longueur. Cette construction tend à diminuer les frottemens ; puisque le pivot ne frotte

dans le trou que par les deux extrémités de sa longueur, et la dépression qui existe dans le milieu sert à
retenir l'huile qui ne se dessèche pas aussitôt, et diminue les frottemens. Bréguet n'arrondit pas ses pivots, comme on était dans l'usage avant lui; ses
pivots sont plats par-dessous; il n'arrondit que les bords
afin qu'ils ne grattent pas sur l'ongle. Parce moyen,
il corrige les inégalités qu'on remarquait, dans les
montres, dans les deux positions du *plat à pendue*. Lorsque la montre était à plat, le pivot qui ne portait que
sur une pointe arrondie marchait avec plus de liberté
que lorsqu'elle était pendue, où les pivots portaient
sur la longueur des trous.

La *fig.* 20 fait voir le cylindre tout monté avec un
fragment *n*, du balancier. On y remarque la *tuile m*, et
les deux pivots *h*, et *g*. Le pivot intérieur *g*, est reçu
dans le pont *r*, qu'on voit en plan en *a*, et en *b*, en
profil *fig.* 21. Ce pont est porté par le chariot. Jusqu'ici
personne n'avait décrit en entier cet échappement, qui
exige une main parfaitement exercée pour le bien
exécuter.

§ III. — *De l'échappement de Dupleix*. Pl. III.

Cet échappement est à repos, et d'une exécution
bien moins difficile que l'échappement à cylindre; en
voici la description. La roue d'échappement est plane.

La *fig.* 22 n'en présente qu'un fragment en A; ses
dents sont taillées en rochet ou en étoile, mais très-
longues et fortement espacées. Cette distance d'une
dent à l'autre est nécessaire, afin que dans le milieu
de cette espace on puisse chasser une cheville dans le
champ de la roue, perpendiculairement à sa surface.
Ces chevilles sont implantées sur un cercle concentrique à cette roue, afin qu'elles se trouvent toujours
à la même distance de l'axe du balancier. Il paraît
qu'aujourd'hui on n'implante plus les chevilles; mais
on réserve un champ sur le plan de la roue, comme

dans une roue de champ, et l'on divise ce champ à l'outil à fendre, de même que les dents de la roue, afin qu'elle se trouve également espacées. C'est une construction de cette sorte que nous avons examinée dans une montre qui vient d'être apportée de Londres ; ce qui rend la roue plus légère : elle a servi de modèle à notre figure.

L'axe du balancier porte un rouleau B, qui est ordinairement un rubis, ayant une petite entaille a, dans laquelle viennent se loger les pointes des longues dents en étoiles C, D, E. Au-dessus de ce rouleau, est portée par le même axe du balancier une grande levée G, qui arrive jusqu'aux chevilles H, I, J, formées par la roue de champ qui fait corps avec la roue à étoile. Voici comment fonctionne cet échappement : il faut d'abord concevoir que la roue marche dans le sens que l'indique la flèche b. La figure montre la dent D, engagée dans l'entaille a, du rouleau B ; en même temps la levée G est remontée par la cheville I, qui la pousse en arrière et imprime la vibration au balancier armé de son spiral ; la dent D, sort aussitôt de l'entaille a, et la dent C, vient s'appuyer sur le rouleau B, au point k, le balancier achève sa vibration, et le spiral le ramène ensuite jusqu'à ce que la petite entaille a, se présente devant cette dent ; elle s'y engage. En même temps la levée G, se présente devant la cheville II, et elle pousse le balancier en agissant sur la levée G, comme dans le premier cas. L'arc de levée est ici de 60 degrés. On voit que cet échappement, 1º est à repos ; 2º que le repos se fait sur le rouleau B, du côté de k ; 3º que le balancier ne reçoit qu'une impulsion par chaque deux vibrations, ce que les horlogers appellent coup perdu.

On voit que cet échappement qui, au premier aspect, paraît d'une très-facile exécution ; présente des difficultés qu'un habile ouvrier est seul capable de surmonter. Il est cependant d'une exécution moins difficile que l'échappement à cylindre de Bréguet.

§ IV. — Des échappemens de M. Pons de Paul.

M. Pons, habile horloger, à la tête de la manufacture d'horlogerie de Saint-Nicolas d'Aliermont (Seine-Inférieure), avait exposé les nouveaux échappemens au Louvre en 1827 ; il eut la complaisance de nous en donner connaissance. Aujourd'hui que M. Pons a décrit ses divers échappemens au nombre de quatre, dans le *Bulletin de la Société d'encouragement*, tome XXVII, page 421, nous pensons qu'il sera utile de les faire connaître en transcrivant littéralement les descriptions et les figures intéressées dans cette ouvrage par cet habile horloger.

1° Echappement à crochet.

« La *fig.* 1, Pl. IV, représente la roue d'échappement en plan ; cette roue porte 92 chevilles. La *fig.* 2 montre le plan de la pièce d'échappement (1) ; on voit cette pièce en perspective, *fig.* 3. Dans la *fig.* 4, elle est montée sur l'axe du balancier Y, qui porte le spiral V. Les lettres *a*, et *b*, *fig.* 1, indiquent les positions successives de l'échappement lors de son engagement avec les chevilles de la roue.

» *Effet.* La pièce *a*, *fig.* 1, représente l'échappement dans son état de repos, une cheville de la roue est en contact intérieurement avec la pièce *a* : le balancier tournant de droite à gauche, cette pièce tournera autour de la cheville ; le balancier revenant de gauche à droite, la cheville glissera le long de la levée *o*, et lui fera parcourir un arc de 35 degrés. Aussitôt qu'elle échappera une troisième cheville viendra se poser sur *c*; dans cette position, une cheville sera entre celle qui échappe et celle qui se met en contact, comme on le voit

---

(1) Cette pièce est en acier trempé le plus dur possible, et fixée sur canon à assiette, ajusté avec force sur l'axe du balancier.

en *b* : le balancier revenant de droite à gauche, la cheville glissera sur la courbe *c*, et fera parcourir à la levée un arc égal à celui de la première. Au moment où cette dernière cheville échappera, celle placée dans l'intérieur de la pièce d'échappement se mettra en contact avec cette pièce, comme en *a*, pour recommencer l'effet déjà décrit.

» On remarquera que les levées de cet échappement peuvent toujours être égales, parce que, connaissant l'étendue et l'arc de la levée *c*, on peut incliner ou redresser à volonté la levée *o*, pour lui faire parcourir un même arc.

» On peut employer cet échappement avec succès dans les horloges portatives, en lui faisant battre des vibrations lentes.

2º *Echappement spiroïde.*

» La *fig.* 5 représente la roue d'échappement en plan ; cette roue porte douze chevilles. La *fig.* 6 est un rouleau avec entaille, dont les bords sont arrondis pour faciliter le dégagement des chevilles de la roue. La *fig.* 7 montre le plan de la pièce d'échappement ; on voit cette pièce et le rouleau (1) en perspective, *fig.* 8. Dans la *fig.* 4, ces deux pièces sont montées sur l'axe du balancier Y, sur lequel est fixé le spiral V. Les lettres *a*, *b*, *c*, *d*, *fig.* 5, indiquent les positions successives que prend la pièce d'échappement lors de l'engagement des chevilles avec elle.

» *Effet.* La pièce *b*, représente l'échappement dans son état de repos ; la cheville est placée dans l'entaille du rouleau, et le spiral du balancier n'a pas de tension.

(1) La pièce d'échappement et le rouleau sont en acier trempé le plus dur possible ; ils sont fixés sur canon à assiette, ajusté à frottement sur l'axe du balancier. On a laissé une rainure entre ces deux pièces pour faciliter les vibrations du balancier : cette rainure sert aussi à conserver l'huile près des parties frottantes.

Le balancier tournant de gauche à droite, la cheville sortira de l'entaille du rouleau, et se posera sur la levée *o*, ainsi que l'indique la position de la pièce *c*. L'action de la roue continuant, la cheville glissera le long de *o*, et viendra dans la position de la pièce *d*; dans ce mouvement, la levée aura parcouru un arc de 90 degrés. Au moment où la cheville échappera, celle qui la suit se posera sur la levée *f*, et le balancier revenant de droite à gauche, la cheville glissera le long de cette levée, jusqu'à ce qu'elle échappe et vienne sur le rouleau dans la position *a*. Dans ce mouvement, la levée aura parcouru, en sens contraire, le même arc de 90 degrés; le balancier retournant de gauche à droite, la cheville reviendra dans la position *b*, pour recommencer le même mouvement.

3o *Echappement à engrenage.*

» La *fig.* 9 représente les roues d'échappement en plan; la roue *a*, porte huit chevilles, et la roue *b*, seize dents. La *fig.* 6 fait voir le plan de la pièce qui s'engage avec les chevilles de la roue *a*, et sur laquelle se fait le repos; la *fig.* 10, celui de la pièce portant les deux palettes de pulsion qui engrènent dans les dents, de la roue *b* : on voit ces pièces en perspective, *fig.* 11 et 12. Dans la *fig.* 15, ces deux pièces sont montées sur l'axe du balancier Y sur lequel se trouve fixé le spiral V. Les lettres *c*, *d*, *e*, *f*, *g*, *fig.* 9, indiquent les positions successives que prend l'échappement lors de l'engagement des chevilles et des dents avec les pièces qui le composent.

» *Effet*. La position *c*, fait voir l'échappement dans son état de repos; la cheville est placée dans l'entaille de la pièce de repos, et le spiral n'a pas de tension. Le balancier tournant de gauche à droite, la cheville sortira de l'entaille, remontera sur la petite courbe opposée, et échappera aussitôt que la première des deux palettes se mettra en contact avec l'une des dents

9

de la roue *b*, comme le représente la position *d*. La seconde palette se présentera sous la dent suivante, au moment où les deux premières seront sur la ligne des centres, comme dans la position *e*. La roue continuant dans son mouvement, elles viendront, comme en *f*, et enfin comme en *g*. Dans ce mouvement, la pièce d'échappement aura parcouru un arc de 75 degrés. Au moment où la seconde palette échappera, une des chevilles de la roue *a*, se posera sur la grande courbe de la pièce de repos, comme en *a* ; et le balancier revenant de droite à gauche, cette cheville glissera le long de cette courbe, entrera dans l'entaille, et remontera sur la petite courbe opposée, par l'impulsion qu'elle aura reçue, puis elle reprendra là position *c*, pour recommencer le même mouvement. En glissant le long de la grande courbe de la pièce de repos, la levée parcourt un arc égal à la première.

4° Échappement à plan incliné.

» La *fig.* 13 (*bis*) représente les roues d'échappement en plan ; la roue *a*, porte douze chevilles, la roue *b*, douze palettes de pulsion à plan incliné. La *fig.* 14 fait voir le plan de la pièce qui s'engage avec les dents de la roue *a*, et sur laquelle se fait le repos ; *fig.* 15 celui de la palette de pulsion à plan incliné, et qui correspond à ceux des dents de la roue *b* : on voit cette pièce en perspective, *fig.* 16. La *fig.* 13 montre ces pièces montées sur l'axe du balancier Y, sur lequel se trouve fixé le spiral V. Les lettres *h*, *i*, *k*, *l*, indiquent les positions successives de l'échappement, ainsi que dans celui à engrenage.

» *Effet*. La position *h*, représente l'échappement dans son état de repos ; la cheville de la roue *a*, s'appuie sur la circonférence de la pièce de repos, et le spiral n'a pas de tension. Le balancier tournant de droite à gauche, la cheville glissera le long de la partie allant en spirale vers le centre de mouvement : elle sortira de l'entaille et montera sur la petite courbe opposée, par l'impulsion qu'elle aura reçue, ce qui occasionnera un léger recul à la roue. Dans ce mouvement, la levée aura parcouru un arc de 50 degrés. Le balancier revenant de gauche à droite, la cheville échappera aussitôt que l'extrémité supérieure d'une des dents de la roue b, se mettra en contact avec la palette de pulsion, ainsi que l'indique la position i : les deux plans se mettront successivement en contact, et viendront sur la ligne des centres comme en k, et enfin dans la position l. Dans ce mouvement, la levée a parcouru un arc égal à celui de la première. Au moment où le contact de l'arc cesse, la cheville de la roue a, se pose sur la pièce de repos, comme en l, et reprend la position h, pour recommencer le même mouvement. »

On voit que dans ces quatre échappemens les deux premiers ont quelque analogie avec l'échappement de Dupleix, mais se rapprochent beaucoup plus de l'échappement à simple virgule, qui a été abandonné à cause de la difficulté de l'exécution. Nous craignons qu'ils ne présentent les mêmes inconvéniens, quoiqu'ils paraissent très-bien conçus.

§ V. — *Des échappemens à vibrations libres.*

Dans l'échappement à repos dont nous venons de parler dans les paragraphes précédens, la marche de la roue est suspendue pendant la vibration du balancier; mais cette suspension s'opère par la roue elle-même, qui, pendant tout le temps de la vibration, appuie une de ses dents sur une portion cylindrique portée par l'axe du balancier. On conçoit que la force dont la roue est animée produit sur l'axe du balancier un frottement qui, quelque petit qu'il soit, est un obstacle au libre mouvement du régulateur. L'échappement à repos exige de l'huile, et entraîne par là des résistances variables très-nuisibles, comme le remarque judicieusement Ferdinand Berthoud.

Il paraît que ce célèbre horloger eut, en 1754, la première idée de l'échappement à vibrations libres. Voici comment il s'explique dans son *Histoire de la mesure du temps par les horloges*, tome II, page 23 : « Ce sont les défauts que j'ai remarqués dans l'échappement à repos ordinaire, qui m'ont fait rechercher depuis très-long-temps les moyens de détruire ces obstacles de l'échappement. J'ai combiné, pour cet effet, l'échappement, de manière que, dès que la roue a donné son impulsion, le régulateur puisse achever librement sa vibration, et que, pendant ce temps, l'effort ou action de la roue ne soit pas suspendu, comme dans l'échappement à repos, par le régulateur même, mais par une détente que le régulateur ou balancier dégage en un temps indivisible ; en sorte que le régulateur n'éprouve par là aucune espèce de résistance ou de frottement, que celle de dégager la détente qui suspend l'effet de la roue pendant que le balancier oscille librement.

» Dans cet échappement, le balancier fait deux vibrations, pendant qu'il n'échappe qu'une dent de la roue en un seul temps, c'est-à-dire que le balancier va et revient sur lui-même, et qu'à son retour à la seconde vibration, la roue, en échappant, restitue en une vibration, au régulateur, la force qu'il a perdue en deux. Ainsi, pendant toute une vibration, et la plus grande partie de la seconde (1) l'action de la roue demeure suspendue par une détente ; en sorte que le balancier pendant ce temps oscille librement. »

Nous ne nous attacherons pas ici à décrire tous les échappemens à vibrations libres qui ont été imaginés depuis que Ferdinand Berthoud en eut la première idée; nous sortirions du cadre dans lequel nous nous sommes proposé de nous renfermer. Ces échappemens sont en très-grand nombre, tant pour montres que

_____

(1) La roue n'agit sur le régulateur que pendant le temps de la levée ou l'impulsion, qui n'est que d'environ 40 degrés.

pour les horloges à pendules. Ferdinand Berthoud, dans son *Histoire de la mesure du temps par les horloges*, en a fait une ample collection, que les amateurs consulteront avec intérêt. Nous nous bornerons à d'écrire l'échappement d'Arnold que l'on emploie aujourd'hui avantageusement, tant pour les montres de poche, que pour les horloges d'appartement, et surtout pour les montres marines.

§ VI. — *Echappement d'Arnold, à vibrations libres.*

La Pl. IV, *fig.* 17, présente tous les détails de cet échappement. La pièce cylindrique A, est entaillée en *g*, comme le montre la figure. Cette pièce A, est portée fixement par l'axe du balancier. Cet axe porte en même temps une dent ou doigt *a*; ces deux pièces, invariablement fixées à l'axe du balancier, se meuvent en même temps que lui. Sur la platine du mouvement est fixé, par une vis et des pieds, le ressort *b*, *c*, qui porte trois talons *d*, *f*, *k*. Le premier *d*, que l'on nomme talon d'arrêt, sert à suspendre la marche de la roue d'échappement B, et à ne laisser passer qu'une des dents de la roue successivement et lorsque le régulateur l'y force.

Le second talon *f*, fixé comme le premier sur le ressort *b*, *c*, sert à déterminer la longueur du petit ressort, extrêmement faible, *i*, *h*, qui se trouve fixé, dans ce talon, par une goupille, de même que le spiral dans son piton. Ce petit ressort arrive presque jusqu'à l'axe du balancier, de manière que le petit doigt *a*, ne peut pas tourner sans le faire vibrer. Le troisième talon *k*, reçoit dans une petite entaille, le petit ressort *i*, *h*, dont on va connaître la fonction.

Tout cela bien entendu, il sera facile de concevoir l'effet de cet échappement. Lorsque le balancier tourne dans le sens qu'indique la flèche, il entraîne la pièce cylindrique A, et le petit doigt *a*. Celui-ci fait fléchir le petit ressort *i*, qui cède sans effort, à cause de sa grande flexibilité, et laisse passer le petit doigt *a*. Tout cela s'opère sans que la roue d'échappement B, fasse aucun mouvement pour que la pièce cylindrique A, puisse atteindre aucune dent. Mais lorsque, après cette première vibration, le balancier retourne en arrière, le petit doigt *a*, prend le ressort *i*, par-dessus, le fait appuyer sur le talon *k*, qui devient alors le centre du mouvement du ressort *b*, *c*. Ce talon *k*, est placé aussi près qu'il est possible de la pièce cylindrique *A*; le petit ressort *i*, devient alors assez fort pour faire fléchir le ressort *b*, *c*, qui, en se soulevant, entraîne le talon *d*, et dégage la dent de la roue d'échappement B. Ce ressort revient de suite à sa première position, et le talon *d*, arrête la dent suivante. Pendant ce mouvement, la dent *m*, est venue s'appuyer sur le talon *d*, et la dent *n*, qui s'est avancée en même temps, a rencontré la levée *g*, et a restitué au régulateur la force qu'il avait perdue en deux vibrations.

Le célèbre Bréguet a adopté cet échappement pour les chronomètres qui ne battent que cinq vibrations en deux secondes. Cet échappement fait un bruit très-sensible, de sorte qu'il est facile de compter les vibrations qui sont lentes, mais qui offrent une très-grande régularité.

§ VII. — *Echappement de L. Séb. Le Normand, à vibrations libres.*

L'échappement que je vais décrire fut inventé en 1784, et fonctionna parfaitement. Il fut exécuté dans une petite horloge de voyage, en remplacement d'un échappement à ancre à pendule. Cette pièce appartenait à l'ancien évêque de Montauban, avec lequel j'étais étroitement lié. C'est à cette même petite horloge que je construisis la cadrature que je décrirai plus bas. Cet échappement et cette cadrature n'avaient jamais été décrits.

La *fig.* 18, Pl. IV, montre la roue en plan. Cette roue

est à deux champs, c'est-à-dire qu'elle a un champ comme une roue de champ ordinaire sur chacune de ses deux surfaces. La roue a environ un millimètre d'épaisseur, et chacun de ces champs ne dépasse son épaisseur que d'environ un millimètre. Ce sont ces champs qui forment les plans inclinés que chaque dent de la roue porte alternativement sur une de ses surfaces. La roue a toujours un nombre pair de dents, puisque chaque dent forme la levée tantôt sur une surface, tantôt sur l'autre.

Cette roue se taille facilement sur l'outil à tailler les roues de rencontre, et se termine sur le même outil, y compris les plans inclinés, puisqu'il ne s'agit que de tailler soi-même deux fraises inclinées, l'une à droite, l'autre à gauche, et une troisième pour enlever une dent alternativement de chaque côté. On la divise d'abord en parties égales avec une fraise ordinaire, d'un millimètre d'épaisseur ; ensuite avec la fraise plate et épaisse de la longueur d'une dent, on enlève alternativement une dent de chaque côté ; enfin avec les fraises inclinées, on coupe la largeur de la dent qui reste, par la diagonale du rectangle que chacune d'elles présente en face. Alors les dents, la roue vue de profil, se présentent comme les montre la *fig.* 19.

La pièce d'échappement, *fig.* 20, est à peu près ici de grandeur naturelle ; elle est fixée en *a*, *fig.* 18, de manière à ne pouvoir tourner qu'avec cet axe qui est placé verticalement et dans le plan parallèle au plan de la roue. Sur le même axe est fixée à canon et d'une manière invariable une fourchette *b*, qui doit se trouver vis-à-vis d'une dent ou d'un doigt *c*, fixé de même sur l'axe du balancier *d*. Le balancier ou régulateur *f*, est placé horizontalement au-dessus de la cage, et dans un plan perpendiculaire au plan des platines. Au-dessus est placé le spiral S. La *fig.* 21 montre la forme de la fourchette, *b*, fixée sur l'axe de la pièce d'échappement, *fig.* 18, et la *fig.* 22 montre la dent *c*, portée par l'axe du balancier *d*, et qui engrène dans la fourchette *b*.

On conçoit que lorsque le spiral aura ramené la dent *c*, entre les dents de la fourchette *b*, le régulateur forcera la pièce d'échappement *a*, à faire un mouvement de rotation; elle présentera alors son entaille au plan incliné de la dent qui, en s'échappant, restituera au régulateur, par l'intermédiaire de la fourchette et de la dent, la force qu'il avait perdue pendant la vibration précédente, en lui faisant décrire un arc de levée de 40 degrés; la dent suivante de la roue viendra se reposer sur le plan de la pièce d'échappement *a*, jusqu'à ce que dans son retour le balancier dégage cette pièce, et laisse échapper une seconde dent qui fera décrire pareillement au régulateur un arc de levée de 40 degrés, et ainsi de suite.

L'essentiel, dans cet échappement, qui est d'une très-facile exécution, consiste à ce que la pièce d'échappement *a*, qui doit être un peu plus mince que la fraise qui a servi à tailler la roue, ait sa surface supérieure dans le plan du diamètre horizontal de la roue.

L'on a supprimé dans la figure les ponts qui supportent la pièce d'échappement et du balancier, afin de rendre le dessin moins confus.

J'avais conservé cet échappement pour le placer dans mon *levier chronométrique*, que je décrirai plus bas; mais il m'a été impossible de le faire exécuter comme il faut par feu M. Peschot.

§ VIII. — *Des échappemens pour les horloges-pendules et pour les horloges de clocher.*

Indépendamment du dernier échappement que nous venons de décrire, § VII, et qui est applicable aux horloges d'appartement auxquelles on ne veut pas donner un pendule pour régulateur, cet échappement procure l'avantage de faire battre directement les secondes mortes, quelle que soit la hauteur que l'on veuille donner à la boîte qui renferme le rouage. Il existe une quantité prodigieuse d'échappemens applicables à ces sortes d'horloges. Le lecteur envieux de connaître toutes ces inventions plus ou moins ingénieuses, n'a qu'à consulter les ouvrages suivans : *Traité d'horlogerie*, par Thiout aîné, 2 vol. in-4º ; *Essai sur l'horlogerie*, et *Histoire de la mesure du temps par les horloges*, chacun de 2 vol. in-4º, par Ferdinand Berthoud ; *Traité d'horlogerie*, par J.-A. Lepaute, dans lesquels ils en trouveront de toutes constructions.

Nous nous bornerons, pour nous renfermer dans notre cadre, à décrire ici les échappemens qui sont reconnus pour être les meilleurs, et ceux que l'usage a le plus consacrés. Nous décrirons par conséquent, 1º l'échappement à ancre qui est employé dans presque toutes les petites horloges d'appartement ou de cheminée ; 2º l'échappement à la Graham, qui est employé dans beaucoup de régulateurs et dans les horloges de clocher; 3º l'échappement à chevilles de Lepaute, le meilleur, sans contredit, qu'on ait encore inventé, et qui est généralement adopté pour tous les régulateurs et les grosses horloges qu'on construit de nos jours.

§ IX. — *De l'échappement à ancre, pour les horloges de cheminée.*

Cet échappement fut imaginé par un horloger anglais, sur le nom duquel on n'est pas d'accord ; les uns l'attribuent à Thomas Mudge, d'autres à Clément; ce qui est fort peu important. Ce qui est essentiel, c'est d'en étudier la nature et d'en bien apprécier toutes les fonctions. On l'appelle échappement à ancre, parce que les deux branches qui le constituent ont quelque ressemblance avec les pattes d'un *ancre*.

Cet échappement, tel que la *fig.* 23, Pl. IV, le représente, est le même que Berthoud a donné dans son *Essai sur l'horlogerie*, tome Ier, p. 129, nos 397 et 398; il est dessiné d'après les données de l'inventeur. Nous sommes obligé d'entrer dans quelques détails sur cet échappement, ainsi que sur celui qui a été perfectionné par Graham, et dont la description suivra immédiatement, afin de relever deux erreurs qui se sont répandues depuis quelques années dans le public sur la nature et les fonctions de ces échappemens. Plusieurs horlogers très-instruits ayant appris que nous nous occupions d'un traité sur l'horlogerie, nous ont engagé à donner des détails sur la véritable théorie de cet échappement en nous signalant ces erreurs. Nous avons senti nous-mêmes qu'en gardant le silence dans cette circonstance, nous pourrions laisser croire que nous reconnaissons ces erreurs pour des vérités.

La première de ces erreurs consiste à avancer d'une manière générale que *cet échappement est à recul* dans les horloges de cheminée. Cet échappement, tel qu'il est sorti des mains de son inventeur, est à repos, et la *fig.* 23, Pl. IV, qui le représente, le prouve d'une manière incontestable, puisque les courbes d, c, et m, n, sur lesquelles se font ces deux repos, sont des arcs de cercle qui ont leur centre en a.

On verra plus bas que Ferdinand Berthoud l'a dit expressément, lorsqu'il a donné les règles à suivre pour les faire *à recul* dans les petites horloges, dans la vue de rendre ses vibrations isochrones. Ce fut en 1763 que cet habile horloger, dans son *Essai sur l'horlogerie*, indiqua les moyens de rendre à recul l'échappement à ancre inventé en 1681, par Clément, horloger de Londres tel que le représente la *fig.* 23, que nous venons d'indiquer. Cet échappement fut donc exclusivement à repos pendant 83 ans, avant que personne eût réussi à lui donner la forme la meilleure pour le mettre à recul afin de le rendre isochrone. Depuis la découverte de Berthoud, on voit beaucoup de ces échappemens à recul, quoiqu'il y en ait bien peu d'isochrones, parce que la plupart des ouvriers ne connaissent pas ou ne veulent pas s'astreindre à mettre à exécution les règles qu'il a prescrites. On n'a cependant pas abandonné la construction de cet échappement à repos. Il n'est donc pas exact de soutenir que cet échappement est à recul par sa nature , puisqu'au contraire il ne l'est que par l'art.

La seconde erreur consiste à soutenir que cet échappement , même celui de Graham , laisse passer deux dents à chaque oscillation. Cette assertion serait trop absurde pour qu'elle méritât une démonstration sérieusement contraire. Nous dirions seulement à celui qui la soutiendrait, qu'il n'a qu'à conduire à la main le pendule de son horloge , et qu'il compte le nombre de coups que la roue , animée par la force motrice , bat à chaque vibration : il n'en comptera assurément qu'un. Or chaque dent en passant forme un battement. Donc, etc.

Voici les règles que donne ce savant horloger pour que l'échappement à ancre devienne à recul.

« La distance, dit-il, du centre *a*, de l'ancre d'échappement au centre A (*fig.* 23), de la roue dépend de l'arc que l'on veut que le pendule parcoure. S'il en doit décrire de grands comme de dix degrés , il faut alors que le centre *a*, soit placé près de la roue. Il faut avoir attention que dans tous les cas l'ouverture du compas, qui sert à tracer le *repos*, soit telle, qu'en tirant du point *n*, une ligne qui passe par le centre *a*, de l'ancre et abaissant de l'extrémité *n*, une ligne qui passe par le centre de la roue , il faut que cette ligne soit perpendiculaire à *n, a*. Ainsi, si l'on place le centre de l'ancre plus haut que *a*, les palettes ou plans de l'ancre devront agir sur la roue à des points qui embrasseront un plus grand nombre de dents.

« Julien Le Roy et Saurin, en 1720 , Enderlin , en 1741, s'occupèrent beaucoup de la recherche propre à déterminer la courbure que l'on doit donner aux faces de l'ancre pour rendre les oscillations du pendule isochrone. Ce fut Ferdinand Berthoud qui parvint à déterminer rigoureusement , ce qu'il confirma par une foule d'expériences, la véritable forme à donner à l'ancre, et résolut de la manière la plus satisfaisante le problème déjà posé par les savans horlogers qui l'avaient précédé.

« L'échappement isochrone, dont nous nous proposons de donner ici la manière propre de l'exécuter, n'est point à *repos*, dit Berthoud, comme celui que nous avons décrit (n° 596, page 129 , *Essai sur l'horlogerie*) ni à aussi grand recul que celui à ancre d'Enderlin ; mais son recul est moyen entre le *repos* du premier et le recul du second.

» Cet échappement, pour rendre les oscillations isochrones, est représenté Pl. IV, *fig.* 24 ; nous l'avons fait voir très en grand ; afin que l'on puisse aisément distinguer les traits de construction et le concevoir plus facilement : alors il ne sera pas difficile de le tracer en petit d'après les règles prescrites.

» Pour tracer l'ancre d'échappement, on prendra une plaque de laiton mince, bien dressée et adoucie, qui ait trois pouces en carré ; je l'appellerai le *calibre d'échappement* : on percera vers un des bords de la plaque un trou à une distance suffisante pour qu'on puisse y tracer la circonférence de la roue. On fera entrer dans ce trou bien juste le tigeron du pignon du dessous de la roue ; et de sorte que la roue s'applique tout contre la plaque. On tracera avec un bon compas, ou mieux avec le compas d'engrenage, un cercle de la grandeur exacte de cette roue.

» On prendra, avec le même compas, sur la platine des piliers, la distance qu'il y a du centre de la roue d'échappement jusqu'au trou du pivot de la tige d'ancre : on portera cette distance sur la plaque du laiton, et l'on tracera du centre B, de la roue, la portion du cercle *b*, *c*, on percera en *a*, un petit trou de la grosseur du pivot de la tige d'ancre ; ce trou représentera le centre de l'ancre. De ce centre on tirera la ligne *a*, *b*, qui soit tangente à la circonférence *b*, *c*, de la roue : si par le point *b*, d'attouchement on tire le rayon B, *b*, il sera perpendiculaire à *b*, *a*, ainsi qu'on le démontre en géométrie ; et selon les principes de la mécanique, l'action des dents de la roue doit se faire au point *b*, sur l'ancre: ainsi *a*, *b*, est la longueur qu'il faut donner au bras de l'ancre, pour que la roue agisse sur lui de la manière la plus favorable au mouvement.

»'On posera la roue sur la plaque de laiton ; on posera une pointe du compas sur le trou de l'ancre, et avec l'ouverture du compas *a*, *b*, on fera convenir l'autre pointe avec celle d'une dent *b*, de la roue prise en devant: pour cet effet, on tournera la roue selon qu'il sera besoin ; on tiendra la roue fixe ; on portera la pointe de compas de l'autre côté, pour voir si elle se présente contre le derrière de la pointe d'une dent *c*, (1) : si cela n'est pas,' on changera l'ouverture du compas jusqu'à ce qu'elle passe en même temps par les pointes des dents les plus prochaines des pointes de contact *c*, *b*; on trouvera les portions de cercle *b*, *t*, *c*, *p*, qui représenteront deux faces des pattes de l'ancre.

» Pour trouver les deux autres faces, il faut changer l'ouverture de compas, en sorte que les dents ayant parcouru la moitié de leur intervalle, elles passent par une seconde portion de cercle ; mais comme cela se peut faire également, ou en ouvrant le compas plus qu'il n'était, ou en le refermant de la moitié de l'intervalle d'une dent ; on choisira, de ces deux ouvertures, celle qui fera moins différer la longueur des traits avec les points de contact *c*, *b*, desquels on doit s'écarter le moins possible. On trouvera donc les deux autres faces de l'ancre *d*, *s*, *e*, *q*, que nous plaçons en dedans préférablement, pour diminuer l'espace que parcourt l'ancre, et par conséquent son frottement. Ainsi l'on aura les quatre faces des deux bras placés de manière à laisser échapper alternativement les dents à mesure que ces pattes pénètrent et s'écartent de la roue par le mouvement du pendule.

(1) La portion de cercle *c*, *p*, doit passer derrière la dent *c*, afin que l'angle *c*, de la patte *c*, *e*, ne vienne pas à arc-bouter sur le derrière des dents, à mesure que la dent *b*, écarte le bras *b*, *t*, et que celui-ci s'introduit entre les dents de la roue.

» Maintenant, pour·régler la longueur des pattes de l'ancre, on partira de l'étendue des arcs de levée que l'on veut donner à l'échappement, que nous fixerons à cinq degrés de chaque côté, ou très-approchant.

» Pour marquer exactement cette levée de l'échappement, il faut avoir un demi-cercle gradué en degrés dont on fera convenir le centre avec le trou du pivot d'ancre percé au calibre d'échappement; on prolongera la ligne *a*, *b*, jusqu'en *f*, bord du demi-cercle gradué, et on tournera cet instrument jusqu'à ce qu'une de ses divisions corresponde avec la ligne *b*, *f*; on marquera en dedans un point *g*, écarté de l'autre de cinq degrés. Par ce point on tirera une ligne qui passe par le centre de l'ancre : elle marquera en *d*, la quantité dont la patte doit être engagée, pour que la roue en l'écartant par le plan incliné, l'ancre décrive cinq degrés. Ainsi, pour avoir ce plan incliné, on tracera la ligne *d*, *b*, qu'on fera passer par les points *d*, et *b*; ou les droites *a*, *f*, *a*, *g*, qui mesurent l'angle *g*, *a*, *f*, coupent les portions de cercle *d*, *s*; *b*, *t*; on aura donc la patte *d*, *b*, tracée.

» Pour l'autre patte de l'ancre, on fera exactement la même construction on obtiendra l'angle *i*, *a*, *h*, de cinq degrés, ce qui déterminera la direction du plan incliné *c*, *e*. Par ce moyen, l'arc total de levée de l'échappement sera de dix degrés.

L'échappement ainsi tracé serait à *repos*, puisqu'il est formé par des portions de cercle concentriques à *a*; mais comme un tel échappement ne corrigerait pas les inégalités de la force motrice, il faudra tracer, sur les faces de l'ancre, des courbes *b*, *l*; *e*, *k*, qui feront rétrograder la roue, à mesure que les pattes s'engageront dans les dents par l'augmentation de la force motrice.

» Pour tracer ces courbes de manière à donner le recul qui m'a paru le plus convenable pour rendre les oscillations isochrones, voici les dimensions que l'on suivra : on prendra avec un compas l'intervalle *b*, *m*, qui sépare les portions de cercle *b*, *t*; *d*, *s*; on le portera trois fois sur la portion de cercle, en partant de l'angle *b*, du plan incliné ; de cette troisième division on marquera le point 4, avec la même ouverture de compas. De ce point et avec le rayon *a*, *b*, on décrira un petit arc de cercle vers *n* ; du point *b*, et avec la même ouverture du compas on décrira, vers *n*, un petit arc qui coupera le premier au point *n*. Ce point *n*, sera le centre duquel, avec le même rayon *a*, *b*, on décrira l'arc *l*, 4, *b*, qui donnera la courbe cherchée.

» Pour tracer l'autre courbe dans l'intérieur de la patte *c*, *e*, on prendra la même épaisseur *e*, *u*, de cette patte ; on partira de l'angle *e*, du plan incliné, et on la portera trois fois sur la portion de cercle *e*, *q*, de la troisième division ; on marquera, avec la même ouverture de compas, le point 4, sur la direction d'une ligne 3, *a*, comme on l'a fait de l'autre côté. On trouvera le point *o*, de même qu'on a trouvé le point *n*, en prenant une ouverture de compas *e*, *a*, et en traçant, avec cette ouverture, deux petits arcs, du point *e*, et du point 4, qui, se coupant en *o*, donnent le centre de l'arc *e*, *k*, 4, tracé avec le rayon *e*, *a* ; ce qui détermine la courbe que doit avoir cette seconde patte.

» L'on aura ainsi la figure qu'il fait donner à l'encre d'échappement, tracée exactement : pour avoir des vibrations isochrones, il ne restera donc qu'à l'exécuter d'après les dimensions.. »

§ X. — *De l'échappement à ancre, perfectionné par Graham, pour les régulateurs et les grosses horloges.*

La *fig.* 25, Pl. IV, montre cet échappement. D'après les détails dans lesquels nous sommes entrés dans la première partie du paragraphe précédent, sur la construction de l'ancre pour les horloges de cheminée, nous n'aurons que quelques mots à dire sur celle-ci. La roue d'échappement est en A ; l'ancre d'échappement B, a son centre de mouvement en *a*, à une dis-

tance de trois fois le rayon de la roue A. Le repos se
fait sur un arc de cercle C, D, E, qui passe par le
centre de la roue A. Il résulte de là que chaque dent
de la roue fait repos alternativement sur l'arc extérieur D, E, d'un côté, et sur l'arc intérieur C, de
l'autre, ces deux arcs appartenant à la même circonférence de cercle. Il passe une dent à chaque oscillation du pendule.

Pour avoir l'inclinaison des plans, on détermine le
nombre de degrés que l'on veut faire décrire au pendule, on formera un angle f, a, g, d'un côté, et un
autre h, a, b, de l'autre, chacun de moitié des degrés
qu'on aura déterminés : en construisant, comme nous
l'avons indiqué pour l'ancre des horloges de cheminée,
les côtés de ces angles donneront les inclinaisons des
plans C, 1, pour une des pattes D, 2, pour l'autre.

§ XI. — *De l'échappement à chevilles de Lepaute,*
pour les régulateurs et les grosses horloges.

« La *fig.* 26 de la Pl. IV montre cet échappement,
dont la première pièce est un arbre F, placé horizontalement, terminé par deux pivots, dont l'un roule
dans la platine des piliers, et l'autre dans un pont ou
coq, fixé en dehors de l'autre platine. C'est entre le coq
et la platine qu'est rivée sur l'arbre la fourchette du
pendule.

» Cet arbre porte deux leviers recourbés, G, A, c ;
H, B, d, qui y sont fixés à frottement dur, de manière
qu'on puisse les ouvrir plus ou moins, et leur faire
faire l'angle qui est nécessaire pour les effets qu'on s'y
propose.

» Les parties R, I, L, S, des leviers sont des arcs de
cercle dont le centre est dans le même plan que la roue
et sur l'axe F ; mais ils se terminent par des plans inclinés I, c ; L, d.

· Le levier G, A, c, passe derrière la roue, tandis que
le levier H, B, d, est sur la partie antérieure de la

roue. La roue porte sur ses deux faces des chevilles perpendiculaires à son plan. Nous avons laissé en blanc, celles qui sont au-devant de la roue; les chevilles ombrées, placées alternativement avec les autres, sont à la partie postérieure de la même roue.

» La roue descendant de u, en x, comme l'indique la flèche, par la force du poids, les chevilles de la partie antérieure rencontrent le plan incliné L, d, et le poussent vers B. Par ce mouvement-là, le levier G, A, c, qui est à l'autre face de la roue, s'avance sous la cheville suivante; alors la cheville Y, ayant échappé au point d, et le levier continuant à s'éloigner par la force d'impulsion imprimée au pendule; la cheville suivante u, se trouve sur la partie circulaire concave R, I, qui est l'arc de repos.

» Les leviers étant ramenés du côté de A, par l'oscillation descendante du pendule, la cheville qui frottait sur l'arc R, I, rencontre bientôt le plan I, c, sur lequel elle agit comme la première, mais en sens contraire, en poussant les leviers de C, en A, jusqu'à ce que la cheville suivante vienne se trouver sur l'arc constant L, S, pour redescendre de là sur le plan L, d, et ainsi de suite.

» Comme chaque cheville de la roue répond à une oscillation du pendule, il doit y avoir, dans les régulateurs, soixante chevilles sur la roue, dont trente sont placées sur une des faces de la roue, et les trente autres dans les intervalles des premières; mais sur l'autre côté de la roue ces chevilles sont placées, de part et d'autre, non pas précisément sur une circonférence, ou à égale distance du centre de la roue; mais les chevilles qui doivent agir sur le plan I, c, agissant par leur côté intérieur, qui est le plus près du centre de la roue, et les chevilles qui poussent le plan L, d, agissant au contraire par leur côté extérieur, qui est le plus éloigné du centre, on a fait en sorte que les côtés intérieurs des chevilles m, n, et les côtés extérieurs des chevilles x, y, se trouvent précisément sur un même cercle, et il faut pour cela placer les che-villes d'une des faces de la roue, sur un cercle dont le rayon soit moindre de la quantité d'un diamètre de la cheville, que le rayon du cercle sur lequel sont plantées les chevilles de l'autre face ; par ce moyen, l'impulsion sur les deux plans se fait exactement à la même distance du centre de la roue, et par un levier toujours égal.

» Si les deux chevilles étaient rondes, celle qui se-rait parvenue à l'extrémité *c*, ou *d*, du plan, échappe-rait aussitôt que son centre serait parvenu vis-à-vis de l'angle *d* ou *o*, et avant que l'épaisseur entière de la cheville fût parvenue au-dessous de *d*, ou *c*. Or, comme l'épaisseur entière du levier I, *c*, ou *d*, L, doit passer entre les deux chevilles, et qu'elle n'y peut passer que lorsque la cheville entière sera au-dessous de *c*, ou de *d*, il s'ensuit que cette cheville descendrait encore de la valeur de son rayon après avoir échappé, et par conséquent la cheville qui est au-dessus tomberait de la même quantité ; ce serait là une chute que l'on doit toujours éviter, soit à cause du trémoussement et de l'usure qu'elle produit dans les pièces, soit à cause de la perte de force qui serait employée inutilement dans le choc.

» Or, en retranchant la moitié de l'épaisseur de la cheville, il arrive qu'aussitôt qu'elle a échappé, elle est en état de passer sous le levier, et que la cheville sui-vante se trouve d'elle-même, et sans aucune chute, arrivée sur l'arc de repos.

» Quoique les chevilles soient réduites à des moitiés de cylindre, c'est toujours leur convexité, c'est-à-dire leur partie inférieure qui frotte sur les arcs de repos ; or il ne peut pas y avoir de frottement moindre en sur-face que celui d'une surface convexe sur une surface plane ; l'huile et les ordures qui s'amasseraient sous la surface d'une dent, et qui contribueraient à user tout autre échappement, ne peuvent se rencontrer sous une cheville aussi mince. C'est aussi par leur convexité x, m, y, n, que les chevilles agissent sur les plans inclinés, et elles n'échappent que lorsque l'angle de la cheville est arrivé à l'angle inférieur du plan incliné.

» Cet échappement réunit donc généralement tous les avantages que l'on avait désirés jusqu'à présent dans un échappement, sans en avoir aucun défaut.

» Les repos sont parfaitement égaux et à égale distance du centre ; le frottement sur les arcs de repos est très-petit ; les deux arcs de repos sont tous les deux concaves, et parcourus avec la même vitesse, la même force, la même direction. Les leviers par lesquels la roue agit, sont égaux, aussi bien que les plans sur lesquels elle agit ; l'impulsion commence à la même distance du centre, et finit à la même distance sur tous les deux ; elle se fait avec une même force et dans le même sens. »

Cet échappement est, sans contredit, le meilleur des échappemens connus, et vraisemblablement il jouira pendant long-temps de ce précieux avantage.

On a ajouté un perfectionnement à la construction que nous venons de donner d'après son auteur. Il consiste à placer sur un des leviers G, A, c, un plot en cuivre qui peut avoir un petit mouvement circulaire. Ce plot est taraudé dans le sens perpendiculaire à la ligne F, I. Sur l'autre levier, et vis-à-vis, est placé un autre plot dans lequel est engagée la tête d'une vis, qui ne permet à la vis qu'elle porte qu'un mouvement circulaire autour de son axe. Les hélices de cette vis vont se tarauder dans le plot placé sur l'autre levier, de sorte qu'elle fait la fonction de vis de rappel. Il en résulte qu'on faisant tourner la tête de cette vis, à l'aide d'une clef, à droite ou à gauche, on approche ou l'on éloigne les deux plans inclinés, afin de mettre l'échappement au plus près. Les ouvriers entendront parfaitement cette construction.

CHAPITRE VII.

DE LA COMPENSATION, OU DES MOYENS EMPLOYÉS POUR CORRIGER LES EFFETS DE LA TEMPÉRATURE DANS LES MACHINES PROPRES A MESURER LE TEMPS.

« C'est une vérité généralement reconnue et prouvée par toutes les expériences, que la chaleur dilate tous les corps, et que le froid les condense ; et comme il arrive, ajoute Berthoud, que nous n'éprouvons pas deux momens de suite le même degré de chaleur, on peut dire que toutes les parties des corps que nous estimions autrefois être dans un parfait repos, sont, au contraire, dans un mouvement continuel, et que ces corps sont ainsi plus grands en été qu'en hiver, et le jour que la nuit.

» On sait aussi qu'un pendule qui est plus long, fait des vibrations plus lentes, et que s'il est plus court, ses vibrations sont plus promptes. Or, la chaleur alongeant la verge du pendule, on voit qu'en été l'horloge à pendule doit retarder, et qu'en hiver elle doit avancer par cette action. Cette machine doit, par ces causes, n'avoir pas une marche uniforme ; il est donc essentiel pour la perfection des machines qui mesurent le temps, de connaître les quantités de la dilatation des différents métaux par le chaux et par le froid et de trouver le moyen de corriger ses effets. »

Le raisonnement que Berthoud applique ici aux pendules, est commun à tous les régulateurs ; ainsi, dans les horloges portatives, qu'on appelle *montres*, non-seulement le balancier, mais le ressort spiral sont assujétis aux mêmes lois de la dilatation et de la contraction. Les moyens employés pour corriger ces défauts sont désignés par les horlogers sous la dénomination de *compensation*.

Parmi les innombrables moyens plus ou moins ingénieux que l'on a mis en usage pour obtenir la compensation, nous choisirons ceux qui nous paraissent
les plus sûrs et le meilleur, et nous renverrons le
lecteur aux savans auteurs que nous avons déjà cités
Thiout aîné, Lepaute et Ferdinand Berthoud, qui n'ont
rien laissé à désirer pour décrire tout ce qu'ils ont
connu. Nous indiquerons d'abord les moyens employés
pour obtenir la compensation dans les horloges portatives, ou montres de poche ; nous parlerons ensuite
des mêmes moyens appliqués au *pendule*.

Dans tous les systèmes de compensation on emploie
comme principale pièce une lame bi-métallique, c'est-
à-dire composée de deux métaux, dont la dilatation
et la contraction par le chaud ou par le froid sont
dans des rapports assez éloignés. Ces deux métaux
sont le plus ordinairement le cuivre jaune et l'acier,
qui sont continuellement entre les mains des horlogers.
Les expériences sans nombre qu'on a faites pour connaître le rapport de la dilatation de ces métaux entre
eux, ne laissent depuis long-temps rien à désirer,
et l'on sait que la dilatation du laiton est à celle de
l'acier dans le rapport de 121 à 74.

Il suit delà que si l'on suppose une lame bi-métallique,
formée d'une lame d'acier et d'une lame de laiton de
même longueur, de même largeur et de même épaisseur,
fixées ensemble, soit par des rivures, et mieux au moyen
de soudures ; si l'on suppose encore que ces deux lames,
ainsi réunies soient solidement fixées par une de leurs
extrémités sur la platine, tandis que l'autre extrémité
est libre, la chaleur agissant sur elles, alongera la lame
de laiton plus que la lame d'acier, et forcera celle-ci à
se courber du côté où elle se trouve placée. Par le
froid, au contraire, le laiton se contractant plus que
l'acier, attirera ce dernier de son côté, et son extrémité décrira un arc en sens contraire du premier.

Les horlogers habiles ont tiré parti de cette propriété bien reconnue et prouvée par l'expérience, et

l'ont appliquée de différentes manières pour obtenir, tant dans les montres que dans les pendules, les corrections ou les compensations qu'ils cherchaient, et d'où est résultée une plus grande régularité dans les machines destinées à la mesure du temps, ainsi que nous allons l'expliquer dans les deux paragraphes qui vont suivre.

§ 1er — *De la compensation dans les montres ou horloges portatives à régulateurs circulaires.*

Si l'irrégularité que l'on remarque dans les montres de poche ne provenait que de la dilatation ou de la contraction de la matière dont sont formés le balancier et le ressort spiral, il n'y a pas de doute que l'emploi d'une lame bi-métallique, convenablement appliquée à l'échappement, corrigerait le défaut qu'on s'attacherait à combattre; mais il n'en est malheureusement pas ainsi.

Pour faire bien comprendre ce que nous avons à dire, nous diviserons, avec les meilleurs horlogers, la très-grande quantité des montres qui se fabriquent en trois classes bien distinctes. Nous plaçons naturellement dans la première celles que l'on désigne sous le nom de *montres marines*, dont nous ne nous occuperons pas dans cet ouvrage, ainsi que nous l'avons déjà dit, par la raison que les horlogers, qui les fabriquent spécialement, sont trop instruits et en trop petit nombre pour que ce que nous aurions à leur dire pût leur apprendre des choses qu'ils connaissent aussi bien que nous. D'ailleurs, pour traiter cette partie avec tous les soins qu'elle exigerait, plusieurs volumes suffiraient à peine, et le format que nous avons adopté ne s'y prêterait pas, à cause de la grandeur des planches indispensables.

Dans la seconde classe, pour laquelle nous écrivons ici spécialement, se trouvent comprises d'autres montres qui, sans être du prix des premières, et sans avoir le même mérite, ont cependant une marche beaucoup plus régulière que celles que nous comprenons dans la troisième classe, qu'on appelle communément *montres à roues de rencontre*, qu'on n'exécute presque plus aujourd'hui avec cette perfection que Berthoud avait indiquée, et que nous avons décrite.

Nous nous bornerons à signaler, avec M. Destigny, habile horloger de Rouen, les principaux moyens employés pour la perfection des montres dont nous nous occupons. « Ces perfectionnemens consistent à réduire les frottemens et à les rendre constans, autant que possible, en faisant rouler les pivots dans des trous de pierres fines, à garnir aussi les parties frottantes de l'échappement avec des pierres fines, et à former cet échappement de manière qu'il ait la propriété corrective de l'inconvénient d'une force motrice variable, à faire l'application d'un ressort spiral éprouvé, dont les oscillations grandes ou petites soient isochrones.

« L'isochronisme ou l'égale durée des oscillations du régulateur, dans les machines destinées à la mesure du temps, est la base de l'horlogerie exacte, et c'est vers ce but que se dirigent toutes les recherches ; mais il y a tant de causes qui concourent à troubler cet isochronisme, que ceux qui chercheraient à l'obtenir feraient de vains efforts, s'ils ne réunissaient à la connaissance des lois du mouvement celle des mathématiques et de la physique.

« Indépendamment de l'action de la température sur le spiral qui, en le dilatant ou le contractant, le rend plus faible ou plus fort, et par là diminue ou augmente son action sur le mouvement du balancier, en retarde ou en accélère les vibrations, et par conséquent fait retarder ou avancer la montre ; elle influe de la même manière sur le balancier ; dont elle augmente ou diminue le diamètre, seconde cause d'irrégularité.

« Le froid agissant sur l'huile aux pivots, en lui faisant perdre sa fluidité, augmente la résistance au mou-

vement dans le rapport de la somme des frottemens, ce
qui occasionne du retard dans la marche. Cet effet peut
varier à l'infini, puisqu'il résulte du plus ou moins de
frottemens qui peuvent augmenter ou diminuer, selon
la grosseur des pivots, le diamètre et le poids du balancier, et la grandeur des espaces qu'il parcourt. On
voit que le froid exerçant son influence en même temps
sur diverses parties de la montre, produit deux effets
contraires, ce que l'on peut appeler compensation naturelle: Si ces effets opposés étaient dans un même
rapport, il s'établirait une compensation absolue, qui
rendrait inutile ou plutôt nuisible l'emploi d'un compensateur. Si, au contraire, le retard provenant de
l'augmentation des frottemens était plus considérable
que l'avance causée par la contraction du spiral, la
montre retarderait par le froid ; et dans ce cas, le compensateur, dont l'effet est de faire retarder par le froid,
serait encore nuisible, puisqu'il ajouterait à la variation. Le même raisonnement peut être appliqué en sens
inverse pour la chaleur.

» Cette théorie explique pourquoi le changement de
température pourrait faire avancer une montre, tandis
qu'il en ferait retarder une autre ; elle explique encore
pourquoi une montre ordinaire, grossièrement exécutée, peut avoir, pendant quelque temps, une marche
très-régulière, tandis qu'une autre montre bien faite,
mais qui n'aurait pas de compensateur, devrait naturellement varier par le changement de température.
Dans la première, le hasard fait naître, de certains défauts, une compensation qui ne peut durer long-temps;
au lieu que la seconde, n'ayant aucun des défauts qui
peuvent contribuer pour un moment à la régularité de
la marche de la première, doit nécessairement varier
par les effets de la température, s'ils ne sont pas com-
pensés. »

Nous n'avons pu donner ici qu'un extrait bien abrégé
des savans mémoires de M. Destigny, que nous engageons le lecteur à lire dans la 1re série des *Annales de*

l'industrie nationale et étrangère, tom. III, pag. 268 à 300. Ces deux mémoires qui se suivent sont extrêmement importans sur la matière qui nous occupe, tant pour les balanciers des montres que pour les pendules.

De ce qui précède on voit que ce n'est que par le tâtonnement, avec beaucoup de peine et à grands frais qu'on peut obtenir cette perfection dans les montres, parce qu'on n'avait pas songé à se réserver les moyens d'augmenter ou de diminuer l'effet du compensateur, afin de le mettre en rapport avec la variation à laquelle on se propose de remédier.

Voyons comment on avait employé jusqu'ici le compensateur dans les montres bien exécutées. Le célèbre Bréguet inventa, à ce qu'on croit, le compensateur que la *fig.* 27, Pl. IV, représente. C'est une lame bi-métallique, *c*, acier et laiton soudés ensemble, l'acier en dehors. Cette lame est repliée sur elle-même et suit la circonférence du balancier. Elle est fixée par une vis sur la raquette *b*, dont on voit une partie. La branche intérieure est libre et porte à son extrémité un talon, qui se présente devant une cheville rivée sur la même raquette. C'est entre le talon et la cheville que le spiral *d*, vibre. On voit qu'ici on n'a pas la faculté d'alonger ou de raccourcir la lame bi-métallique, et que si elle compense, ce ne peut être que par un effet du hasard.

Compensateur de M. Destigny.

M. Destigny, après avoir mûrement réfléchi sur les inconvéniens qui résultent de cette construction, y remédia en plaçant une seconde raquette sur la première, mais de manière à ce que la première entraînât la seconde. Sur cette seconde raquette il fixa un levier angulaire à charnière au sommet de l'angle, et à l'aide d'un petit ressort, il forçait les deux côtés de l'angle à se tenir constamment éloignés l'un de l'autre. Le côté mobile est sans cesse poussé contre le talon du compensateur de Bréguet, et le même côté porte à son extrémité un autre talon semblable au premier. C'est ce talon qui vient se présenter devant la cheville du spiral, qui vibre entre les deux.

On conçoit que le compensateur agissant non plus directement sur le spiral, mais sur le levier additionnel, il est facile, en avançant ou en reculant le levier, d'obtenir à volonté le degré de compensation qu'on désire. Nous ne décrirons point ici ce mécanisme, qu'on trouve avec figures dans le tome III des *Annales de l'industrie*, que nous avons citées, parce que depuis la publication qu'en a faite cet habile horloger en 1821, on a proposé des moyens plus simples que nous allons faire connaître.

Compensateur par M. Perron.

Vers la fin de la même année 1821, M. Perron fils, horloger-mécanicien à Besançon, adressa à la Société d'encouragement un mémoire explicatif de son procédé. Ce mémoire se trouve aussi dans les *Annales de l'industrie*, tome IV, page 194. Voici en quoi consiste cette construction.

M. Perron emploie une lame bi-métallique comme Bréguet, mais il ne la replie pas sur elle-même, il la laisse tout étendue, mais contournée en demi-cercle, *fig.* 1, Pl. V. Il la fixe par une vis à collet *a*, sur la grande queue de la raquette. Cette vis s'engage dans une rainure circulaire, qui permet d'alonger ou de raccourcir la lame bi-métallique *b*. Cette lame porte à son extrémité libre un curseur *d*, qui coule le long de la lame, afin de régler la compensation au plus près. Ce compensateur *b*, est formé d'une lame d'acier calibrée dans toute sa longueur, et ayant trois quarante-huitièmes de ligne d'épaisseur; sur cette lame est soudée une lame de laiton de cinq quarante-huitièmes de ligne, de sorte que son épaisseur totale est d'environ huit quarante-huitièmes de ligne. Pour obtenir la compensation exacte des effets de la température, il faut faire le compensateur plus long qu'il n'est besoin, afin que la correction soit trop forte, c'est-à-dire qu'il fasse avancer la montre par le chaud et la fasse retarder par le froid.

On fait marcher la montre par 27 ou 28 degrés du thermomètre de *Réaumur ;* dans cet état, le spiral doit avoir très-peu de jeu entre la goupille de la raquette et l'extrémité de l'angle de la boîte du curseur. On diminue la température, et on règle à peu près la montre par 12 ou 15 degrés; ensuite on l'expose à la chaleur de 27 ou 28 degrés, et enfin au froid de la glace. Si la montre retarde par le froid et avance par le chaud, on éloigne le curseur de l'extrémité du compensateur, et on recourbe la lame pour que la boîte soit vis-à-vis de la goupille de la raquette, et toujours de proche en proche, afin d'obtenir l'exacte correction des effets de la température; si le contraire arrivait, c'est-à-dire qu'étant exposée au froid, la montre avançât, et retardât par le chaud, on augmenterait l'effet du compensateur, en diminuant son épaisseur; mais jamais cet effet n'a lieu. On donne pour longueur au compensateur un peu plus de la moitié de la circonférence du balancier.

Compensateur par M. Robert jeune.

En 1829, M. Robert jeune, horloger à Blois, imagina un nouveau compensateur, basé toujours sur la lame bi-métallique de Bréguet, mais d'une bien plus facile exécution et moins embarrassant que celui de M. Perron. Voici son procédé :

Il fait porter sur la raquette d'avance et de retard *a, fig.* 2, Pl. V, un arc bi-métallique *b,* auquel il donne la forme d'un cercle presque complet. L'un des bouts est fixé à la circonférence du cercle en *c,* et l'autre est libre, selon la méthode accoutumée; mais la vis qui sert à maintenir la pièce lui permet de tourner à frottement doux sur son centre comme sur un pivot, de manière qu'on puisse opposer à la goupille d'arrêt, tel ou tel point de la convexité de l'arc bi-métallique. Plus ce point est loin de l'extrémité où est la vis, plus l'effet de la dilatation est marqué, plus l'espace qui sépare l'arc compensateur est large, et plus le spiral *d*, a de liberté dans ses vibrations, par conséquent plus l'arc compensateur produit d'effet. Il ne reste donc qu'à soumettre la pièce d'horlogerie à l'épreuve de deux températures extrêmes, et à faire pirouetter l'arc bi-métallique sur la vis qui lui sert de pivot, jusqu'à ce qu'on ait réussi à obtenir une marche constante dans ces deux états. Quelques essais très-faciles conduisent bientôt à ce résultat.

M. Duchemin, habile horloger de Paris, a perfectionné cette invention, qui est ingénieuse et d'une simplicité remarquable, en plaçant vers le bout libre de l'arc bi-métallique un curseur comme celui imaginé par M. Perron. Alors le spiral se trouve pincé comme entre deux goupilles, et en se déployant il n'est pas obligé de se coucher sur l'arc bi-métallique. Ce compensateur est décrit avec figures dans le tome XXVIII du Bulletin de la Société d'encouragement, page 295.

§ II. — *De la compensation dans les horloges à pendule.*

L'effet de la température sur les métaux est toujours le même, la dilatation par le chaud, la contraction par le froid, quelque forme qu'on leur donne, car ces effets ont lieu dans tous les sens. Lorsque les expériences faites par de savans physiciens eurent confirmé cette vérité, et qu'on se fut aperçu que les divers métaux se dilataient dans des rapports différens entre eux, les habiles horlogers sentirent bien qu'il était important de trouver des procédés sûrs pour remédier aux effets de la température sur le pendule, afin de rendre sa longueur invariable et régulariser par là

la marche des horloges. L'histoire des moyens qu'on
employa pour y parvenir ne peut pas être du ressort
de ce Manuel, qui doit présenter seulement.ce qui a
été exécuté de plus parfait; et le lecteur désireux
d'étudier toutes ces recherches consultera avec fruit
les ouvrages de Ferdinand Berthoud, que nous avons
cités plusieurs fois.

Lorsque par des expériences rigoureuses on fut convaincu que le rapport de dilatation entre le laiton et
l'acier est comme 121 à 74, chacun chercha à combiner
des tiges d'acier avec des tiges de laiton dans le rapport inverse, c'est-à-dire qu'on donnait aux lames ou
tiges d'acier une longueur comme 121, et à celles du
cuivre une longueur comme 74. On était supposé.pren-
dre ces longueurs à partir du centre de mouvement au
centre d'oscillation. Le centre de mouvement du pendule est toujours facile à trouver; mais le centre d'oscillation présente au contraire beaucoup de difficultés,
comme on le verra au Chapitre VIII, paragraphe 2.
On ne fit pas attention que les rapports que nous venons de donner entre le laiton et l'acier ne sont pas
constans; que ces rapports changent selon la nature
du laiton, son écrouissement plus ou moins grand, et
qu'il en est de même pour l'acier.

Les mêmes causes qui établissent des variations dans
la compensation des régulateurs des montres, et que
M. Destigny a développées avec tant de sagacité, se
présentent dans le pendule ou régulateur des horloges. Il serait trop long de rapporter ici le mémoire
de ce savant horloger, inséré dans les *Annales de l'industrie*, tome III, de la page 268 à 300. Ce ne peut
donc être que par tâtonnement que l'on peut arriver
à compenser exactement les effets de la température
dans le pendule des horloges, comme nous l'avons
prouvé pour les balanciers ou régulateurs des montres.

Dans les pendules de cheminée, M. Destigny emploie
une lame bi-métallique composée d'une lame de laiton
et d'une lame d'acier d'égales dimensions, soudées en-

semble, et fixée sur la platine par une patte qui est
placée au bas de la lame bi-métallique, dont l'acier
occupe la partie supérieure. L'on voit cette disposition
dans les *figures* 28 et 29, Pl. IV, où D, est la lame bi-
métallique fixée à la platine par la vis C ; l'autre extrémité de cette lame passe dans une espèce de chappe
dans laquelle passe aussi le ressort de suspension. La
vis qui est fixée au centre de la tête G, godronnée,
sert à élever ou à abaisser la lentille pour régler la
marche de l'horloge. On y remarque, 1º que la lame
bi-métallique est fixe, comme l'auteur le dit dans
sa description ; 2º que la lame bi-métallique supporte
le poids du pendule et de la lentille, suspendus au
bout d'une lame de ressort qu'il a substituée avec raison à la soie que l'on met ordinairement à ces pendules;
3º sur la platine est fixé, par une vis et des pieds, un
coq B, qui porte deux pièces jumelles entre lesquelles
passe le ressort de suspension librement et sans jeu.

En réfléchissant sur cette construction, à laquelle
nous applaudissons, quant au principe, nous avons
été peiné de voir que l'auteur n'a pas tiré de cette invention tout le bien qu'il nous paraît pouvoir en résulter. Voici les légers changemens que nous avons
conçus : 1º nous suspendons le pendule par deux ressorts très-faibles, montés par leurs deux extrémités
entre deux lames de cuivre à une distance de cinq à six
millimètres l'un de l'autre. 2º Si la platine est carrée,
nous plaçons la lame bi-métallique près du bord supérieur de la platine, *fig.* 30, et nous donnons à la lame
une forme droite ; si la platine est ronde, comme on
les fait ordinairement, et comme l'indique la *fig.* 28,
nous lui donnons la forme circulaire de la platine ;
mais nous ne fixons pas à demeure sa patte C, à l'aide
d'une entaille en arc de cercle qui a pour centre le
centre de la platine ; si elle est ronde, on laisse à cette
lame la faculté d'avancer ou de reculer, afin d'établir
par tâtonnement la compensation au plus près. On peut
produire cet effet d'avance ou de recul par une vis de

rappel ; cette pièce est fixée par la vis L, *fig.* 30. 3° Nous supprimons le coq B, et nous le remplaçons par une pièce M, qui porte les deux pièces jumellés entre lesquelles passent librement et sans jeu les deux ressorts de suspension. Cette pièce M, est à coulisse libre et sans jeu sur la platine, et ne peut avoir de mouvement que dans le sens vertical. Dans la partie supérieure de cette pièce sont fixées quatre fortes goupilles parallèles entre elles, qui reçoivent librement et sans jeu le bout libre de la lame bi-métallique. 4° Le petit châssis des ressorts de suspension est porté par le bout de la vis N, *fig.* 31, de sorte qu'en tournant la tête godronnée de cette vis, on peut alonger ou raccourcir le pendule, et régler l'horloge à volonté.

On voit que, par cette construction, 1° la lame bi-métallique est indépendante du pendule, qu'elle ne supporte plus, et ce poids, quelque faible qu'on puisse le supposer, peut s'opposer à la régularité de la compensation ; 2° en donnant la facilité d'alonger ou de raccourcir la lame bi-métallique, on peut obtenir, par le tâtonnement, qui a été reconnu nécessaire par M. Destigny, et que nous reconnaissons comme lui, la plus grande régularité dans la compensation.

Nous donnons à notre lame bi-métallique une longueur suffisante pour compenser selon la longueur du pendule à peu près. Chaque métal a un millimètre d'épaisseur, et la lame a quatre millimètres de large ; par conséquent, en écartant les deux ressorts de suspension de six millimètres, elle passera librement entre les deux, et sa fonction ne consistera qu'à élever ou abaisser le point de suspension en faisant mouvoir la pièce M, qui, si elle est bien construite, n'offrira aucune résistance.

Cette construction peut être également applicable aux régulateurs dont le pendule bat la seconde et dont la suspension est à ressort, et débarrasse de toute cette construction qu'on a employée jusqu'à ce jour, et dont l'effet n'est pas sûr.

Mais lorsque le pendule a une suspension à couteau, ce qui est adopté avec raison dans les horloges astronomiques et parfaitement construites, on ne peut pas employer le même moyen ; heureusement que le génie des artistes est venu aplanir toutes les difficultés. Ce que nous connaissons de plus ingénieux et de plus sûr, est un procédé imaginé par M. Charles Zademach, horloger à Leipsick, et dont il a donné lui-même la description dans le *Journal pour les fabriques et les manufactures*, qui s'imprime dans cette ville en langue allemande.

Les mêmes lettres indiquent les mêmes objets dans les trois figures 3, 4 et 5, Pl. V.

Deux lames d'acier A, A, *fig.* 4, vissées haut et bas sur deux pièces de laiton de même épaisseur, que l'on voit en i (*fig.* 4) et en y, (*fig.* 5), les maintiennent parallèlement l'une à l'autre. Ces deux figures sont supposées ici n'en faire qu'une et réunies bout à bout en A, A, pour former la longueur entière du pendule, qu'elles montrent en profil.

A l'extrémité inférieure de la lame de laiton B, est fixée la vis double u, u, (*fig.* 3) ; cette lame est maintenue dans sa position entre les deux autres par des segmens de cercle h, h, (*fig.* 4 et 5), qui l'empêchent de s'approcher plus de l'une que de l'autre, et par deux rouleaux de friction d, d, (*fig.* 3, 4 et 5), qui la traversent et qui sont traversés eux-mêmes chacun par un axe ou vis g, g ; les ouvertures pratiquées dans cette lame pour le passage des rouleaux, sont, comme on le voit en f, f, (*fig.* 3), assez larges et assez longues pour que ces rouleaux ne deviennent point un obstacle aux mouvements d'extension et de contraction que les changemens de température occasionnent dans la lame. On voit en x, (*fig.* 5), comment son extrémité supérieure est butée et liée à la pièce de cuivre y.

C'est au moyen des deux leviers du premier genre C, C, que s'opère la compensation ; leur axe ou point d'appui t, t, est fixé sur les deux lames d'acier, et tandis que l'excédant d'extension ou de contraction que prend la lame de cuivre sur les deux autres, ce manifeste sur les deux bras de ces leviers à l'aide des écrous D, D, l'autre soulève ou abaisse la traverse ou coussinet *b, b*, et avec elle la traverse cylindrique *a*, à laquelle est suspendu l'enfourchement E, E, qui supporte la lontille K ; de sorte que celle-ci monte ou descend d'une quantité égale au degré de dilatation ou de condensation pris par les lames d'acier. Les lettres *c, c*, (*fig*. 3 et 4), indiquent la coulisse dans laquelle se meut la traverse cylindrique *a*.

L'objet des deux écrous D, D, de la vis double *u, u*, est de régler la course de l'extrémité *v, v*, des leviers, en se rapprochant plus ou moins de leur point d'appui *t*. Il est évident que plus le point sur lequel l'écrou porte sera proche de l'axe du levier, plus la course *v*, sera grande, lorsque la lame B, se dilatera.

La lentille K, dont on ne voit qu'une partie, est fixée sur l'enfourchement E, E, qui termine le pendule que nous venons de décrire. L'écartement des deux branches de cet enfourchement est déterminé par l'écartement et l'épaisseur des lames d'acier A, A, et de manière à ce que l'enfourchement puisse glisser facilement le long de ces deux lames, lorsque par l'excédant d'extension que prend la lame de cuivre sur celles-ci, la traverse cylindrique *a*, qui supporte, comme nous l'avons dit, l'enfourchement, est soulevée. Les deux vis *l, l*, placées au bout supérieur des branches E, E, (*fig*. 4), les maintiennent dans leur position, sans cependant nuire au mouvement auquel l'enfourchement doit obéir.

Effets de ce pendule.

Si nous supposons cet instrument placé dans un lieu dont on élève subitement la température, les trois lames A, A, B, dont les deux premières sont d'acier et la troisième de laiton, se dilateront inégalement et dans le rapport que nous avons déjà indiqué, comme 121 à 74. La lame B, que nous pouvons appeler le compensateur, butée au haut par un obstacle invincible y, (*fig.* 5), et en bas par les deux leviers C, C, (*fig.* 5), exercera sa force expansive sur les points de contact de ces deux leviers et des écrous D, D, abaïssera d'une quantité égale à l'excédant d'extension que cette lame aura pris, et déterminera l'ascension du coussinet b, b, qui repose sur les extrémités v, v, des leviers.

Pour que, dans ce mouvement, la compensation s'opère exactement, il faut que le coussinet b, b, et par conséquent la traverse cylindrique a, à laquelle est suspendu l'enfourchement de la lentille, remonte d'une quantité égale à la dilatation des lames d'acier du pendule, ce qu'on obtiendrait facilement en combinant les brás du levier, de manière à ce que v, t, ou le plus grand bras soit au plus petit comme l'espace que parcourt l'extrémité v, est à celui parcouru par le point du levier C, sur lequel porte l'écrou D; c'est-à-dire que v, t, soit à t.C, comme 121 est à 74, ou comme 60, 5 : 37, c'est-à-dire dans le rapport des dilatations des deux métaux. Cette considération est inutile, comme on va le voir, et rejetterait dans les difficultés que présente la théorie, et que l'auteur a voulu éviter. On fait les deux bras de levier égaux, et par quelques expériences à l'aide du pyromètre, les écroux D, D, fixent bientôt le point exact de la différence de ces leviers pour l'exacte compensation. Si l'on voulait s'en convaincre, après avoir fait les bras des leviers égaux en longueur, on diviserait les bras C, C, en 60 parties et demie égales, et l'on se convaincrait, après avoir trouvé la compensation exacte, que les écrous D, D, se fixeraient vers la 37e division.

Si les pièces métalliques se dilataient constamment d'une quantité proportionnelle à leurs dimensions, il serait possible d'assigner d'avance le degré d'extension que prendraient leurs surfaces, et de déterminer exactement, dans un cas comme celui-ci, par exemple, le point des leviers où le moteur de la compensation devrait s'appliquer ; mais comme nous l'avons fait observer, rarement deux pièces semblables et d'un même métal se dilatent d'une même quantité ; il était donc nécessaire de se réserver dans le nouveau pendule un moyen de corriger la différence entre la dilatation vraie et la dilatation calculée.

Nous nous servons des expressions de dilatation vraie et de dilatation calculée, pour désigner la dilatation réelle que prend une pièce, et celle qu'elle devrait prendre d'après la règle générale qui détermine le degré de dilatation propre à chaque substance. Par exemple, une pièce de laiton, d'une certaine dimension, pourrait s'étendre de sept millimètres, tandis que, d'après les observations qui fixent sa dilatation, son extension ne devrait être que de six millimètres : sa dilatation vraie serait donc de sept millimètres, et sa dilatation calculée de six.

M. Zademach, à qui cette observation n'était point échappée, a choisi le moyen le plus simple et le plus naturel, en adoptant des écrous pour transmettre aux leviers la force expansive de la lame B ; car, à l'aide de ces écrous, on peut, ainsi que nous l'avons fait remarquer, trouver facilement le point du petit bras de levier auquel le compensateur doit être appliqué pour produire, à l'extrémité opposée, un effet égal au degré de dilatation des lames d'acier : il suffit en effet de rapprocher les écrous des points *t*, *t*, ou des points Z, Z, pour corriger l'irrégularité produite dans la marche du pendule par une fausse compensation.

Nouveaux moyens de compensation.

Dans le courant de l'année 1829, M. Henri Robert, élève de Bréguet, horloger-mécanicien au Palais-Royal, nº 164, galerie de Valois, présenta à la Société d'encouragement deux nouveaux moyens d'opérer la compensation dans les pendules des horloges. Nous allons les faire connaître successivement.

1° *Premier moyen.* M. Robert ayant remarqué que le platine se dilate très-peu, tandis que le zinc obtient une dilatation très-considérable, dans le rapport de 294 à 85, exécuta un pendule à demi-secondes avec ces deux métaux; voici sa construction :

« Il forma son pendule d'un tube de platine de
» 352 millimètres (13 pouces) de longueur, y com-
» pris la suspension, et d'une lentille de 150 millimè-
» tres (5 pouces et demi) de diamètre, terminé vers
» l'écrou porteur par une queue de 27 millimètres
» (1 pouce) du même métal et fondue d'un seul jet. »

Le rapport qui en fut fait par M. Hericart de Thury est consigné, avec figures, dans le t. XXVIII, p. 50, du Bulletin de la Société d'encouragement. Les conclusions de ce rapport sont toutes à l'avantage de cette découverte. « M. Robert, dit le savant rappor-
» teur, a rigoureusement rempli les conditions qu'il
» s'était imposées, savoir : 1° d'utiliser la dilatation de
» lentille, presque généralement comptée pour rien et
» par conséquent négligée ; 2° d'avoir une verge très-
» légère, afin que le centre d'oscillation coïncide tou-
» jours (autant que possible) avec le centre de gravité
» de la lentille ; 3° de faire cette verge d'un métal
» très-peu dilatable, tandis que la lentille jouirait au
» plus haut degré de la propriété contraire ; 4° enfin,
» que son compensateur, quoique construit en platine,
» est d'un prix peu élevé ; et que celui des horloges
» de précision n'en sera pas augmenté de manière à
» empêcher l'usage de s'en répandre. »

Il nous est impossible de transcrire ici littérale-ment et le rapport, et les notes de M. Henri Robert qui l'accompagnent ; nous engageons le lecteur à les lire dans l'ouvrage même, qui est abondamment ré-pandu. Nous lui ferons observer qu'il s'est glissé une faute d'impression dans le premier terme du rapport, qui commence la seconde ligne de la page 57, et que l'errata ne corrige pas. On y lit 29-485; il faut évidemment 294-85. Cette faute a échappé à la lecture.

2º *Deuxième moyen*. Depuis long-temps on savait que le bois de sapin a la propriété de conserver une longueur à peu près constante dans tous les changemens de température. Plusieurs horlogers, et notamment M. Wagner, avait présenté à l'exposition de 1827 une grosse horloge très-bien exécutée, dont le pendule, battant la seconde, avait une tige en sapin. L'on savait aussi que ce bois a une propension à se tordre, suivant les influences hygrométriques de l'atmosphère. M. Robert est parvenu à former son nouveau compensateur de manière à mettre à profit la propriété presque inextensible du bois de sapin, en le mettant à l'abri de l'influence de l'atmosphère, et par là s'opposant à sa torsion. Voici son procédé.

La verge de son pendule est formée 1º d'une boîte de laiton prismatique à base rectangulaire; 2º d'une lentille de même métal, percée, dans son diamètre, d'une mortaise, dans laquelle la boîte prismatique glisse librement, mais sans jeu; 3º d'une règle de bois de sapin, terminée par ses deux bouts par une petite boîte qui l'embrasse, avec cette précaution que la boîte fixée à son bout supérieur porte un collet qui repose sur l'extrémité du tube, au-dessus de ce collet est fixé le crochet de suspension. La boîte inférieure porte à son extrémité une tige taraudée qui reçoit un écrou et le contre-écrou pour soutenir invariablement la lentille.

On conçoit que par cette construction, la règle de bois, qui est inextensible, maintenant la lentille à une hauteur constante, c'est alors la dilatation du rayon de cette lentille qui compense la dilatation du crochet de suspension, de la boîte prismatique, et des autres parties.

M. Robert n'a pas déterminé les dimensions de ce pendule qu'on peut exécuter de toutes dimensions, et en faisant observer que dans la construction on doit faire la règle de bois aussi longue que le permet l'appareil ; que la règle doit entrer librement dans la boîte prismatique sans en toucher les parois, et qu'elle n'y est exactement fixée que par l'épaisseur du laiton qui forme le contour des petites boîtes qui terminent la règle par ses deux extrémités. Ces deux boîtes doivent entrer juste dans les deux bouts de la boîte prismatique.

Ce pendule est très-simple ; mais l'auteur a observé, comme nous et plusieurs habiles horlogers, que le calcul ne suffit pas pour déterminer les longueurs des divers métaux qui servent à établir la compensation, et qu'on ne peut l'obtenir exacte que par le tàtonnement: ce qu'il dit formellement dans les deux nouveaux moyens qu'il a proposés. Cet aveu, qui est l'expression de la plus exacte vérité, nous confirme dans l'idée que nous avons émise sur l'invention de M. Zademach, que nous avons décrite, page 262, et que nous regardons comme la plus simple et la plus parfaite que l'on connaisse pour les pendules, puisqu'elle donne la facilité d'obtenir par le tàtonnement l'exacte compensation, sans démonter le pendule pour raccourcir l'une des branches placée dans l'intérieur.

Nous approuvons parfaitement la règle de bois de sapin de M. Robert, enfermée dans une boîte prismatique de laiton, où elle se trouve à l'abri des influences hygrométriques de l'atmosphère, et par conséquent ne peut recevoir aucune altération, car si le bois de sapin est inextensible par la température, il n'est pas à l'abri de l'influence de l'humidité. D'après des expériences exactes faites en 1827, par M. le vicomte de Barrès du Molard, officier supérieur au corps royal de l'artillerie, le sapin blanc s'alonge de un huit cent-quatre-vingt-dixième de sa longueur primitive prise au zéro de l'hygromètre de Saussure et portée au centième, ce qui ne laisse pas d'être considérable.

Le mécanisme inférieur qui supporte la lentille, dans l'invention de M. Zademach, peut s'appliquer parfaitement à la construction de M. Robert, et l'on obtiendra ainsi un moyen facile pour compenser avec exactitude la dilatation dans le pendule. Le lecteur lira avec intérêt, dans le même tome XXVIII du Bulletin de la Société d'encouragement, p. 470, une dissertation sur la construction de nouvelles lames bi-métalliques pour les balanciers circulaires des machines destinées à la mesure du temps.

CHAPITRE VIII.

DU RÉGULATEUR, EN GÉNÉRAL, DES MACHINES DESTINÉES A MESURER LE TEMPS.

Le balancier circulaire est généralement employé comme régulateur dans les horloges portatives, ou dans celles qui sont sujettes à être changées de place assez fréquemment. L'acier fut le métal qu'on employa d'abord à leur construction ; mais ce métal fut ensuite rejeté parce qu'on pensa qu'étant attirable par l'aimant, la régularité de la marche de l'horloge pouvait en être altérée. On y substitua le laiton et quelquefois l'or ; mais le laiton fut généralement adopté.

Dans toutes les autres horloges fixes, on adopta le pendule pour régulateur. Ici le métal est en quelque sorte indifférent, et la régularité de la marche des horloges dépend en grande partie de la longueur exacte que l'on donne au régulateur.

Dans l'un et dans l'autre cas, les horlogers ont à suivre des règles invariables indiquées par la physique et développées par les savans horlogers qui ont écrit sur l'art important dont nous nous occupons. Nous diviserons ce Chapitre en deux paragraphes, dans lesquels nous nous proposons d'indiquer ce qu'il est indispensable de connaître.

§ Ier — *Du régulateur dans les horloges portatives.*

Ferdinand Berthoud est le premier , et je crois le seul qui se soit attaché à étudier avec fruit et à décrire avec clarté la solution des divers problèmes nécessaires à atteindre la perfection dans cette partie importante de l'horlogerie. Ce sera par conséquent ce savant artiste que nous allons prendre pour guide.

Les premières montres qui furent construites portaient des petits balanciers d'acier très-légers et sans ressort spiral ; aussi marchaient-elles d'un mouvement très-irrégulier: Ce fut en 1675 que le célèbre Huyghens imagina le ressort spiral , qu'il appliqua au balancier, et lui fit produire ainsi des vibrations indépendantes de l'échappement ; alors on augmenta le diamètre du balancier , et l'on s'aperçut que ses vibrations étaient d'autant plus promptes et moins étendues, que le ressort spiral était plus fort, et qu'au contraire elles étaient plus lentes et plus étendues, que le ressort était plus faible. On conçut dès-lors qu'il serait facile d'obtenir une grande justesse dans ces machines , en combinant entre eux les trois élémens , qu'on avait sous la main, diamètre et poids du balancier, force du ressort spiral, afin d'obtenir la plus grande régularité.

Le principe était reconnu , mais l'application n'en était pas aisée , la science n'avait pas encore fait assez de progrès pour donner la solution d'un problème aussi important , et l'on fut long-temps à tâtonner avant d'arriver au but. Sully , Julien le Roy , les deux plus habiles horlogers de la fin et du commencement du dix-huitième siècle , avaient déjà ouvert la voie ; mais il était réservé à l'infatigable et savant Berthoud de porter le flambeau de la science dans une partie essentielle de l'art qu'il exerçait avec tant de perfection. Dans les arts industriels, il ne suffit pas de posséder la science théorique au suprême degré, il faut encore y réunir la pratique , c'est-à-dire, être artiste, pour pouvoir faire de justes applications de la science. Nous avons 'tous les jours des preuves irrécusables de cette vérité. Berthoud joignait la pratique à la théorie, il n'est donc pas étonnant qu'il ait jeté le plus grand jour sur des questions qui jusqu'à lui avaient été irrésolues.

En comparant l'effet du pendule, dont nous parlerons plus bas, avec le balancier animé par le ressort spiral, il fit ce raisonnement bien simple :
« Si l'on fait, dit-il, un balancier auquel une impulsion donnée procure des oscillations isochrones, et conserve son mouvement pendant un fort long temps, on est censé avoir réduit les frottemens et les résistances de l'air à la moindre quantité possible, de sorte que ce balancier sera le meilleur régulateur applicable à une montre : nous allons examiner comment on peut parvenir à cela. »

Notre cadre ne nous permet pas d'entrer dans tous les détails préparatoires dont il fait précéder la solution de la question principale qui nous occupe. Nous ne pourrions que copier tout ce qu'il avance ; il sera bien plus utile au lecteur intéressé à connaître ces utiles détails, de les lire dans les Chapitres XXVII, XXVIII, XXX, XXXI et XXXII de l'*Essai sur l'horlogerie* par notre auteur.

Pour arriver de suite à notre but, nous poserons, avec Berthoud, quelques principes sur les forces de mouvement des balanciers.

« On démontre que les forces que les corps en mouvement emploient à vaincre des obstacles, sont en raison composée de leurs masses, et du carré de leurs vitesses.

» Or comme la force produite dans un corps est égale à l'action qui la cause, il suit de là que la force qui a été employée à procurer un mouvement à un corps est comme le produit de la masse de ce corps par le carré de la vitesse qu'il a acquise. Si nous comparons entre eux deux corps de différentes dimensions, et que nous désignions par des lettres majuscules les parties du grand corps que nous prenons pour exemple, et par des lettres italiques les parties correspondantes du petit corps nous indiquerons par A, le premier corps ou le premier balancier, par M, sa masse, par V, sa vitesse, par F, sa force; et de même nous désignerons par *a*, le second corps ou le second balancier, par *m*, sa masse, par *v*, sa vitesse, par *f*, sa force; on aura cette proportion : $f : F : : v^2 m : V^2 M$; mais comme dans toute proportion géométrique le produit des extrêmes est égal au produit des moyens on aura cette équation $f V^2 M = F v^2 m$, qui est générale pour tous les cas qui vont se présenter.

» 1° Si les deux forces sont égales, c'est-à-dire si l'on suppose que $f = F$, on peut les supprimer dans les deux membres de l'équation précédente; car c'est alors diviser les deux membres par le même nombre, ce qui ne change pas les quotiens. Ainsi, on aura $V^2 M = v^2 m$: ce qui signifie que lorsque les forces de deux balanciers sont égales, les masses multipliées par les carrés de leurs vitesses sont égales. De cette dernière équation on peut en tirer une proportion géométrique, en considérant le premier membre comme le produit des extrêmes, et le second membre comme le produit des moyens; on aura donc $V^2 : v^2 : : m : M$; c'est-à-dire que lorsque les forces des deux balanciers en mouvement sont égales, les masses sont en raison inverse du carré des vitesses; ou si les masses sont en raison inverse du carré des vitesses, les forces des balanciers sont égales. En effet, par exemple, si la vitesse de $A = 1$, et celle de $a = 2$, le carré de la vitesse de $A = 1$, et le carré de la vitesse de $a = 4$: si la masse du balancier $A = 4$, et celle de $a = 1$, en mettant ces nombres à la place des lettres de la dernière équation $V^2 M = v^2 m$, qui exprime la valeur des forces de chacun des deux balanciers, on aura $1 + 4 = 4 + 1$; par-conséquent les deux forces sont égales, puisque $4 = 4$. Ce qui prouve évidemment ce que nous avions avancé.

» 2° Si les masses des deux balanciers sont égales

c'est-à-dire s'ils ont le même poids et qu'on ait $m = M$, l'équation fondamentale $f V^2 M = F v^2 m$, devient $f V^2 = F v^2$, en divisant les deux membres par des quantités égales $m = M$, d'où l'on tire cette proportion $f : F :: v^2 : V^2$; ce qui signifie que si deux balanciers ont des masses égales et sont mus avec des vitesses inégales, leurs forces sont entre elles comme les carrés de leurs vitesses. Substituons encore une fois les nombres aux lettres dans la proportion précédente, pour l'intelligence de ceux qui ne sont pas familiarisés avec cette forme de calcul. Supposons que la vitesse du balancier A, exprimée par $V = 1$, son carré ou $V^2 = 1$; que la vitesse du balancier a, exprimée par $v = 4$, son carré, ou $v^2 = 16$; la proportion précédente se transformera en celle-ci ; $f : F :: 16 : 1$, ce qui signifie que la force requise pour entretenir le mouvement du balancier a, est à celle requise pour entretenir le mouvement du balancier A, comme 16 est à 1, c'est-à-dire que ces forces sont entre elles comme les carrés de leurs vitesses.

3º Si les vitesses des deux balanciers sont égales, c'est-à-dire si $v = V$; la proportion primitive deviendra $f : F :: m : M$, et par conséquent les forces seront entre elles comme les masses ; par conséquent les actions requises pour entretenir les mouvemens, seront aussi comme les masses ou comme les poids des balanciers.

» 4º En général, si les vitesses et les masses des deux balanciers sont inégales, leurs forces seront entre elles comme le rapport composé du produit des masses par les carrés des vitesses, ce qui est exprimé par la proportion primitive et fondamentale $f : F :: v^2 + m : V^2 + M$.

» C'est de ces principes, posés par Berthoud, dont il va se servir pour résoudre tous les problèmes relatifs au balancier, et déterminer leurs pesanteurs, leurs diamètres, selon le nombre des vibrations, la force requise pour leur faire parcourir des arcs quelconques, etc.

» Connaissant la masse d'un balancier, sa vitesse, la force qui le met en mouvement, dans une montre parfaitement construite, long-temps éprouvée, et qui servira de terme de comparaison, on en déduira facilement toutes les conditions requises pour le balancier d'une autre montre, lorsqu'il doit avoir une masse différente, plus ou moins de vitesse, plus ou moins de force pour se mouvoir, etc.

» Pour comparer les vitesses de deux balanciers, il faut multiplier le nombre de vibrations pendant un temps donné par le diamètre de chaque balancier ; les produits exprimeront les vitesses, en supposant qu'ils décrivent des arcs semblables ; mais si cela n'est pas, il faudra faire pour chaque balancier un produit de ces trois choses : 1º du nombre de vibrations dans le même temps ; 2º du diamètre ou du rayon du balancier ; 3º de l'arc parcouru par le balancier. Des exemples en montreront l'application. »

Berthoud fait observer que les calculs dont il va s'occuper ne sont relatifs qu'aux échappemens à cylindre, nous ajouterons qu'ils sont relatifs à tous les échappemens à repos ou à vibrations libres, et en général à tous les échappemens qui ne peuvent pas marcher sans ressort spiral. Quant aux montres à roue de rencontre, ces calculs sont inutiles : tous les ouvriers savent qu'il est facile de proportionner le poids du balancier à la force motrice, quels que soient son diamètre, les arcs qu'il parcourt, etc. Il suffit de faire marcher la montre sans spiral, de manière que l'aiguille des minutes parcoure chaque heure de 25 à 27 minutes ou qu'elle retarde, par heure, de 33 à 35 minutes. Cependant Berthoud fait observer que cette quantité de retard doit varier : 1º selon les frottemens des pivots ; 2º selon la grandeur des balanciers ; qu'ainsi on ne peut pas fixer exactement ce retard, qui doit varier pour chaque montre ; en sorte que dans ces pièces, auxquelles on voudra porter tous ses soins, il sera utile de déterminer par le

-même calcul, qu'il va indiquer, la pesanteur du balancier, d'après la connaissance que l'on a de la force du ressort moteur.

« Pour parvenir exactement, dit Berthoud, à proportionner le poids des balanciers des montres qui ne marchent pas sans spiral, à la force motrice, j'ai commencé par construire un instrument, au moyen duquel je puis déterminer avec la plus grande précision la force que le grand ressort communique au rouage. En plaçant cet instrument sur le carré de la fusée de la même manière qu'un levier à égaliser les fusées, on estimera la force du ressort par le degré de la branche où le poids s'arrête pour faire équilibre avec le ressort : c'est en comparant la force du moteur avec celui d'une montre donnée que nous déterminerons le poids des balanciers, etc. » On trouvera la description de cet instrument dans le Chapitre des outils qui terminera cet ouvrage.

« Pour trouver les dimensions d'une montre que l'on veut composer, il faut se servir, pour terme de comparaison, d'une bonne montre disposée le plus avantageusement possible, et qui soit tellement exécutée, que les frottemens soient réduits à la moindre quantité ; en sorte que la force motrice ait la relation requise avec le régulateur, pour que la montre aille le plus juste qu'il est possible. Cela étant, on mesurera le diamètre du balancier, son poids ; on comptera le nombre de vibrations qu'il fait par heure, l'étendue de ses vibrations ; on mesurera la force du grand ressort au moyen de l'instrument dont nous venons de parler, et enfin on comptera le temps que met la fusée, ou l'arbre de barillet lorsqu'il n'y a pas de fusée, à faire une révolution.

J'ai préféré de partir d'après une montre faite exprès et exécutée avec tous les soins et les perfections dont je suis capable, pour déterminer les dimensions d'une autre différemment composée, par deux raisons, ajoute Berthoud : 1º c'est que le calcul en devient plus

facile et plus à la portée des ouvriers ; 2o c'est que les
dimensions en sont plus exactes qu'on ne pourrait les
trouver par le seul calcul ; car on ne connaît pas assez
les effets des frottemens , pour que la force motrice
d'une montre étant donnée , ainsi que le diamètre du
balancier, on puisse déterminer exactement son poids,
ainsi que les arcs qu'il doit parcourir ; au lieu qu'en
comparant avec une montre déjà faite, toutes ces données y entrent et les dimensions que l'on trouve pour
la chose cherchée sont plus précises.

Problème 1er.

« Les dimensions d'une montre de comparaison A,
étant données, trouver quelle doit être la pesanteur où
la masse d'un balancier d'une autre montre *a*, de
laquelle on connaît le diamètre du balancier, et le
nombre de vibrations. »

Le calcul décimal étant plus facile à exécuter que
celui qui présente les fractions absolues , nous avons
transformé les données de Berthoud en fractions
décimales.

» Dans la solution, du problème dont nous nous
occupons, on suppose que dans la montre *a*, l'étendue
des arcs et la force motrice sont de même grandeur
que ceux de la montre de comparaison A , et l'on demande qu'il y ait même rapport de la force motrice de
la montre *a*, avec son régulateur, qu'il y a entre la
force motrice de la montre A, avec son régulateur. »

Voici les dimensions de la montre de comparaison A,
qui est à cylindre comme celle qu'on veut exécuter.
Nous avons placé en regard, sur la même ligne, toutes
les données de la montre *a*. Nous avons mis devant
chaque article les lettres qui correspondent à la formule générale pour la facilité de l'opération.

Montres de comparaison A.

M. Poids ou masse du balancier........grains. 6,25
V. { Diamètre du balancier................. lig. 8,50
{ Vibrations par secondes................... 5

Étendue des arcs de vibration....... degrés 2 40
Fusée en 5 heures................... tour 1
F. Ressort moteur fait équilibre à 4 pouces
    du centre de la fusée à................. gros 5,75

Montre à exécuter a.

m. Poids ou masse du balancier........ grains x
v. { Diamètre du balancier............. lig. 10,25
    { Vibrations par seconde.............. 2
   Étendue des arcs de vibration........ degrés 2 40
   Fusée en 5 heures................... tour 1
f. Ressort moteur fait équilibre à 4 pouces
    du centre de la fusée à............. gros 5,75

Puisque les forces des ressorts sont supposées égales, nous avons à résoudre la seconde proportion $V^2 : v^2 : : m : M$; mais m étant l'inconnue que nous cherchons, cette proportion devient $V^2 : v^2 : : x : M$, qui nous donne l'équation à résoudre $x = \dfrac{V^2 + M.}{v_2}$

Pour avoir en chiffres la vitesse du balancier A, il faut multiplier 8,50 qui exprime le diamètre du balancier par 5 vibrations qu'il fait par seconde, ce qui donne 42,50. Multipliant ce nombre par lui-même afin de l'élever au carré, on aura 1806,25 pour la valeur de V_2.

De même pour avoir la valeur de v^2, il faut multiplier 10,25 par 2 vibrations par seconde, ce qui donne 20,50, dont le carré est de 420,50 $= v^2$. En substituant aux lettres, dans l'équation précédente, les nombres que nous venons de trouver; cette équation deviendra $x = \dfrac{1806,25 + 6,25}{420,50}$ équation qu'il suffit de résoudre par de simples règles de l'arithmétique en multipliant 1806,25 par 6,25, et divisant le produit par 420,50. Le quotient donnera en grains le poids du balancier.

Problême, 2e.

Si les forces des ressorts n'étaient point égales, alors il faudrait faire entrer cette donnée dans le calcul et l'on aurait à exécuter l'équation fondamentale ou la proportion qui nous l'a fournie $f : F :: c_2 m : V_2 M$, dans laquelle on voit que les forces que nous avons négligées, puisque nous les avions supposées égales, deviennent ici un des élémens du calcul, qui s'exécute de la même manière que nous l'avons indiqué pour la solution du premier problême.

Problême 3e.

Dans les deux problêmes précédens nous avons supposés que les deux fusées ou les arbres de barillet ; lorsqu'il n'y a pas de fusée, font chacune un tour en cinq heures ; mais si la montre à construire devait faire plus ou moins de tours que la montre de comparaison, il faudrait alors, afin de pouvoir comparer les forces motrices entre elles, les réduire a une même unité, c'est-à-dire à la force qui serait nécessaire pour faire marcher la fusée qui va le plus lentement. Ainsi, supposons que la montre a, fût une montre à huit jours, dont la fusée fît son tour en 40 heures, la montre A, l'achevant en 5 heures, on ferait cette proportion : 5 heures exigent 5 gros 75 de force, combien 40 heures exigeront-elles de force, et par conséquent $5 : 5,75 :: 40 : x$. En exécutant on trouvera que le ressort de la montre a, doit avoir une force de 46 gros placés à 4 pouces du centre de la fusée, et ce nouvel élément serait ajouté à la proportion, qui ne présenterait plus aucune difficulté.

Observation générale.

Ceux des lecteurs qui ont l'habitude du calcul s'apercevront qu'il est facile de se servir de la proportio-

générale ou de chacune des proportions que l'auteur
en a déduites pour trouver l'un des élémens inconnus,
les autres ayant été donnés. En voici un exemple.
Supposons les mêmes données que nous avons fournies
en y comprenant la valeur de *m*, que nous avons
trouvée par le calcul, et qu'on voulût savoir quel
est le diamètre qu'on doit donner au balancier de la
montre *a*.

Nous nous servirons de la seconde proportion V^2 :
$v^2 :: m : M$. Notre inconnue se trouve dans le terme
v^2, puisque c'est le diamètre du balancier, engagé
par voie de multiplication, avec le nombre qui exprime
les vibrations qu'il fait par seconde, et ensuite le
produit élevé au carré : il faut donc faire l'inverse de
ce qu'on a fait pour trouver la valeur de v^2. L'on
aura donc cette équation v_2 ou $x^2 = \dfrac{1806,25 \times 6,25}{18,20}$

En exécutant on trouve $x^2 = 620,28$; mais ce nombre
est le carré x ; il faut donc en extraire la racine carrée,
que l'on trouve être 24,90. Ce dernier nombre est
le produit d'une multiplication dont l'un des facteurs
est le diamètre du balancier qu'on cherche, et l'autre
facteur est 2 par seconde. En divisant 24,90 par 2, on
a 12,45 pour le diamètre du balancier cherché, qui
diffère un peu de 10,55 que Berthoud avait supposé.

Notre savant auteur s'aperçut après coup de cette
différence, et il exécuta avec encore plus de soin une
montre de comparaison A; dont il donna les élémens,
qu'il suffira de faire connaître, et qui ne changent
rien ni aux principes, ni à la forme des calculs déjà
donnés. Voici ces élémens.

Montres de comparaison A.

M. Poids ou masse du balancier....... grains. 19,75
A. { Diamètre du balancier............. lignes. 10,50
A. { Vibration par seconde.................... 2
Etendue des arcs de vibration..... degrés 240

Fusée en 4 heures 1/2 fait.......... tour   1
F. Ressort moteur, fait équilibre à 4 pouces
    du centre de la fusée à............ gros   3

En substituant ces données aux calculs précédens, on trouvera les résultats beaucoup plus justes d'après les expériences multipliées de Berthoud.

Les horlogers ont généralement adopté, pour le diamètre du balancier, la même dimension du diamètre du barillet. Il paraît que c'est d'après Bréguet qu'ils se sont décidés, et c'est à peu près ce qu'avait adopté Berthoud d'après le calcul.

§ II. — *Du pendule, ou régulateur des horloges fixes.*

Sans nous arrêter ici à la partie théorique du *pendule simple*, nous nous bornerons à en donner la définition. On désigne sous le nom de *pendule simple* un corps lourd, qu'on suppose sphérique, dont la pesanteur est réunie à son centre de gravité, par conséquent, dans notre supposition, à son centre de figure ; ce corps suspendu à un fil supposé sans pesanteur, peut se mouvoir en décrivant des arcs de cercle, dans un plan vertical qui passe par le point de suspension.

Ce fut Galilée qui conçut le premier l'ingénieuse idée de mesurer le temps par les oscillations du pendule ; mais c'est à Huyghens qu'on doit l'admirable application du pendule aux horloges afin d'obtenir la régularité de ces mouvemens. Il imagina les moyens de le faire servir de modérateur aux rouages des machines à mesurer le temps ; voici succinctement le précis des lois du pendule :

« On démontre 1° que des pendules qui décrivent des arcs quelconques, achèvent leurs vibrations dans des temps qui sont entre eux comme les racines carrées des longueurs.des. pendules ;

» 2° Que les longueurs des pendules sont entre elles comme les carrés des temps des vibrations dans chacun. Or, plus un pendule est long, plus il reste

de temps à faire ses vibrations ; en sorte que si les
longueurs de deux pendules sont entre elles comme
4 et 1, les temps des vibrations seront entre eux comme
2, racine carrée de 4, et 1, racine carrée de 1, de
ces longueurs. Il suit de là que, tandis que le pendule
4 fera une vibration, le pendule 1 en fera deux. Il
suit encore de là que, si ces pendules battent pendant
le même temps, les nombres des vibrations seront
entre eux comme 1 est à 2, c'est-à-dire réciproquement comme les racines carrées des longueurs.

D'après ces principes, pour la commodité des artistes et afin de leur éviter des calculs que la plupart
d'entre eux auraient été incapable de faire, on a
cherché à former des tables qui leur indiquent soit la
longueur que doit avoir un pendule pour battre dans
une heure le nombre de vibrations déterminées par
la composition du rouage, soit réciproquement pour
connaître le nombre de vibrations que doit faire battre
le rouage, d'après la longueur donnée du pendule.

Pour arriver à la formation de ces tables, il fallait
d'abord fixer la longueur du pendule qui bat les secondes
c'est-à-dire qu'il fait 3,600 vibrations par heure. Le
célèbre Huyghens l'avait fixé à 3 pieds 8 lignes 50 centièmes de ligne du pied de roi. Les académiciens de
Mairan et Bouguer, par des expériences exactes et
souvent répétées, trouvèrent que la longueur du pendule simple qui bat les secondes à Paris, doit être de
3 pieds 8 lignes 57 centièmes de ligne du pied de roi,
c'est-à-dire de 7 centièmes de ligne plus long que la détermination de Huyghens, différence importante quoique très-petite.

Lors de l'établissement du système métrique en
France, la commission des savans géomètres qui fut
chargée de ce travail, voulut vérifier les calculs précédens par lesquels on avait déterminé la longueur du
pendule simple battant les secondes à Paris, et s'a-
perçut qu'il s'était glissé une erreur dans cette ap-
préciation. La justesse des instrumens, et les perfections

qui s'étaient introduites dans les calculs depuis le travail des académiciens, en 1735, leur donna la facilité de rectifier ces opérations, et ils fixèrent la longueur du pendule simple, pour qu'il batte les secondes à Paris, à 3 pieds 8 lignes 559 millièmes de ligne, ce qui présente une différence de 59 millièmes en plus sur Huyghens, et de 11 millièmes de ligne en moins sur les académiciens ; différence très-minime, mais importante pour la science.

Il est bon de rappeler ici que la longueur du pendule qui bat les secondes n'est pas la même, 1º pour tous les pays; il est plus long sous le pôle, et plus court sous l'équateur. C'est à M. Richer que l'on doit cette observation. C'est à la force centrifuge qui anime le globe terrestre dans sa rotation diurne, qu'est due cette variation pour chaque degré de latitude. 2º Pour tous les lieux qui s'élèvent au-dessus du niveau des mers ; car la pesanteur décroît dans tous les lieux qui s'éloignent du centre du globe, où s'exerce l'attraction. Nous sortirions de notre cadre si nous cherchions à donner ici les raisons théoriques de ces vérités ; elles ont été très-bien développées au mot *Pendule* du Dictionnaire technologique, tome XVI, par M. Francœur. Nous engageons le lecteur désireux d'approfondir cette matière, à lire cet excellent article.

La table qui va suivre a été donnée par M. Francœur dans le même volume du Dictionnaire technologique, page 56, nous la transcrivons de préférence à toutes les autres, parce qu'elle porte les dernières rectifications, et que nous sommes assurés de l'exactitude des calculs de ce savant mathématicien.

Table de la longueur d'un pendule faisant un nombre donné d'oscillations par heure moyenne, dans le vide, et suivant un arc infiniment petit.

NOMBRE D'OSCILLATIONS.	LONGUEUR DU PENDULE.	
	EN LIGNES.	EN MILLIMÈTRES.
	lig.	mil.
3600....	....440.559....	....999.827
3700....	....417.07....	....940.83
3800....	....395.41....	....891.96
3900....	....375.59....	....846.81
4000....	....356.85....	....805.00
4100....	....339.66....	....766.30
4200....	....323.68....	....730.16
4300....	....308.80....	....696.59
4400....	....294.92....	....665.29
4500....	....281.96....	....636.05
4600....	....269.83....	....608.70
4700....	....258.47....	....583.07
4800....	....247.82....	....559.03
4900....	....237.80....	....536.44
5000....	....228.59....	....515.20
5100....	....219.52....	....491.19
5200....	....211.15....	....476.33
5300....	....203.26....	....458.53
5400....	....195.80....	....441.70
5500....	....188.75....	....425.79
5600....	....182.07....	....410.71
5700....	....175.74....	....396.43
5800....	....169.73....	....382.00
5900....	....164.02....	....370.01
6000....	....158.60....	....357.78
6100....	....153.44....	....346.14

NOMBRE	LONGUEUR DU PENDULE.	
D'OSCILLATIONS.	EN LIGNES.	EN MILLIMÈTRES.
	lig.	mil.
6200....	....148.53	....355.07
6300....	....143.86	....324.31
6400....	....139.40	....314.45
6500....	....135.14	....304.85
6600....	....131.08	....295.68
6700....	....127.19	....386.92
6800....	....123.48	....278.55
6900....	....119.93	....270.53
7000....	....116.52	....262.80
7100....	....113.26	....255.50
7200....	....110.14	....248.46
7300....	....107.14	....241.70
7400....	....104.27	....235.21
7500....	....101.51	....228.98
7600....	.... 98.85	....222.99
7700....	.... 96.50	....217.24
7800....	.... 93.85	....211.70
7900....	.... 91.49	....206.58
8000....	.... 89.21	....201.25
8100....	.... 87.02	....196.31
8200....	.... 84.92	....191.55
8300....	.... 82.88	....186.96
8400....	.... 80.91	....182.54
8500....	.... 79.03	....178.27
8600....	.... 77.20	....174.14
8700....	.... 75.42	....170.17
8800....	.... 73.73	....166.52
8900....	.... 72.08	....162.61
9000....	.... 70.49	....159.01
9100....	.... 68.95	....155.54

NOMBRE D'OSCILLATIONS.	LONGUEUR DU PENDULE.	
	EN LIGNES.	EN MILLIMÈTRES.
	lig.	mil,
9200....	.... 67.46	....152.17
9300....	.... 66.02	....148.92
9400....	.... 64.62	....145.77
9500....	.... 63.26	....142.71
9600....	.... 61.95	....139.76
9700....	.... 60.68	....136.89
9800....	.... 59.45	....134.11
9900....	.... 58.26	....131.42
10000....	.... 57.10	...128.80
10100....	.... 55.97	...126.26
10200....	.... 54.88	...123.80
10300....	.... 53.82	....121.41
10400....	.... 52.79	....119.08
10500....	.... 51.79	....116.83
10600....	.... 50.82	...114.63
10700....	.... 49.97	...112.50
10800....	.... 48.95	....110.43
10900....	.... 48.06	....108.41
11000....	.... 47.19	....106.45
11100....	.... 46.34	....104.54
11200....	.... 45.52	....102.68
11300....	.... 42.74	....100.87
11400....	.... 43.93 :....	.... 99.11
11500....	.... 43.17	.... 97.39
11600....	.... 42.43	.... 95.72
11700....	.... 41.71	.... 94.09
11800....	.... 41.01	.... 92.50
11900....	.... 40.32	.... 90.95
12000....	.... 39.65	.... 89.44

Nous ferons remarquer, avec l'auteur de cette table, qu'il ne faut pas oublier ; 1º qu'elle a été dressée dans la supposition que les oscillations sont infiniment petites, et qu'elles se font dans le vide ; que les observations ont été faites à Paris ; 2º qu'en changeant de latitude ces longueurs varient. Nous ajouterons à ce qui vient d'être dit que les observations ont été faites avec un pendule simple, c'est-à-dire dont le centre d'oscillation était censé au centre de figure de la lentille, et que pour un pendule applicable aux horloges, et dans celui qui a servi aux savans chargés d'établir le système métrique, ces perfections supposées n'existaient pas, de sorte qu'il existe une petite différence entre le premier article de cette table et la longueur du pendule à secondes que nous avons donnée page 140. Ces différences sont peu de chose ; et se corrigent par l'écrou qui supporte la lentille, et que l'on élève ou que l'on abaisse lorsqu'on règle l'horloge au plus près.

Lorsqu'il arrive que l'on a un rouage construit, et qu'il faut exécuter le pendule, voici comment on doit opérer. Si, après avoir calculé, d'après les règles que nous donnerons plus bas, Chapitre X, le nombre de vibrations que doit battre le pendule pendant une heure, ce nombre ne se trouve pas dans la table, mais tombe entre deux nombre qu'elle donne. M. Francœur indique le moyen de trouver la longueur exacte du pendule, par l'exemple suivant. Il suppose que le pendule doit faire 6840 oscillations ; ce nombre étant entre 6800 et 6900 donnés par la table, on établit cette proportion : Si 100, différence entre 6800 et 6900, donne 3 lig. 55 de différence de longueurs des pendules, combien 40 donne-t-il ? On trouve 1.42, qu'il faut ajouter à 123 lig. 48, et qui donne 124 lig. 90. On voit que c'est une quantité dont ont peut à la rigueur ne pas s'occuper, puisqu'elle s'obtient par l'écrou en réglant l'horloge.

Nous ne terminerons pas ce Chapitre sans décrire un moyen ingénieux que M. Ferdinand Berthoud a imaginé pour parvenir à régler au plus près la longueur d'un pendule par la marche de l'horloge lorsqu'un petit mouvement de l'écrou qui supporte la lentille ou le pendule fait trop ou trop peu. Il fixe par deux vis au bas de la lentille une pièce de laiton *fig*.6, Pl. V, dont la partie supérieure A, embrasse l'épaisseur de la lentille ; la tige L, est cylindrique, et est percée de part en part d'un trou cylindrique dans lequel passe librement et sans jeu le bout du pendule tourné cylindriquement et terminé par une vis sur laquelle se meuvent l'écrou M, et le contre-écrou N. Un plateau cylindrique en laiton O, glisse librement et sans jeu sur le cylindre L: et se fixe au point convenable par la vis de pression P. On conçoit qu'en élevant ou en abaissant cette rondelle cylindrique, on change imperceptiblement le centre d'oscillation du pendule, et l'on se dirige sur les divisions marquées sur ce cylindre pour régler au plus près. On ne fait usage de l'écrou M, que lorsqu'on est parvenu à une des extrémités du cylindre sans avoir obtenu la régularité par ce moyen.

CHAPITRE IX.

DE L'ÉQUATION DU TEMPS INDIQUÉ DANS LES HORLOGES.

Avant d'expliquer ce qu'on entend par *équation du temps*, il faut se faire une idée exacte de ce qu'on désigne sous le nom de *temps vrai* et de *temps moyen*. L'on appelle *temps vrai*, celui qui est indiqué par un cadran solaire régulièrement tracé, et *temps moyen* celui qui est marqué par les aiguilles d'une horloge bien construite et parfaitement réglée. Si ces deux temps étaient égaux, le midi marqué par le style du cadran solaire coïnciderait, tous les jours, avec le midi marqué par les aiguilles de l'horloge, mais, par des causes étrangères à notre but dans cet ouvrage, il n'en est pas ainsi, car le temps vrai et le temps moyen ne sont d'accord que 4 jours de l'année, savoir : le 15 avril, le 15 juin, le 1er septembre et le 24 décembre. A tout autre jour de l'année il en est autrement, et dans ces intervalles le soleil est tantôt en avance, tantôt en retard, et les différences d'un jour à l'autre ne sont pas même égales. Le lecteur qui désirera en connaître les causes et en apprécier les variations, peut consulter avec fruit l'*Uranographie* de Monsieur Francœur.

Cependant malgré ces variations, la connaissance du *temps vrai* est nécessaire pour connaître le *temps moyen* afin de pouvoir régler parfaitement les horloges. Flamsteed avait déjà calculé des tables qui donnaient jour par jour la différence du *temps moyen* au *temps vrai*, et les artistes intelligens ne furent pas long-temps à inventer le moyen de faire marquer par une horloge du temps moyen ou égal, le temps vrai ou irrégulier. La première de ces machines que l'on connaisse, fut envoyée de Londres à Charles II, roi d'Espagne, vers la fin du dix-septième siècle. Sully paraît être le premier qui appliqua ce mouvement de l'équation à une montre de poche.

Depuis cette époque on a imaginé mille constructions différentes pour marquer l'équation du temps, les unes plus ingénieuses que les autres, toutes ayant le même but, et présentant plus ou moins de facilité pour les observations. Il n'entre pas dans notre plan de décrire la construction ni des horloges ni des montres à équation ; dont on peut voir la description dans les *Traités d'horlogerie* du père Alexandre, de Thiout, de Lepaute, de l'*Encyclopédie méthodique*, l'*Essai sur l'horlogerie et la mesure du temps par les horloges*, par Ferdinand Berthoud. Ces divers ouvrages annoncent la sagacité et le génie des artistes qui les ont exécutés ; mais selon nous, ne sont d'aucune utilité réelle, puisque ces machines, quelque bien

exécutées qu'elles soient, ne peuvent donner l'équation du temps que conformément à la table d'équation
qui a servi à tailler la courbe, et que, l'année d'après,
elles ne présentent plus cette rigoureuse exactitude
que l'on a droit d'exiger, dans le siècle où nous vivons,
des machines propres à mesurer le temps.

Pour se convaincre de cette vérité, il n'y a qu'à
comparer pendant plusieurs années les tables d'équation données par le livre *de la Connaissance des temps*,
ou simplement celles qui sont données par *l'Annuaire
des longitudes*; on y verra que d'une année à l'autre,
pour chaque jour correspondant, on trouve une différence de quelques secondes en plus ou en moins.
C'est par conséquent se donner une peine infinie;
ou payer très-cher une machine compliquée qui ne
vous donne que des approximations.

L'équation n'est utile que pour régler, à l'aide
d'une bonne méridienne, une pendule du temps moyen,
en comparant sa marche avec une table d'équation
exacte : or cette table est donnée par *l'Annuaire des
longitudes*, dont l'exactitude est notoire. Voici comment nous suppléons au mécanisme compliqué des
machines à équation sans aucune courbe et sans aucun
rouage. Cependant la montre ou l'horloge à laquelle
notre système est appliqué, présente à l'extérieur toute
l'apparence d'une horloge à équation.

Nous faisons deux aiguilles de minutes qui diffèrent
entre elles par le métal ou par la couleur qu'on donne
à l'une d'elles; celle qui est destinée à indiquer le
temps vrai a la forme d'une lance, et à son extrémité
opposée à la pointe par laquelle elle marque les minutes sur le même cadran que l'aiguille des minutes
du temps moyen, elle porte la figure d'un soleil qui
fait équilibre à l'autre branche, et sert à la faire reconnaître. On accouple ces deux aiguilles ensemble de
la manière suivante : on rive d'abord l'aiguille des
minutes du temps moyen sur un canon qui déborde
par-dessous, et qu'on tourne bien rond, en y laissant

une légère portée, afin que les deux aiguilles ne frottent pas l'une sur l'autre. On ajuste l'autre aiguille sur ce canon librement et sans jeu. On fixe les deux aiguilles l'une contre l'autre par une clavette à ressort qui permette à l'aiguille du temps vrai de tourner sans entraîner celle du temps moyen. Celle-ci, qui est portée par la chaussée, éprouve sur la tige de grande roue moyenne un frottement suffisant pour qu'elle soit toujours entraînée par le rouage, et plus considérable cependant que celui qui lui est nécessaire pour entraîner l'aiguille du temps vrai. Il résulte de cette construction bien exécutée que lorsqu'on fait tourner à la main l'aiguille du temps moyen, elle entraîne avec elle celle du temps vrai, et qu'on peut conduire également à la main l'aiguille du temps vrai, sans qu'elle entraîne celle du temps moyen. C'est là ce qui est important, et qui constitue tout ce système. Voici l'usage qu'on en fait.

Toutes les fois qu'on veut examiner si le régulateur dont on se sert est bien réglé, on place à la main, quelques minutes avant midi, l'aiguille du temps vrai en avance ou en retard, selon que l'indique la table d'équation de l'*Annuaire des longitudes*, sur l'aiguille du temps moyen : l'on attend le moment où la méridienne marque midi. A cet instant, on regarde le régulateur. Si l'aiguille du temps vrai est exactement sur 60 minutes, on en conclut que cette horloge est bien réglée ; si, au contraire, l'aiguille du temps vrai dépasse les 60 minutes, ou n'y est pas exactement arrivée, l'horloge a avancé ou retardé, et l'on corrige cet écart par le raccourcissement ou l'alongement du pendule, bien entendu que, pour être certain de sa régularité, ce pendule doit être construit de manière à compenser les effets de la température, ainsi que nous l'avons indiqué dans le Chapitre VII, page 117 à 123.

Le même système d'équation sans courbe s'applique avec facilité aux montres ou horloges de poche ; mais comme on ne peut pas laisser aux aiguilles un centre assez large pour employer aisément une clavette à ressort, on se sert d'un autre procédé qu'on peut exécuter de même aux horloges à pendule. On place sur la chaussée un canon mince, libre et sans jeu. Ce canon porte par son extrémité du côté du cadran l'aiguille du temps vrai sous l'aiguille des minutes ; par l'autre extrémité ce canon porte une petite plaque ronde, tournée comme une petite roue sans dents, rivée à ce canon. Au-dessous de cette petite plaque, et entre elle et le pignon de chaussée, est placée, sur la tige même de la chaussée, une petite lame de ressort mince, portant deux petites oreilles diamétralement opposées, faisant ressort de bas en haut. Une goupille fixée au-dessus du carré de la chaussée empêche les aiguilles de s'élever, et fait appuyer constamment la petite plaque ronde sur les deux extrémités du ressort, qui la rapproche du pignon de la chaussée, et lui donne ainsi le frottement doux qui lui permet d'entraîner l'aiguille du temps vrai, en observant cependant que le frottement soit assez doux pour qu'on puisse la faire tourner en la poussant avec une légère pointe.

Nous avons dit que l'horloger doit avoir à sa disposition une bonne méridienne ; et comme il est utile qu'il sache les construire lui-même, nous croyons devoir lui en indiquer les moyens.

On peut tracer les lignes méridiennes sur toutes sortes de plans ; cependant nous ne nous attacherons qu'à ceux qui sont les plus aisés et les plus sûrs, le plan horizontal et le plan vertical. Nous y ajouterons la manière de les tracer sur le plafond d'un appartement.

1º *Tracer une méridienne sur un plan horizontal.*

On peut tracer cette méridienne sur l'appui d'une fenêtre, pourvu que cet appui soit bien horizontal, et que l'ombre du style à midi puisse se projeter dans la longueur de la pierre ; mais à défaut de ces conditions, on prend une pierre ou une plaque de marbre, dont la surface, sur laquelle on doit tracer la ligne, soit parfaitement unie, parfaitement plane et simplement adoucie. La pierre la plus longue sera toujours la meilleure ; on lui donnera au moins 650 millimètres (2 pieds) de long, afin d'avoir un style suffisamment élevé pour obtenir une plus grande justesse. On lui donnera environ 160 millimètres (6 pouces de large. A l'aide d'un bon niveau, on la placera de manière à ce que son plan supérieur soit parfaitement horizontal.

Vers l'extrémité de la longueur de la pierre qui regarde le soleil, on fixe un style G, Pl. V, *fig.* 7, surmonté d'une plaque ronde E, percée d'un petit trou d'environ trois millimètres (1 ligne 1/3) de diamètre. Le plan dans lequel se trouve inclinée cette plaque, avec le plan horizontal du cadran, doivent former un angle à peu près égal au degré de la latitude du lieu où l'on construit la méridienne. Cet angle est pour Paris de 48° 50 environ. Les cartes géographiques donnent les latitudes avec assez d'exactitude pour cet objet. Par ce moyen, l'image du soleil qui passe par le petit trou E, est sensiblement ronde sur le plan horizontal.

La hauteur du style, c'est-à-dire la hauteur E, F, au-dessus du plan horizontal ; n'est pas arbitraire ; elle dépend de la longueur F, M, du plan, afin d'avoir la méridienne la plus longue possible sans qu'elle sorte du plan les jours où vers la fin de l'année le soleil est le plus bas sur l'horizon. Ainsi, dans la supposition que nous avons faite où la ligne F, M, aurait 650 millimètres, la ligne E, F, devrait avoir 205 millimètres (7 pouces 7 lignes). Si la ligne F, M, n'avait que 487 millimètres (18 pouces), la ligne E, F, n'aurait que 153 millimètres (5 pouces 8 lignes).

Lorsque le style est placé comme l'indique la *fig.* 7,

il s'agit de trouver le point F, qui doit être un des
points de la méridienne. Pour cela on se sert de l'a-
plomb *fig.* 8, on en introduit le fil dans le trou E,
du style et par le milieu de ce trou on laisse prendre
l'aplomb au niveau de la pierre, et la pointe *n*, de cet
aplomb indique la place où l'on doit marquer le point F,
avec un foret bien fait, et d'un millimètre de profondeur.
Afin de ne pas commettre d'erreur en cherchant le
centre du trou E, par lequel doit passer exactement le fil ou mieux la soie qui soutient le petit plomb,
on perce un petit morceau de laiton G, d'un trou
suffisant pour recevoir librement et sans jeu cette soie;
on le tourne en cône tronqué très-alongé, on introduit la soie dans ce trou, on place le cône G, dans
le trou E, et l'on est assuré de l'opération.

Le trou F, bien marqué, de ce point comme centre
on décrit plusieurs arcs de cercle *a*, *b*, *c*, concentriques qui servent à trouver le second point de la méridienne. Pour cela, on examine vers 9 heures du
matin le point où l'image du soleil est exactement
partagée par l'arc *a*, par exemple, et l'on marque le
point H, on remarque quelle heure marque l'horloge;
supposons 9 heures 7 minutes, il restera donc 2 heures
53 minutes pour aller jusqu'à midi, ce qui annoncera
que la seconde opération doit se faire vers 2 heures
53 minutes après midi, si le régulateur est bien réglé.
On pourrait donc attendre jusqu'à ce moment fixe;
mais comme il peut y avoir quelque erreur dans le
régulateur d'un côté, et à cause des variations du temps
vrai de l'autre côté, on examine vers deux heures si
l'image du soleil est bien éloignée du même arc *a*.
Lorsqu'elle en approche, on observe exactement, et
l'on marque sur cet arc le point I, de la même manière
qu'on a marqué le point H. On prend exactement le
milieu de l'arc H, I, en élevant de ces deux points,
une perpendiculaire, ce qui détermine le point M. Par
les deux points F, M, on trace une ligne droite qui est
la méridienne cherchée.

2° *Tracer une méridienne sur un plan vertical.*

Rien n'est plus aisé que de tracer une méridienne sur un plan vertical, sans aucun appareil de calcul, lorsqu'on a une méridienne bien tracée sur un plan horizontal d'une assez grande étendue, comme nous l'avons expliqué plus haut.

On fera scellé contre le mur le style formé d'une plaque de tôle supportée par trois barres de fer également espacées. Le plan supérieur de la plaque de tôle formera, avec le plan vertical du mur, un angle égal au complément de la latitude, afin d'avoir une image sensiblement ronde ; on y percera un trou rond de 7 millimètres (3 lignes) de diamètre. Au moment où la méridienne horizontale marquera midi, on marquera sur le mur vertical un point au centre du cercle donné par l'image du soleil. Pour avoir un autre point nécessaire pour tracer la ligne méridienne verticale, on se servira de l'aplomb, dont le fil partagera inférieurement le point tracé par l'observation. On marquera à l'extrémité supérieure où le fil est suspendu, un autre point qui soit aussi divisé en deux par ce même fil. En faisant passer une ligne par ces deux points, elle sera la méridienne cherchée.

Si le mur est bien méridional, c'est-à-dire que son plan soit perpendiculaire au plan du méridien du lieu et que la perpendiculaire abaissée du centre de la plaque sur le plan soit de 1 mètre 35 millimètres (3 pieds 2 pouces 3 lignes), la méridienne aura 3 mètres 248 millimètres (10 pieds). Si le mur décline d'un côté ou d'autre, le style sera plus court ou plus long; ou si la longueur du style est déterminée, la ligne méridienne sera plus longue ou plus courte.

3° *Tracer une méridienne sur le plafond d'une chambre.*

Nous avions résolu de tracer une méridienne sur

le carreau de notre chambre, d'après les principes donnés par Ferdinand Berthoud ; mais quelques réflexions nous en détournèrent, nous préférâmes le tracer sur le plafond, comme devant être aussi aisé et d'une plus grande durée, n'étant pas exposé à autant de frottemens. Cette construction est facile lorsqu'on a une bonne méridienne horizontale : deux observations bien faites à cinq ou six mois de distance l'une de l'autre suffisent. Voici la manière de s'y prendre.

Sur le cadre fixe de la croisée on creuse un trou carré de 27 millimètres (1 pouce) de côté environ; on y incruste un morceau de miroir étamé, que l'on y fixe bien horizontalement. On place dessus une plaque de laiton, dans le milieu de laquelle on pratique un trou de 7 millimètres (3 lignes) de diamètre, afin d'avoir une image ronde et plus petite. Vers le 15 juin on marque sur le plafond un point au milieu de l'image du soleil, au moment du midi donné par la méridienne horizontale. Du 18 au 27 décembre, on marque un second point; on trace par ces deux points une ligne droite, c'est la méridienne cherchée.

On conçoit facilement que la petite glace sert de style, elle est toujours couverte par le jet d'eau qui est au bas de la croisée, qu'on n'a qu'à ouvrir momentanément pour prendre le méridien.

On peut encore, pour ne pas être obligé d'ouvrir la croisée fixer par deux vis à bois, sur le chassis au bas de la vitre la plus basse et vers le milieu de sa largeur une plaque de laiton bien horizontale, sur laquelle on fixera une plaque de platine de cinq à six lignes de diamètre. Cette plaque, bien polie, ne s'oxide pas et sert de miroir. On peut, au lieu de platine, y placer une petite glace: la réfraction, à midi, n'influe pas sur l'exactitude de la méridienne.

Nous avons indiqué ici les deux points extrêmes, afin d'obtenir de suite la longuéur entière et exacte de la ligne; mais cette condition n'est pas de rigueur. Comme il pourrait arriver que dans le mois de dé-

14 *

cembre on ne pût pas faire d'observation, rien n'empêche de prendre plusieurs points dans le courant de
l'année. On pourrait commencer vers la fin du mois
de mars, et à peu près à un mois de distance, et de
mois en mois prendre plusieurs points jusqu'au milieu
de juin, et continuer ainsi. On dirigerait ensuite la
méridienne par les deux points les plus éloignés.

4° Tracer une méridienne sur le carreau d'une croisée.

On peut tracer avec beaucoup de facilité une méridienne verticale sur le carreau de vitre d'une croisée,
et l'on peut lui donner une étendue suffisante, aujour-
d'hui surtout que l'on est dans l'usage d'avoir de grands
carreaux. Ces méridiennes sont fort commodes lorsqu'on a une croisée qui reçoit en tous temps le soleil à
midi. Voici le procédé que nous avons employé.

Sur le montant de notre croisée nous avons fixé en
dehors un style, construit dans le genre de ceux qu'on
place sur les murs verticaux. Ce carreau a 50 centimètres de hauteur (environ 1 pied 6 pouces); la perpendiculaire mesurée du centre du style, exécuté avec
tous les soins que nous avons indiqués, avait 149 millimètres (5 pouces 6 lignes). Nous avions collé d'avance
sur la vitre une bande de papier blanc de 54 millimètres
(2 pouces) de large et de toute la hauteur de la vitre.
Nous l'avions collée de manière que, par une observation faite la veille, l'image du soleil venait se projeter sur le milieu de la largeur du papier, afin de
présenter plus de régularité.

A l'instant du midi, donné par la méridienne horizontale, nous avons marqué un point sur le papier
en dedans de la pièce ; à l'aide de l'aplomb, nous
avons marqué un second point sur la ligne verticale
donné par l'aplomb. Nous avons tracé avec une couleur au vernis une ligne que nous avons fait passer
par ces deux points, et nous avons obtenu une méridienne très-exacte, très-commode, parce qu'on peut
l'observer sans se déranger.

Nous transcrivons ici une table donnée par Berthoud, au moyen de laquelle on connait les hauteurs que doivent avoir les styles, pour des longueurs données de lignes méridiennes, et *vice versâ*.

LONGUEUR DE LA MÉRIDIENNE.		HAUTEUR DU STYLE.			
Pieds. Pouces.	Millimètres.	Pieds.	Pouces.	Lign.	Millimètr.
» .. 6..	..0.162..	..»....	1...	10..	..0.049
» ..10..	..0.271..	..»...	3...	2..	..0.086
1... »..	..0.325..	..»....	3...	9..	..0.102
1... 3..	..0.406..	..»....	4...	9..	..0.129
1... 6..	..0.487..	..»...	5...	8..	..0.153
2... »..	..0.650..	..»...	7...	7..	..0.205
2... 3..	..0.731..	..»...	8...	6..	..0.230
2... 6..	..0.812..	..»...	9...	6..	..0.257
3... »..	..0.975..	..»...11...	5..		..0.309
3... 6..	..1.137..	..1...	1...	3..	..0.359
4... »..	..1.299..	..1...	3...	3..	..0.413
5... »..	..1.624..	..1...	7...	1..	..0.516
6... »..	..1.949..	..1...10...11..			..0.620
7... »..	..2.274..	..2...	2...	9..	..0.724
8... »..	..2.599..	..2...	6...	7..	..0.828
9... »..	..2.924..	..2...10...	5..		..0.932
10... »..	..3.248..	..3...	2...	3..	..1.035
12... »..	..3.898..	..3...	9...10..		..1.241
14... »..	..4.548..	..4...	5...	7..	..1.450
15... »..	..4.873..	..4...	9...	5..	..1.554
17... »..	..5.523..	..5...	5...	1..	..1.761
20... »..	..6.498..	..6...	4...	7..	..2.073
24... »..	..7.796..	..7...	7...	9..	..2.484
30... »..	..9.745..	..9...	6...10..		..3.109

CHAPITRE X.

MÉTHODES POUR CALCULER LES NOMBRES DES DENTS QUE
LES ROUES ET LES PIGNONS D'UNE MACHINE DOIVENT
AVOIR, POUR QUE PLUSIEURS D'ENTRE ELLES FASSENT
EN MÊME TEMPS DES NOMBRES DONNÉS DE RÉVOLUTIONS.

Tous les auteurs qui ont écrit sur l'horlogerie, et
les savans mathématiciens qui ont écrit sur la mécanique, ont donné des règles plus ou moins simples, plus ou
moins faciles à exécuter, pour déterminer les nombres
des dents des roues et des ailes des pignons que doivent avoir les diverses parties d'une même machine,
afin que l'ensemble du rouage puisse faire faire à la
dernière de ces roues un nombre donné de révolutions
pendant un ou plusieurs tours de la première. Il n'entre
pas dans notre plan d'exposer ici toutes les méthodes qui
ont été proposées ; nous n'écrivons pas pour les savans
artistes auxquels toutes les difficultés du calcul ne sont
pas étrangères ; notre but est de donner aux ouvriers
ordinaires, peu versés dans cette science, des procédés
faciles pour résoudre tous les problèmes que l'horlogerie ordinaire peut nécessiter. Nous indiquerons, à
ceux qui désireront s'adonner à des recherches d'un
ordre plus relevé, les sources dans lesquelles ils pourront puiser pour satisfaire leurs besoins ou leur
curiosité.

Nous ne connaissons pas de procédé plus simple que
celui qu'a indiqué Camus dans ses *Elémens de mécanique statique*, livre onzième. Ce sera par conséquent ce savant académicien que nous prendrons pour
guide dans ce que nous avons à dire sur le sujet que
nous traitons. Nous allons nous occuper de la solution
de quelques problèmes qu'un ouvrier peut avoir intérêt de résoudre dans la pratique de l'horlogerie usuelle
c'est-à-dire la plus généralement exécutée.

Principe fondamental.

«Soit qu'une roue conduise un pignon, ou qu'un pignon conduise une roue, le nombre des tours de la roue, multiplié par le nombre de ses dents est égal au nombre des tours que le pignon fait en même temps, multiplié par le nombre de ses ailes; en sorte que les nombres des tours contemporains de la roue et du pignon sont réciproquement proportionnels aux nombre de leurs dents.

» Supposons que les nombres des dents de la roue A, et du pignon F, soient représentés par les lettres majuscules A, F.

» Et que les nombres de leurs tours contemporains le soient par les petites lettres a, f.

Nous devons démontrer que $a \times A = f \times F$, et que par conséquent $a : f :: F : A$.

» 1º Le nombre des dents de la roue étant représenté par A, à chaque tour que fera la roue, il engrènera dans le pignon un nombre de dents représenté par A. Ainsi, pendant que la roue fera un nombre de tours exprimé par a, il engrènera dans le pignon un nombre de dents représenté par $a \times A$.

» 2º Puisque F, représente le nombre des ailes du pignon à chaque tour que fera le pignon, il engrènera dans la roue un nombre d'ailes représenté par F. Ainsi, pendant que le pignon fera un nombre de tours exprimé par f, il engrènera dans la roue un nombre d'ailes représenté par $f, \times F$.

» Mais pendant que la roue et le pignon feront leurs révolutions contemporaines, il engrènera autant de dents de la roue dans le pignon qu'il engrènera d'ailes du pignon dans la roue. Ainsi l'on aura $a \times A = f \times F$; et regardant les deux termes du premier membre de cette équation comme le produit des extrêmes, et les deux termes du second membre comme le produit des moyens d'une proportion géométrique, l'on aura $a : f :: F : A$, ce que nous avons avancé.

» On doit conclure de cette démonstration que si l'on a un rouage composé d'autant de roues qu'on voudra, et d'un pareil nombre de pignons engrénant successivement les uns dans les autres, le même principe aura lieu pour chaque partie du rouage. Supposons quatre roues désignées par les lettres majuscules A, B, C, D, et les quatre pignons désignés par des mêmes lettres majuscules F, G, H, I; nommons de plus par les petites lettres a, f, g, h, i, les nombres des tours contemporains de la roue A, et des pignons F, G, H, I, on aura, d'après la proposition précédente, pour chaque roue engrénant dans son pignon correspondant, les quatre proportions suivantes :

$$1^o \; a : f : : F : A ;$$
$$2^o \; f : g : : G : B ;$$
$$3^o \; g : h : : H : C ;$$
$$4^o \; h : i : : I : D.$$

» Multipliant ces quatre proportions par ordre, c'est-à-dire les antécédens de chaque rapport entre eux, ainsi que les conséquents aussi entre eux selon les règles de l'arithmétique, et supprimant dans les antécédens et dans les conséquens de chaque rapport les termes qui se répètent dans les uns et dans les autres, les termes du premier membre se réduisent à deux, a, et i, les termes f, g, et h, se répétant dans les antécédens et dans les conséquens de ce rapport, l'on a la proportion composée suivante :

$$a : i : : F \times G \times H \times I : A \times B \times C \times D$$

d'où l'on déduira l'équation $a \times A \times B \times C \times D = i \times F \times G \times H \times I$, et par conséquent

$$i = \frac{a \times A \times B \times C \times D}{F \times G \times H \times I}.$$

C'est-à-dire que le nombre des tours i, du dernier pignon I, sera égal au nombre des tours a, de la première roue A, multiplié par le produit des nombres des dents de toutes les roues, et divisé par le produit des nombres d'ailes de tous les pignons; de sorte que si l'on fait $a = 1$, c'est-à-dire si la roue A n'est considérée que comme faisant un tour, le résultat de cette équation donnera le nombre de tours i, que le pignon I, fera pendant que la roue A, achèvera un tour.

» Il suit encore de cet exemple que si l'on avait, dans le rouage que l'on se proposerait d'exécuter, une ou deux roues et autant de pignons de plus ou de moins que les quatre que nous avons supposés dans l'exemple précédent, il suffirait d'ajouter aux quatre proportions que notre exemple nous a fournis, ou d'en retrancher le nombre suffisant, pour n'en avoir qu'une pour chaque roue et chaque pignon.

Cette règle générale bien comprise, est applicable sans exception au calcul de tous les rouages que l'horlogerie ordinaire peut réclamer, comme on va le voir par les exemples que nous allons donner.

PROBLÊME Ier

Trouver les nombres des dents et des ailes qu'il faut donner aux roues et aux pignons d'une horloge, portative ou non, qui doit battre les secondes, c'est-à-dire 3600 vibrations par heure.

L'usage, dans les montres de poche, a fixé à quatre le nombre des roues et des pignons, ainsi dénommées, 1° grande roue moyenne qui fait un tour toutes les heures; 2° petite roue moyenne; 3° roue de champ ou 3e roue; 4° roue d'échappement. Nous désignerons ces roues par les lettres majuscules A, B, C, D; la roue A, engrène dans le pignon G, qui porte la roue B; cette seconde roue engrène dans le pignon H, qui porte la roue C; cette troisième roue engrène dans le pignon I, rivé avec la roue D; cette quatrième roue D, n'engrène dans aucun pignon, mais elle est retenue dans sa marche à chaque dent par la pièce d'échappement dont il faut considérer la construction et les effets.

L'on connaît aujourd'hui trois sortes d'échappement usités dans les montres ou horloges portatives : et dans les autres horloges non portatives : 1° l'échappement à recul, tel que celui désigné sous le nom

d'échappement *à roue de rencontre* ; 2° les échappemens à repos qui sont en grand nombre; 3° les échappemens à vibrations libres ou indépendantes. Dans les
échappemens des deux premières classes, chaque dent
de la roue d'échappement produit deux vibrations lorsque
la roue est simple , c'est-à-dire lorsque les dents de la
roue sont taillées sur la circonférence de la même roue
comme dans un rochet ; mais chaque dent ne produit
qu'une vibration lorsque ces dents sont placées alternativement sur les deux surfaces de la même roue ,
comme dans l'échappement à chevilles de Lepaute ,
décrit page 104 à 107, et dans notre échappement décrit
page 94 à 96.

Les échappemens à vibrations libres ou indépendantes) tels que l'échappement d'Arnold, décrit page
93 à 94 ; et l'échappement à force constante dont
nous avons parlé page 52, ne laissent passer qu'une
seule dent pendant deux vibrations. Il est donc important, pour résoudre le problème que nous nous
sommes proposé, et pour ceux qui suivront, de connaître
la nature de l'échappement que l'on doit employer ,
puisque c'est un élément qui doit entrer dans notre
calcul. Nous serons donc forcés de donner deux solu-
tions, chacune applicable à l'un de ces cas.

Premier cas , c'est-à-dire lorsque chaque dent produit deux vibrations. D'après le principe général ,
le premier membre de l'équation que nous cherchons
serait $\dfrac{A \times B \times C \times D}{G \times H \times I}$ mais comme chaque dent de la
roue D produit deux vibrations, nous devons multi-
plier D, par 2, et ce premier membre devient
$\dfrac{A \times B \times C \times 2D}{G \times H \times I}$; mais par une condition du problème,
l'horloge doit battre 3600 vibrations; ce nombre doit
donc devenir le second membre de notre équation et
nous aurons $\dfrac{A \times B \times C \times 2D}{G \times H \times I}$ 3600. En divisant le

second membre par 2 pour débarrasser D de son coefficient, et faisant passer par voie de multiplication le diviseur G $\times$ H $\times$ I, dans le second membre nous aurons A $\times$ B $\times$ C $\times$ D$=\dfrac{3600}{2}\times$ G $\times$ H $\times$ I, et exécutant la division, nous aurons A $\times$ B $\times$ C $\times$ D$=$1800 $\times$ G $\times$ H $\times$ I. Comme nous sommes maîtres de donner à chaque pignon le nombre que nous voudrons, nous choisirons pour chacun d'eux le nombre 10, afin d'avoir de meilleurs engrenages, ce qui transformera notre équation en celle-ci :

$$A \times B \times C \times D = 1800 \times 10 \times 10 \times 10.$$

Il ne s'agit plus que de décomposer ces quatre nombres en tous leurs facteurs, c'est-à-dire en les divisant successivement par 2 autant que cela est possible, puis par 3, et enfin par 5, car ce sont, dans ce cas, les plus petits nombres qui puissent les diviser, et l'on écrit sur une même ligne les diviseurs qu'on a employés, ainsi qu'il suit. Divisant 1800 par 2, et j'obtiens pour quotient 900, que je divise par 2 et j'obtiens 450, lequel divisé par 2, donne 225, qui n'est plus divisible par 2; je le divise par 3, j'obtiens 75, lequel divisé encore par 3, donne 25, qui n'est divisible que par 5; le quotient 5, divisé par 5, donne 1, ce qui indique que l'opération est exacte : enfin les trois pignons me donnent aussi chacun 2 et 5; j'écris tous ces diviseurs à côté les uns des autres : 2, 2, 2, 3, 3, 5, 5, 2, 5, 2, 5, 2, 5, qui sont les facteurs dont on doit se servir.

Lorsque l'échappement est à roue de rencontre, on est limité pour le nombre de dents qui doit être impair, et par sa grandeur. Cette limite s'étend depuis 11, jusqu'à 17. Mais n'ayant, dans tous les facteurs trouvés, aucun nombre qui puisse former un de ces quatre produits, on prend 3 et 5, qui donnent 15 pour le nombre des dents de la roue d'échappement D.

Il ne reste donc plus qu'à partager les autres facteurs en trois bandes, dont les produits donneront les nombres de dents que doivent avoir les trois roues A, B, C.

Nous les divisons ainsi qu'il suit : 1° $2 \times 2 \times 3 \times 5 = 60$ pour la roue A;

2° $2 \times 5 \times 5 = 50$, pour la roue B;

3° $2 \times 2 \times 2 \times 5 = 40$, pour la roue C.

Notre rouage se compose donc ainsi qu'il suit :

	Dents.	Pignons.	Tours.
A..........................	60		1
B..........................	50	10....	6
C..........................	40	10....	30
D..........................	15	10....	120

Mais comme chaque dent de la roue D, donne 2 vibrations, en multipliant 120 tours par 30, double du nombre des dents de la roue D, on a pour produit 3600 vibrations, ce qui nous était demandé.

Deuxième cas, c'est-à-dire lorsque la roue d'échappement ne laisse passer qu'une seule dent par chaque deux vibrations. Alors la roue D, ne doit pas avoir de coefficient dans le premier membre de l'équation primitive, et par conséquent le premier terme du second membre ne doit pas avoir de diviseur. Elle sera ainsi qu'il suit : $A \times B \times C \times D = 3600 \times 10 \times 10 \times 10$, et en opérant comme nous l'avons indiqué pour le premier cas, on obtiendra un 2 pour facteur, de plus que ceux que nous avons notés. Alors laissant toujours la roue d'échappement de 15 dents, et donnant 10 ailes à chaque pignon, on aura pour les nombres des dents des roues A=80; B=60; C=50; D=15. En exécutant l'opération indiquée page 162, on trouvera que la roue D, fait 240 tours pendant un tour de la roue A, et en multipliant 240 par 15, nombre de vibrations que la roue D, fait faire au régulateur par chacun de ses tours, on trouvera comme précédemment pour produit 3600 vibrations par heure.

Note essentielle. Lorsque les dents de la roue d'échappement sont moitié sur une surface et moitié sur l'autre, comme dans l'échappement à chevilles de Lepaute, décrit page 105, ou comme dans notre échappement décrit page 90, on peut exécuter le calcul des deux manières : 1° si l'on compte seulement les dents sur une seule surface, on exécute comme dans le premier cas, en donnant à la roue D, le coefficient 2 ; 2° si l'on compte les dents sur chaque surface et qu'on les additionne, ou qu'on multiplie par 2 le nombre de dents d'une seule surface, ce qui revient au même, on exécutera l'opération comme dans le deuxième cas, sans donner aucun coefficient à la roue D.

Cette règle est générale et sans aucune exception, quel que soit le nombre de vibrations qu'on veut faire battre à l'horloge. Les nombres qu'on adopte aujourd'hui pour les montres sont 14,400 pour 4 vibrations par seconde, ou 18,000 pour 5 vibrations par seconde. Il n'y a donc qu'à substituer au nombre 5,600 l'un des deux nombres que nous venons de donner, ou tel autre qu'on voudra, et changer le nombre donné des pignons, en ceux que l'on aura adoptés. Le reste de l'opération est comme nous l'avons indiqué.

Le même calcul et la même marche doivent être suivis pour trouver les dents des roues et des pignons qui doivent précéder la grande roue moyenne, lorsqu'on veut faire aller l'horloge plus de trente heures, par exemple 8 jours, un mois, un an, etc. On multipliera le nombre de jours proposés par 24, nombre d'heures de chaque jour, et l'on formera l'équation. Supposons qu'on veuille la faire marcher 8 jours, ce qui donnera 192 heures ou 192 tours que doit faire la roue des minutes A, pendant un tour de la roue P, on aura cette équation $P \times Q$, etc. $= 192 \times 16 \times 12$, etc., en supposant que dans ce cas on veuille avoir deux roues et deux pignons, et l'on opérera comme ci-dessus.

Il reste à donner quelques notions sur l'application de cette règle générale aux horloges dont le régulateur est un pendule. Deux cas seulement se présentent, et il suffira de donner la solution de deux problèmes pour éclairer cette double question, qui se réduit à une simple préparation pour les ramener à la règle générale.

PROBLÈME II.

Trouver les nombres des dents des roues et des ailes des pignons pour une horloge dont les vibrations sont fixées par la hauteur de l'espace dans lequel doit être renfermée la machine.

Toute la question se réduit à connaître la longueur qu'on peut donner au pendule, car lorsqu'on connaît cette longueur, on trouve facilement, à l'aide de la table que nous avons donnée page 141, le nombre de vibrations que ce pendule peut battre pendant une heure. Ainsi, la hauteur de la boîte, mesurée avec exactitude est de 8 pouces ou 96 lignes environ, depuis le point de suspension, on voit sur la table qu'il battra 7700 vibrations par heure, ce qui suffit pour faire rentrer ce problème dans la solution du problème Ier.

PROBLÈME III.

Trouver les nombres des dents des roues et des ailes des pignons du rouage d'une horloge lorsque la longueur du pendule est donnée; ou déterminer la longueur du pendule lorsque le nombre des vibrations est donné.

Lorsque la longueur du pendule est donnée, l'inspection de la table, page 141, donne dans sa première colonne le nombre de vibrations; *et vice versâ*, lorsque le nombre des vibrations est donné, on trouve dans la seconde colonne de la même table la longueur du pendule en lignes, et dans la troisième en millimètres.

PROBLÈME IV.

Trouver les nombres des dents des roues et des ailes des pignons pour la sonnerie d'une pendule ordinaire.

Une pendule ordinaire exige quelques considérations

particulières. Elle est composée de cinq roues et cinq pignons dont la première roue est fixée au barillet qui contient le ressort. La seconde roue porte la roue de compte et doit faire un tour en 12 heures. Or, comme en 12 heures elle doit frapper un coup pour chaque demie, la pendule doit frapper 90 coups en 12 heures. Elle devrait donc porter 90 chevilles pour faire sonner autant de coups ; mais comme ces chevilles seraient beaucoup trop rapprochées, on fait porter ces chevilles par la troisième roue qui est appelée roue de *chevilles*. Cette roue porte dix chevilles et doit par conséquent faire 9 tours pendant que la seconde n'en fait qu'un.

La roue qui suit, et qui est la quatrième du rouage, se nomme roue d'*étoteau* ; elle porte une seule cheville, et fait un tour à chaque coup de marteau. Elle prend aussi le nom de *roue d'arrêt*, parce que c'est elle qui arrête le rouage lorsque les coups de marteau déterminés par les entailles de la roue de compte sont achevés. La roue qui suit et le pignon du volant qui terminent ce rouage n'ont d'autre fonction que de ralentir la course du rouage, afin que les coups de marteau ne soient pas trop précipités pour qu'on puisse les compter.

Les nombres qu'on a généralement adoptés sont les suivans : roue de barillet, 84 dents ; 2e roue, 72 dents, pignons, 12 ; 3e roue, 60 dents, pignons 12, 10 chevilles ; 4e roue, 54 dents, pignons 6, 1 cheville ; 5e roue, 48 dents, pignons 6 ; le pignon du volant, 6 ailes.

On voit que, d'après ces nombres et en calculant le nombre des tours que doit faire le pignon du volant pendant un tour de la première roue, on trouve qu'il fait 30,240 tours. Si l'on veut savoir combien de tours il fait à chaque coup de marteau, ou pendant un tour de la roue d'*étoteau*, on trouvera 72 tours. On sait qu'on augmente ou qu'on diminue la vitesse du dernier pignon en faisant les ailes du volant plus étroites ou plus larges.

Les mêmes calculs que nous avons suivis pour la solution des problèmes précédens ont servi pour résoudre celui-ci ; il nous a suffi de savoir qu'on voulait que le volant fit 30,240 révolutions pour une de la première roue et en nous astreignant à remplir les conditions imposées pour la seconde, la troisième et la quatrième roue.

Puisque d'après les nombres donnés, la première roue de 84 dents fait un tour en trois jours et demi, il suffira d'avoir un ressort qui fasse cinq tours pour que la pendule marche 17 jours et demi sans remonter.

CHAPITRE XI.

DE LA RECHERCHE DES NOMBRES DES DENTS DES ROUES ET DES AILES DES PIGNONS, DANS LE CAS OU LE PRODUIT DES ROUES ET CELUI DES PIGNONS NE PEUVENT PAS ÊTRE DÉCOMPOSÉS EN FACTEURS QUI N'EXCÈDENT POINT LES NOMBRES DES DENTS ET DES AILES QU'ON PEUT DONNER A CES ROUES ET A CES PIGNONS.

Les diverses méthodes à employer pour trouver, soit par approximation, soit exactement, les nombres des dents des roues et des ailes des pignons, lorsque le résultat des calculs amène des nombres premiers trop grands pour être employés en horlogerie, sont de nature à ne pouvoir pas être insérées dans cet ouvrage. Nous avons annoncé plusieurs fois que notre but, dans ce Manuel, consistait seulement à donner les notions utiles aux ouvriers qui s'occupent de la bonne horlogerie ordinaire: nous en avons même séparé tout ce qui pourrait concerner spécialement l'exécution des montres marines, destinées à fixer exactement la longitude en mer, qui exigerait à elle seule un volume particulier accompagné de nombreuses planches. Nous nous abstiendrons, à plus forte raison, de traiter ici de ce qui regarde spécialement les calculs relatifs aux mouvemens des corps célestes; dont un très-petit nombre d'artistes s'occupent, et ce travail long et fastidieux ne serait même pas compris par la plupart de ceux pour lesquels nous écrivons.

Nous nous bornerons à indiquer au lecteur qui désirerait connaître les diverses méthodes qu'on a mises en usage, les auteurs qui ont traité spécialement des moyens qu'ils ont employés pour obtenir les nombres qui approchent le plus de la vérité, avec le moins d'erreurs qu'il leur a été possible. Nous allons citer la liste chronologique de ces auteurs, autant qu'ils ont pu venir à notre connaissance :

1º *Traité d'horlogerie*, par Derham, imprimé à Londres, en 1700, traduit en français, et imprimé à Paris en 1734. Il a eu plusieurs éditions. 1 vol. in-12.

2º *Traité général des horloges*, par le père Dom Jacques Alexandre, bénédictin. 1 vol. in-8., imprimé en 1734.

3º *Traité d'horlogerie*, de Lepaute. 1 vol. in-4, imprimé en 1755. Le chapitre dans lequel il traite de la matière qui nous occupe fut rédigé par M. Delalande, qui employa la méthode de Brauncker, par les fractions continues que Huyghens avait employées précédemment pour calculer son planisphère mouvant. Cette méthode est celle qui donne le plus d'exactitude dans les approximations. Elle devient plus facile dans son exécution, lorsqu'on fait les calculs à l'aide des logarithmes, comme l'a fait de nos jours Antide Janvier.

Mais cette méthode exige des connaissances profondes dans l'art du calcul.

4º *Élémens de mécanique statique*, par Camus, savant académicien. Dans le dernier chapitre de cet ouvrage, en deux volumes in-8, imprimé en 1759, il expose une méthode extrêmement facile pour ceux qui connaissent assez passablement les mathématiques.

5º *Essai sur l'horlogerie*, par Ferdinand Berthoud,

2 vol. in-4, dont la première édition est de 1753, et la seconde de 1786.

6° *Dictionnaire technologique*, ton XIV, page 413. Au mot *Nombre* des dents des roues, M. Francœur, professeur de mathématiques au Collége de France, a donné un article très-important sur la matière qui nous occupe. Non-seulement il a indiqué la manière de calculer ces nombres, dans les cas les plus faciles dont nous avons parlé dans le Chapitre précédent; mais il a traité la question dans toute son étendue, et il a fait connaître, non seulement les moyens de trouver les nombres par approximation; mais il a développé et rendu très-intelligible la méthode inventée par M. Pecqueur pour trouver, sans aucune erreur quelconque, le rouage d'une machine, dont le calcul présente des nombres premiers trop grands pour qu'on puisse s'en servir dans l'horlogerie. Il faut lire cet article, qui renvoie à plusieurs autres qu'il est important de connaître.

Voilà tout ce que notre cadre nous permet de dire sur cette matière.

CHAPITRE XII.

DE QUELQUES INVENTIONS CURIEUSES OU UTILES EN HORLOGERIE.

Nous ne nous proposons pas de décrire ici toutes les inventions qu'on a faites en horlogerie, et dont la plupart ont figuré aux diverses expositions des produits de l'industrie. Nous nous bornerons à en citer quelques unes assez remarquables.

§ Ier. — *Montre en cristal de roche.*

M. Rébiller avait présenté à l'exposition de 1827, une montre entièrement à jour. Les cuvettes de la boîte,

les ponts et les roues sont en cristal de roche, substance transparente, et d'une dureté peu inférieure à
celle des pierres précieuses.

Cet artiste présenta cette pièce à la Société d'encouragement, et c'est du rapport que M. Francœur fit au
conseil d'administration, le 9 septembre 1827, que
nous transcrivons la description.

« Lorsqu'on connaît la difficulté que l'on rencontre à
travailler le cristal de roche et les pierres précieuses,
et qu'on songe à l'extrême délicatesse des parties d'une
montre de si petite dimension qu'elle peut être portée
au cou d'une dame, on a peine à concevoir comment
M. Rébiller a pu réussir à exécuter une pièce de ce
genre. On se figure surtout difficilement par quels procédés il a pu tarauder des trous de vis dans une substance aussi dur que l'est le cristal de roche. Cette
montre est assurément un travail d'une patience et
d'une adresse infinies, et un bijou d'une élégance remarquable, le seul de son espèce jusqu'à ce jour.

» La difficulté d'exécution donne à cet ouvrage admirable un prix tellement élevé, qu'il ne peut être considéré comme un objet de commerce ; mais c'est certainement un modèle de patience et d'industrie, digne d'inté-
resser les vrais connaisseurs. Il ne présente aucun mérite
d'invention; mais il a fallu sans doute beaucoup de talent
et une patience à toute épreuve pour parvenir à tarauder
le cristal, pour sertir les rubis dans une matière aussi
difficile à travailler, pour faire les roues et le balancier
en cristal, la pièce d'échappement et le pont qui la
supporte en saphir. M. Rébiller assure que cette pièce
marche presque avec la régularité d'un chronomètre,
et il attribue cet effet à ce que le balancier est en
cristal, qu'il est mu par un spiral d'or, et que ces substances se ressentent très-peu des effets de la température. Nous n'avons pas vérifié cette assertion, continue
le savant rapporteur, parce qu'il aurait fallu faire subir
des épreuves à cette montre, et que nous avons craint
que quelque accident involontaire ne gâtât un aussi
bel ouvrage. »

On nous assure que M. Rébiller s'occupe en ce moment d'ajouter à ce magnifique bijou la chaîne, la clef et un cachet qu'il fabrique en cristal de roche, d'un seul morceau, qui présentera beaucoup de pièces mobiles entre elles.

§ II.— *Répétitions sans petit rouage.*

La recherche des répétitions sans petit rouage date d'un grand nombre d'années. En 1778, pendant notre séjour à Genève, nous vîmes, chez un fabricant d'horlogerie, un mouvement dont la cadrature produisait cet effet. Il avait été imaginé par un habile ouvrier, qui l'avait vendu à ce négociant. Tous les horlogers s'accordèrent à soutenir que c'était la première montre à répétition qui n'avait pas de petit rouage. Aucun auteur n'en a parlé dans les ouvrages qui traitent de l'horlogerie, et certes si Ferdinand Berthoud en eût eu connaissance, il n'aurait pas manqué de consacrer quelques lignes à sa description dans son *Histoire de la mesure du temps par les horloges*; cette invention était assez curieuse.

En 1807, M. Berolla, horloger à Besançon, prit un brevet d'invention pour une montre à répétition sans rouage.

En 1817, un horloger qui avait le génie inventif, M. Vincenti, nous montra une montre à répétition dont la cadrature est entièrement différente de tout ce qui était connu jusqu'alors.

En 1820, M. Laresche, horloger à Paris, prit un brevet d'invention pour une cadrature de répétition sans rouage.

Nous allons tâcher de décrire ces inventions, qui sont les seules que nous connaissions.

1° *Répétition sans petit rouage, exécutée à Genève, en 1778.*

Sous le cadran (Pl. V, *fig.* 9), la grande platine était

creusée d'une rainure circulaire *a, a, a*, et excentrique
à la platine d'une largeur d'environ quatre millimètres
et d'une profondeur d'environ un millimètre ; le fond
de cette creusure est parfaitement plan. Le grand diamètre de cette rainure a les dix-septièmes du diamètre
de la platine et ce grand cercle est en contact avec le
cercle de la platine du côté où le chiffre 12 est marqué
sur le cadran, ou, ce qui est la même chose, du côté
du poussoir ou du pendant de la boîte. On loge dans
cette rainure un cercle d'acier bien tourné, et ajusté
de la même manière qu'une raquette pour l'avance et
le retard. Ce cercle est fixé sur la platine par trois
clefs en acier *b, b, b*, qui l'empêchent de se soulever.

Sur le bord de ce cercle, et dans la partie extérieure
du côté du pendant, sont pratiquées une quinzaine
de dents ordinaires *c, c*. Sur le côté à gauche, vers la
place de 7 à 9 heures, sont 12 dents à rochet *d, d*.

Le restant de la cadrature est très-simple ; un limaçon des quarts *f*, avec sa surprise, placé à l'ordinaire
sur la chaussée ; un limaçon des heures avec son étoile
g, le valet *h*, et son ressort *i*; une pièce des quarts *m*,
n'ayant que trois dents à l'extrémité d'un de ses leviers,
avec son ressort *n* à l'ordinaire; enfin un seul marteau,
dont on voit la levée en *o*, et son ressort *p*.

La queue de la boîte est fixe et soudée à la boîte ;
elle a la forme d'une queue à répétition; elle est percée
dans son axe d'un trou rond de trois millimètres environ de diamètre ; une tige d'acier qui porte à son
extrémité intérieure un pignon de 12, et à son extrémité extérieure un gros bouton du même métal que
la boîte, auquel est fixée par une vis transversale
la boucle qui porte le cordon ou la chaîne par lesquels
on suspend la montre, servent à mettre en fonction la
cadrature.

Lorsqu'on veut faire répéter l'heure, on fait tourner à gauche la boucle : le pignon de 12 engrène dans
la crémaillère et force le bras qu'elle porte à s'avancer
vers 9 heures, et il avance jusqu'à ce qu'il rencontre

le limaçon des heures. Dans ce mouvement deux effets se produisent : 1º une cheville *q*, placée sur le cercle d'acier mobile, l'éloigne de la pièce des quarts, laquelle, devenant libre, va s'appuyer par son second bras sur le limaçon des quarts, vers lequel elle est sans cesse poussée par le ressort qui l'y contraint ; 2º il passe devant la levée du marteau autant de dents de la crémaillère à rochet que le limaçon indique d'heures. Alors en tournant la boucle en sens inverse, l'on ramène le cercle mobile à sa place primitive et les heures sonnent ; après un petit intervalle les quarts sonnent de même. On sent qu'il faut tourner assez lentement pour que les coups se détachent l'un de l'autre, et qu'on puisse les compter distinctement.

Cette montre nous fut confiée pour diriger des ouvriers que nous avions pour l'exécution de pièces semblables. En examinant cette construction, nous conçûmes la possibilité d'y ajouter deux perfectionnements qui nous parurent importans, et qui furent approuvés par les propriétaires fabricans. C'était de la mettre à tout ou rien, et de lui faire sonner les quarts doubles ; ce qui fut exécuté. La montre originale resta comme type de l'invention. Les horlogers concevront facilement cette nouvelle construction : il fallut déplacer un peu le limaçon des heures afin d'établir le tout-ou-rien ; faire une pièce des quarts presque selon le système ordinaire, et mettre un second marteau.

2º *Répétition sans rouage par M. Berrolla.*

Le brevet que prit cet horloger expira en 1812 ; il a été décrit, sans figures, dans le tome IV des brevets expirés, page 150. Voici ce qui est le plus important dans cette courte description, qui est à peine suffisante pour son entière intelligence.

« L'extérieur de la montre est semblable aux autres montres, excepté qu'il existe au-dessous du pendant un bouton qu'il faut tourner à gauche pour la faire sonner. A mesure que l'on tourne, elle sonne les heures que le cadran marque. En tournant à droite, pour remettre le bouton à sa première place, elle sonne les quarts.

» Dans l'intérieur, le mouvement est absolument le même que celui d'une montre simple, sans rouage de répétition, excepté qu'il y a un seul marteau placé dans la cage, qui frappe contre un ressort-timbre.

» La cadrature est composée d'un râteau pour les heures, et d'un autre pour les quarts ; ils font mouvoir le marteau. Celui des heures a une communication avec une vis sans fin, laquelle est attachée après le bouton dont il est fait mention ci-dessus, et par une marche mécanique, fait mouvoir en même temps le râteau des quarts. Il existe aussi une étoile des heures avec son limaçon, ainsi qu'une pièce aux quarts ; mais ces deux dernières pièces sont semblables à toute autre montre à répétition. »

3° *Répétition d'une construction singulière...*

En 1817, M. Vincenti, horloger, qui se trouvait alors à Paris, nous fit voir une répétition de son invention, dont il ne montrait que les effets, fondant, sur la vente de cette montre, sa fortune qu'il regardait comme colossale ; il cherchait un bailleur de fonds ; et par un Prospectus qu'il répandit dans le public, il offrait ses nouvelles montres à répétition au prix des montres simples ordinaires. Il faisait un appel aux souscripteurs, et ne voulait en livrer aucune qu'après qu'il aurait obtenu un nombre très-considérable de souscriptions, et que toutes les montres pour la remplir auraient été confectionnées ; afin que personne ne put le contrefaire avant qu'il eût distribué toutes les siennes. Cette souscription ne fut pas remplie comme on le pense bien ; cependant il en fut fabriqué quelques-unes, en petit nombre sans doute, puisqu'on n'en connaît que deux à Paris. M. le baron de Keppler, en a une, dont il est satisfait depuis que M. Vallet, horloger, la lui a réparée. M. Vallet s'est procuré depuis la seconde.

Nous aurions désiré donner ici, avec la description de cette machine, une Planche pour en faire concevoir tous les détails, mais des petites pièces qui se trouvent dans l'épaisseur de la platine, et qui sont d'une grande importance pour donner l'intelligence de l'ensemble n'ont pas pu être dessinées d'une manière assez sensible. Nous nous bornerons à en faire connaître les effets, et nous engageons les horlogers à aller voir la pièce même chez M. Vallet père, horloger, rue Saint-Jacques-la-Boucherie, n° 53, qui se fera un plaisir de la communiquer à tous ceux qui désireront en prendre connaissance.

Le mouvement à deux rouages mus par le même ressort; il n'y a donc qu'un barillet auquel est attachée la chaîne qui conduit la fusée. L'arbre du barillet porte une plaque d'acier taillée en rochet, sur laquelle est montée une grande roue avec le cliquet et le ressort, de sorte que le ressort se tend par son extérieur à l'aide de la chaîne et par son centre à l'aide de cet encliquetage; cette roue est absolument construite sur l'arbre du barillet, de même que la première roue du petit rouage d'une répétition. Le restant du petit rouage est formé de roues plus grandes que dans les répétitions ordinaires.

La boîte ne diffère pas essentiellement des boîtes ordinaires. On y remarque seulement, entre midi et trois heures, une fente longitudinale, parallèle au bord de la lunette; un petit bouton saillant passe dans cette entaille. Lorsqu'on veut faire sonner la répétition, on amène avec l'ongle le bouton vers trois heures. Alors deux effets ont lieu simultanément : 1° le bras de la pièce qui sert de crémaillère, vient appuyer sur le limaçon des heures et fixe le nombre de coups que doivent sonner les heures; le tout-ou-rien se recule; la pièce des quarts, devenue libre tombe sur le limaçon des quarts, et le rouage marche; 2o en même temps que cet effet a lieu, on remonte par le même bouton le ressort de la quantité nécessaire pour faire sonner les heures et les quarts. Le tout-ou-rien et les autres pièces de la cadrature ne sont pas faits comme dans les répétitions ordinaires.

A défaut de figures, voilà tout ce que nous pouvons dire sur cette construction singulière.

4o *Répétition sans rouage, par M. Laresche.*

Le 30 décembre 1820, M. Laresche, horloger à Paris, prit un brevet d'invention de cinq ans, qui expira à pareil jour en 1825, pour une nouvelle cadrature de répétition sans rouage. Cette machine est décrite avec figures dans le tome XIII des brevets d'invention expirés, page 43. Ce mécanisme nous paraît trop compliqué, et nous ne le croyons pas d'un effet assez certain ; c'est sans doute la raison pour laquelle l'auteur n'a pas donné de suite à son invention ; nous n'avons vu aucune de ses montres dans le commerce. Nous n'en donnerons par conséquent pas ici la description, et nous engageons le lecteur qui serait désireux de la connaître, de consulter l'ouvrage que nous avons cité. On le trouve dans toutes les bibliothèques publiques, et dans les secrétariats de toutes les préfectures.

§ III. — *Levier chronométrique.*

Cette machine, qui fit partie des expositions de 1819 et 1823, fut inventée par nous il y a plus de quarante ans. Nous l'avions communiquée à feu M. Peschot, horloger, qui changea le nom que nous lui avions donné, *levier chronométrique*, qui exprimait bien ses fonctions, en celui de *chronomètre*, qui ne signifie en général que *mesure du temps*, nom qui convient à toutes les horloges, et qu'on a adopté aujourd'hui pour désigner les *garde-temps*. Peschot, était bon ouvrier, mais il n'avait aucune théorie, et il ne concevait même pas le principe d'après lequel cette machine avait été imaginée.

Dans un mémoire que nous avons inséré dans le tome XV, page 248 de nos *Annales de l'industrie nationale et étrangère*, nous avons expliqué le principe qui servait de base à notre invention ; nous n'entrâmes pas dans les détails de la construction de cette machine, et notre but n'était que de rendre compte d'un procès que nous eûmes à soutenir contre un contrefacteur, et de prouver que la construction qu'il avait adoptée, quoique différente essentiellement de la nôtre, était basée sur le même principe; il n'avait fait que changer la forme. Il fut reconnu par le tribunal que le principe nous appartenait, et le contrefacteur fut condamné. Nous allons entrer ici dans quelques détails d'exécution que nous n'avons jamais pu obtenir de Peschot, et qui cependant sont très-importans si l'on veut avoir une horloge sur laquelle on puisse compter ; car jusqu'à ce jour on n'a exécuté aucun levier qui remplisse véritablement ce but.

Quoiqu'on puisse, rigoureusement parlant, employer un mouvement de montre quelconque, cependant on réussit beaucoup mieux lorsqu'on construit le mouvement exprès; on en sentira bientôt la raison lorsqu'on sera convaincu qu'il importe d'avoir les surfaces extérieures des deux platines entièrement libres.

Tous ceux qui ont vu en 1820, 21 et 22, les flèches qui marquaient l'heure sur les deux glaces opposées du foyer de l'Opéra, savent que le mouvement de montre qui produit cet effet est caché dans une boîte placée entre les plumes opposées à la pointe de la flèche. Notre mouvement n'est pas fixé à cette boîte ; il y est porté seulement par son centre, autour duquel il peut tourner librement, en terminant sa révolution en douze heures ou en une heure, à volonté, comme on le verra par la suite.

Comme on est obligé de déplacer la flèche pour re-

monter le ressort, il faut disposer le carré du remontoir
du côté de la petite platine, comme dans les montres anglaises: trop d'obstacles s'opposeraient à ce qu'on le plaçât
sur la grande platine, le plus grand serait celui de rencontrer le carré qui se présenterait au trou du cadran, puisque ce carré tourne autour du centre de la montre en
même temps que tout le mouvement, tandis que le cadran
ne bouge pas. Il est avantageux que le rouage marche
pendant huit jours sans être remonté. Il est important aussi d'y adapter un échappement à repos; notre
échappement (*voy.* page 94) a été imaginé pour cela.
On pourrait y mettre un échappement à roue de rencontre, mais alors il faudrait y ajouter une fusée ou
notre construction pour suppléer à la fusée (*voy.* p.60.)
Supposons, pour plus de simplicité, qu'il n'y ait pas
de fusée, lorsque le calibre est tracé, on trace un diamètre qui passe par le milieu du trou du barillet. C'est
dans cette ligne que doit se trouver l'axe de la pièce
d'échappement. Le balancier tourne horizontalement
au-dessus de la cage et perpendiculairement à la surface des platines. On va en voir l'utilité.

Dans notre système, quoique notre mouvement tourne autour de l'axe de la grande roue moyenne, il ne
change cependant jamais de sa position respective
par rapport au diamètre que nous avons dit de tracer
sur le calibre; de sorte que ce diamètre conserve constamment la position verticale ,-tandis que le barillet
qui sert de poids pour faire marcher le levier est toujours en bas vers 6 heures, et le balancier toujours
en haut vers midi : cela est facile à concevoir. A chaque vibration du balancier, le mouvement tend à tourner; mais en même temps le centre de gravité du
barillet qui tendrait à sortir de la verticale, force le
levier à tourner un peu pour le ramener dans cette
verticale, et par ce moyen il ne bouge pas de place,
il est seulement transporté dans une circonférence de
cercle dont le centre est l'axe qui supporte le levier ;
mais toutes les parties de la montre conservent la même

position par rapport au diamètre vertical dont nous avons parlé, qui est transporté continuellement parallèlement à lui-même dans l'orbe qu'il parcourt; ce qui imite le mouvement de l'axe de la terre, qui est toujours parallèle à lui-même pendant qu'il est transporté dans son orbite annuel. La montre dans le levier chronométrique est donc toujours immobile comme le mouvement d'une pendule de cheminée, ce qui contribue beaucoup à sa régularité.

La cage du rouage doit être renfermée entre quatre bandes de laiton d'un centimètre au plus de largeur, qui forme un cadre au milieu duquel le mouvement est suspendu et peut tourner librement sur les deux pivots de la grande roue moyenne, de la manière que nous allons l'expliquer. Ce cadre est fixé à la flèche.

La circonférence de l'une des platines, peu importe laquelle, doit être taillée en rochet, comme une roue d'encliquetage de montre, et l'on place dans chacun des montans du cadre dont nous venons de parler, un cliquet et son ressort pour former encliquetage dans cette partie. Cette précaution est importante; car sans cela, lorsqu'on veut remonter le ressort, le mouvement tournerait, et l'on dérangerait sa régularité, il faudrait le remettre à l'heure, et l'on risquerait de casser quelques pièces. Si lorsqu'on place les deux encliquetages, on a soin que les cliquets n'arrêtent pas tous les deux en même temps; mais l'un après l'autre, alors on obtiendra le même effet que si la roue avait le double du nombre des dents, et l'arrêt aura lieu au plus près. Il est bon de faire attention que les dents de la roue à rochet doivent être tournées en sens inverse de celles du remontoir, puisque leur effet est contraire. L'encliquetage doit céder pendant que la montre marche, et arrêter pendant qu'on la remonte. Il suffit d'avoir fait cette observation pour qu'on conçoive son utilité.

C'est par le cadre fixe que doit être suspendue la cage du mouvement; c'est l'axe de la grande roue moyenne qui porte un pivot à chaque extrémité qui doit rouler librement dans les deux traverses opposées de ce cadre. Mais avant d'expliquer cette partie du mécanisme, il est bon, pour ne pas nous exposer à faire commettre quelque erreur, de bien concevoir ce que nous désignerons par grande ou petite platine, puisque par notre construction elles sont toutes les deux egales en diamètre et en épaisseur. On verra que cette distinction est nécessaire à cause des pièces qui se trouvent sur les traverses du cadre, et qui sont différentes, afin d'imprimer des mouvemens distincts et séparés.

Nous appellerons, comme dans l'horlogerie ordinaire, grande platine celle sur laquelle sont rivés les piliers, et sur la surface de laquelle se trouvent placés le cadran et les aiguilles, car nous employons aussi un cadran et des aiguilles. Nous désignerons l'autre platine sous le nom de petite platine.

On perce un petit trou au milieu de la longueur de la traverse du côté de la grande platine ; sur ce trou et au-dessous de la traverse du côté de la grande platine, on place un pont fixé par deux vis et deux pieds ; on marque avec l'outil à planter un trou qui corresponde parfaitement avec celui de la bande du cadre. C'est dans ce trou que doit porter un des pivots de la grande roue moyenne. On plante de même un trou correspondant dans la traverse, du cadre, opposée. C'est dans ce trou, ou dans une pièce qui le remplace, comme nous l'expliquerons plus bas, que roule l'autre pivot de la grande roue moyenne, qui, ne portant pas de chaussée, etc., n'a pas besoin d'une longue tige au-delà de la grande platine.

Voici les nombres que nous avons adoptés pour le mouvement pour les deux roues et les deux pignons qui précèdent la grande roue moyenne.

Le barillet a 96 dents ; il engrène dans un pignon de 12 porté par la seconde roue, appelée *roue de temps*, qui a 80 dents, et engrène dans un pignon de 10 qui porte la grande roue moyenne. De sorte que le barillet faisant un tour en 64 heures, la seconde achève son tour en 8 heures pendant que la troisième fait son tour en 1 heure. Le ressort en trois tours et demi fera aller la montre pendant 224 heures, c'est-à-dire plus de 9 jours.

Quant aux autres roues qui suivent la grande roue moyenne, celle-ci comprise, on en cherchera les nombres ainsi que les ailes des pignons, par les règles que nous avons données Chapitre X, page 162. Lorsqu'on aura déterminé le nombre de vibrations qu'elle doit battre pendant une heure, supposons qu'on veuille lui faire battre 14,400 vibrations par heure, et qu'on y adaptât notre échappement, qui, par sa forme, est le plus convenable pour cette machine, comme nous l'avons dit page 175, en donnant six ailes à chacun des trois pignons, et en fixant à 20 le nombre des dents de la roue d'échappement, qui est à une seule vibration par chaque dent, c'est-à-dire que chaque dent ne fait faire qu'une seule vibration au balancier par chaque tour de la roue, on trouvera les nombres des dents de ce rouage, tel que nous l'avons adopté.

	Dents.	Pignons.	Tours.
Grande roue moyenne...	60		1
Petite roue moyenne....	54	6.....	10
Roue de champ.........	48	6.....	90
Roue d'échappement....	20	6.....	720

La roue d'échappement fait donc 720 tours pendant une heure, c'est-à-dire pendant que la grande roue moyenne fait un tour, et en multipliant 720 par 20 vibrations que la roue d'échappement fait faire au balancier, par chacun de ses tours, on aura pour produit 14,400 vibrations par heure; ce qui était la condition essentielle du problème.

Jusqu'ici la montre ne tournerait pas. Voici comment on l'a fait tourner en 12 heures, ou en une heure à volonté. Nous allons résoudre les deux cas séparément.

1º Pour que le bout de la flèche fasse son tour en 12 heures, voici comment on s'y prend : la tige de la seconde roue de 80 dents passe à travers la petite platine, et est limée à carré au dehors de cette platine. Sur ce carré, on placera à carré, et solidement ajusté, un pignon de 12 dents, qui engrènera dans une roue de 18, placée dans le trou pratiqué au milieu de la bande du cadre qui se trouve du côté de la petite platine, et en dedans; c'est-à-dire du côté de cette platine; ou bien un pignon de 16 et une roue de 24 dents; ou bien encore un pignon de 20 et une roue de 30 dents; ou enfin tels autres nombres, pourvu qu'ils soient entre eux dans le même rapport. On choisira le nombre convenable, selon la place que laissera le calibre, afin d'avoir de bonnes dents, fortes à peu près comme une bonne roue de fusée. Dans tous les cas, la roue doit être rivée sur la traverse, et les ailes du pignon doivent être en dedans, et assez épaisses pour engrener toujours dans la roue.

On conçoit actuellement que, puisque l'arbre de la roue de temps fait son tour en 8 heures, elle sera obligée de faire un tour et un tiers avant que son pignon de 12, de 16 ou de 20 ait parcouru 12 heures, et par cette raison la flèche n'achèvera son tour qu'en 12 heures.

2° S'il s'agit de faire tourner la flèche en une heure, la construction du rouage du mouvement ne change pas, ce n'est que dans la disposition et dans les nombres de la roue et du pignon dont nous venons de parler que s'opère le changement. Rappelons-nous que la roue de temps achève son tour en 8 heures : on placera à carré, sur l'axe de cette roue, une roue de 80 dents; on rivera au milieu de la traverse un pignon de 10; par ce moyen, le rouage fera 8 fois le tour pendant que la roue de temps en fera un.

Dans les deux cas, on percera un trou au centre du pignon ou de la roue, qu'on doit river sur la traverse, et c'est dans ce trou que roulera le pivot de la grande roue moyenne, afin que le mouvement soit solidement suspendu.

Lorsque la flèche doit achever sa révolution en 12 heures, il n'est pas nécessaire de faire d'autres constructions du côté de la grande platine ; dans ce cas, la flèche marque les heures sur une grande glace, et les divisions sont assez grandes pour qu'on puisse marquer entre elles des petites divisions qui seront assez distinctes pour marquer les minutes de 5 en 5, ou de 10 en 10.

Mais lorsque la révolution doit se terminer en 60 minutes ou une heure, on doit y ajouter un cadran sur lequel une aiguille marque les heures et les minutes, si l'on veut. Nous plaçons ce cadran sur la traverse qui porte le mouvement, et il faut de plus que le cadran se présente, dans quelque position qu'il se trouve dans son double mouvement, de manière à présenter toujours les chiffres 12 et 6 dans une position verticale ; c'est ce que nous avions indiqué à Peschot, qu'il n'a jamais pu comprendre, quoique nous lui eussions fourni une pièce ainsi exécutée. Nous avions imaginé un moyen qui n'est pas plus compliqué qu'une cadrature de montre ordinaire et qui produit cependant ce triple effet.

Nous plaçons sur la grande platine du cadran une roue de 48 dents, que nous fixons sur cette platine par trois vis, et que nous élevons de trois millimètres par une rondelle que nous plaçons par-dessous, et qui n'arrive pas jusqu'aux dents. Nous enlevons le centre de cette roue et de la rondelle pour que la tige de la grande roue moyenne ne soit pas gênée. Sur la traverse du cadre nous plaçons un pignon de 12, peu importe le nombre, dont les pivots sont portés par deux ponts, dont l'un est placé sous la traverse, et l'autre par-dessus. Ce pignon engrène dans la roue de 48 fixée sur la platine. Le pont doit approcher beaucoup de la platine, mais ne jamais y toucher, ce qui arrêterait le mouvement. Voilà pourquoi nous avons élevé la roue. Le pignon de 12 n'est là que pour transporter le mouvement du dessous de la traverse par-dessus. Il doit être assez long pour engrener tout à la fois dans les trois roues dont nous allons parler.

Au milieu de la traverse et au-dessus du trou qu'on y a pratiqué, on fixe à vis une tige d'acier trempé, qui soit bien perpendiculaire aux platines, et bien dans le prolongement de la ligne qui passe par les deux trous de la grande roue moyenne. Sur cette tige l'on place trois roues concentriques montées chacune sur un canon, laissant entre elles un petit jour. Elles ont toutes les trois le même diamètre que celle qui est fixée sur la platine. La première qu'on place a 48 dents, la seconde en a 52 et la troisième 48. La première porte à canon l'aiguille des minutes, la seconde porte à canon le cadran d'argent ou de cuivre argenté, la troisième porte l'aiguille des heures. Si l'on ne donnait à la roue qui porte le cadran que 48 dents, à chaque tour ce cadran serait en avance d'une heure. C'est un effet analogue aux roues satellites de M. Pecqueur.

Il reste encore une explication à donner pour faciliter l'exécution et pour rendre la marche du levier régulière. Les deux branches sont plus courtes l'une que l'autre; c'est sur la plus courte qu'on place le mouvement, et l'autre doit lui faire équilibre. On trouve facilement cet équilibre en plaçant la flèche sur les deux points 3 et 9, ensuite sur 12 et 6; mais cela ne suffit pas encore : il faut sous la pointe de la flèche, et dans le sens de sa longueur, placer un petit poids, porté par une vis de rappel que l'on peut faire mouvoir à l'aide d'une clef afin de l'éloigner ou de l'approcher du point de suspension à volonté. Ce poids sert à rectifier l'équilibre. Nous en avons reconnu l'indispensable nécessité par ce qui nous arriva lorsque nous eûmes exécuté la dernière construction dont nous avons parlé.

Nous fîmes marquer les minutes sur un grand cadran de 12 pouces, et après avoir placé l'aiguille des minutes sur le petit cadran, nous aperçûmes une diffé-rence de 12 minutes en retard dans la moitié de la révolution du grand cadran sur le petit, et ce retard fut compensé exactement dans la seconde moitié de la révolution, ce qui nous fit présumer que l'équilibre n'était pas exact. Nous nous décidâmes alors à ajouter le poids supplémentaire, par lequel nous parvînmes à régler parfaitement le mouvement jusqu'à ce que les aiguilles des minutes fussent d'accord minute par minute, ce que nous obtînmes très-facilement. Nous enlevâmes alors la petite aiguille du petit cadran.

Nous n'avons jamais pu faire concevoir cet effet à Peschot, qui s'est toujours obstiné à ne pas vouloir l'exécuter : aussi avait-il des heures inégales entre elles.

Quand on veut faire marcher le levier chronométrique contre une glace qui sert de cadran, on n'a pas besoin de percer la glace; on tourne une rondelle de bois au centre de laquelle on fixe une petite tige d'acier trempé et poli, assez forte pour supporter le poids du levier sans plier, mais aussi fine que possible, pour éviter les frottemens. Avant de tremper cette tige, on en taraude le bout extérieur pour y placer un écrou en laiton, afin d'empêcher qu'un trémoussement ne fasse sortir le levier de sa place. On ôte cet écrou pour détacher le levier lorsqu'on doit le remonter. On coupe trois ou quatre rondelles de papier brouillard de même grandeur que la rondelle de bois : on colle sur la glace, un papier avec de la chaux vive en poudre délayée par du fromage blanc, et on laisse sécher ; sur ce papier on en colle un second et un troisième avec de la colle de poisson ; enfin, quand tout est sec, on colle la rondelle avec de la colle forte. On laisse sécher, et alors on peut y placer le levier.

Ce levier est un instrument très-commode pour se procurer une horloge à la campagne ; on l'enferme dans un étui que l'on emporte avec soi ; il marche pendant le voyage, et lorsqu'on est arrivé, on le place au centre d'un cadran qu'on a disposé exprès. Lorsqu'on s'en va, on l'emporte de même, et on le place chez soi, où il continue à indiquer l'heure sans aucune irrégularité.

Nous offrons aux horlogers qui voudront le construire de les diriger dans leurs travaux, afin de leur donner une parfaite intelligence de nos moyens.

CHAPITRE XIII.

DES DIVERS OUTILS EMPLOYÉS EN HORLOGERIE.

Notre intention n'est pas de donner ici la liste et la description des nombreux outils employés dans toutes les branches de l'horlogerie ; un gros volume serait à peine suffisant pour remplir cette tâche avec fruit. D'ailleurs les bons horlogers ont, presque tous, les ouvrages qui ont traité de cette partie avec tous les détails que l'on pourrait désirer ; le *Traité d'horlogerie* de Thiout l'aîné ; l'*Essai sur l'horlogerie*, et les autres ouvrages de Ferdinand Berthoud ; l'*Encyclopédie méthodique, arts et métiers*, tome III, au mot *Horlogerie*, de la page 259 à 464, ont donné tous ceux qui étaient connus à l'époque à laquelle ils ont écrit, et ce serait abuser de la patience du lecteur de leur répéter ici tout ce que ces auteurs ont fait connaître. Nous nous bornerons à décrire les outils récemment imaginés, qui ne se trouvent dans aucun de ces ouvrages, que des horlogers habiles ont inventés pour s'aider dans leurs travaux, et qu'ils ont bien voulu nous communiquer. Nous emprunterons un outil important à Ferdinand Berthoud, qui n'a pas été assez apprécié ; nous terminerons ce Chapitre par la description d'un perfectionnement que nous avons apporté à l'outil à faire les dentures.

M. *Vallet*, l'un des plus habiles horlogers de Paris, que feu *Bréguet* n'a eu occasion de connaître qu'en 1823, au sujet du jeune *Alavoine*, sourd-muet de naissance, à qui M. Vallet avait enseigné l'horlogerie, et qui avait exposé une montre à cylindre très-bien exécutée par lui sous la direction de son maître. M. Vallet avait exposé lui même une partie des outils que nous allons décrire, qu'il avait imaginés et travaillés avec soin, et qui avaient servi au jeune sourd-muet pour exécuter

17

son mouvement. Feu Bréguet ne cessait de faire l'éloge et de la montre et des outils, qu'il trouva très-ingénieux et des plus utiles, en engageant l'auteur à les rendre publics. Peu de jours après Bréguet n'était plus : l'horlogerie pleurera long-temps cette perte.

M. Vallet nous a autorisé à les décrire, et nous en a fourni les dessins. Ils sont de deux genres différens ; nous les désignerons sous la dénomination d'outils *généraux*, parce que leur usage est applicable à plusieurs objets divers ; nous nommerons les autres *spéciaux*, parce qu'ils ont pour but l'exécution parfaite d'une partie spéciale, les *roues de cylindre*. Nous intervertissons l'ordre chronologique, pour décrire de suite les outils de cet habile horloger.

§ Ier. — *Outils généraux.*

1º *Support pour mettre les pignons parfaitement ronds.*

Lorsque les horlogers ont *efflanqué* et arrondi un pignon, ils le trempent et le *reviennent* bleu. A la trempe et au recuit, la tige du pignon se tourmente ordinairement, et le pignon cesse d'être rond sur les deux pointes qui ont servi à le tourner. Alors l'ouvrier est obligé, avec la lime, de jeter la pointe de côté, si la différence est petite et que la grosseur de la tige le permette ; et, dans le cas contraire, il redresse cette tige à l'aide du marteau tranchant sur un tas bien uni, en frappant dans le creux, afin d'alonger cette partie, ou bien, ce qui est préférable, il place dans l'étau une lime très-douce, de manière que le côté taillé dans son épaisseur soit placé au-dessus. Alors il appuie le côté creux de la tige sur cette taille, et il frappe, avec la tête très-unie d'un petit marteau, sur la partie opposée ; les tailles de la lime, très-fines et très-rapprochées, font l'office de petits ciseaux ou de marteaux tranchans, et le redressement se fait avec plus de célérité et plus de régularité.

Ce préliminaire rempli, l'ouvrier tourne et roule les pointes, tourne la tige et la polit de même que les ailes du pignon.

On trouve, chez les marchands de fournitures, des pignons tout faits et polis, de différentes longueurs et de différents nombres, qu'il est facile d'adapter aux montres les plus en usage : rarement ces pignons sont ronds, et un ouvrier soigneux doit les examiner sous ce rapport avant de les employer, pour rectifier les erreurs lorsqu'il y en a, ou s'assurer qu'elles n'existent pas. L'instrument dont nous allons parler sera donc utile aux uns et aux autres.

Les *figures* 1 et 2 (Pl. VI) le représentent : de profil, *fig.* 1, et de face, *fig.* 2. Les mêmes lettres indiquent les mêmes pièces dans les deux figures.

L'instrument n'est autre chose qu'un support de *tour à finir*. La tige A, entre dans le *porte-support du tour*, qu'il nous a paru inutile de faire graver. Elle est fixée à la hauteur convenable par la vis du porte-support. La plaque B, qui est placée à angle droit et rivée sur la partie supérieure de la tige A, s'approche assez près des pointes du tour ; elle est percée de plusieurs trous E, taraudée du même pas de vis pour recevoir la vis C, qu'on introduit au point convenable en la prenant entre le pouce et l'index par sa tête godronnée. Cette vis est en acier, percée dans son axe, dans lequel on ajuste un petit morceau de laiton comme la pointe d'une épingle. Tout le reste de la machine est en laiton. On place la vis dans l'un des trous E, qui paraît à l'ouvrier le plus commode pour le travail.

L'outil est ici représenté de grandeur naturelle : voici la manière de s'en servir : l'ouvrier après avoir fixé un *cuivrot à vis* sur une des tiges du pignon, le place entre les deux pointes du tour, et le fait tourner lentement avec un archet à crin, qu'il tient légèrement entre les doigts. Il avance petit à petit la vis jusqu'à ce que sa pointe affleure les ailes du pignon : si cette pointe ne touche pas également toutes les ailes, il donne un coup de lime très-douce sur la pointe de la tige du pignon vers l'extrémité du diamètre opposé à la dent qui touche, afin de pousser la pointe vers celle où se trouve l'aile qui touche seule. Si la tige est faussée, il la redresse par les moyens que nous avons indiqués.

Jusqu'ici les horlogers se sont servis d'un moyen semblable, mais qui n'était pas aussi sûr. Ils prennent une pointe de cuivre, une grosse épingle, par exemple, ils l'appuient sur le support du tour et approchent la pointe des ailes du pignon ; mais n'ayant aucun moyen pour fixer la distance d'une manière invariable, le tact n'est pas assez sensible pour opérer avec justesse. Feu Bréguet s'extasiait devant ce petit outil. « Ce n'est rien que cet » instrument nous disait-il, mais il est une preuve irré-» cusable du talent de l'ouvrier qui a reconnu l'impor-» tance de ce point fixe ; je le mettrai à profit et je le ferai » exécuter dans mes ateliers.«

2º *Nouveau tour à rouler les pivots.*

Un bon tour à rouler les pivots est un instrument des plus précieux, dans un siècle surtout où l'horlogerie est poussée à un point de perfection étonnant ; les trous pratiqués dans les deux poupées pour y recevoir les pointes doivent être parfaitement vis-à-vis l'un de l'autre et parfaitement en ligne droite dans toute leur étendue, de sorte que si l'on voulait faire passer une pointe d'une poupée dans l'autre, elle pût y glisser avec la même facilité que si l'un des trous ne formait que la continuation du même cylindre. Il faut ensuite que la partie de la pointe du tour, qui reçoit l'extrémité de l'axe opposée à celle qui porte le pivot sur lequel on doit travailler, se trouve parfaitement en ligne droite avec la petite coche pratiquée sur l'extrémité de l'autre pointe parallèlement à l'axe de cette pointe ; car, lorsque cela n'a pas lieu, ou le pivot est coupé par le pied, ou il est conique, ou bien il casse pendant qu'on le roule.

M. *Vallet* a remédié à tous ces inconvéniens par la

construction du tour que nous allons décrire. La *fig.* 3
(Pl. VI) représente cet instrument de face, fixé dans
l'étau par la patte A. Les deux poupées B, C, ne diffèrent pas des poupées des tours à pivots ordinaires ; elles
porte les deux pointes D, E, qui sont fixées dans la
position convenable par les vis F, G, qui appuient sur
les coussinets H, H, comme dans les tours ordinaires.
Chaque poupée porte une branche I, K, dont on va voir
l'usage. Chaque broche du tour porte une espèce de
roue L, J, divisée en douze grosses dents, et les deux
broches I, K, entrent juste dans l'espace vide laissé par
deux dents, afin de fixer parfaitement la pointe du
tour de manière qu'elle ne puisse pas tourner sur elle-
même, pendant que la vis supérieure F, ou G, l'empêche d'avancer ou de reculer.

La pointe D, est terminée, du côté de l'intérieur du
tour, par une rondelle d'acier M, fixée par une forte
vis sur le bout de cette pointe. Cette plaque M, est
percée d'un trou vers l'extrémité d'un de ses diamètres.
Ce trou, qui est parfaitement cylindrique et parallèle à
l'axe, reçoit une broche P, qui sert d'abord à marquer les
trous correspondans dans la rondelle N, dont nous allons
bientôt parler, et à supporter ensuite une des extrémités
de l'axe à l'autre extrémité duquel se trouve le pivot
qu'on veut rouler.

La broche P, entre cylindriquement et très-juste
dans le trou de la rondelle M ; sa partie extérieure est
conique et en pointe très-aiguë. Elle est trempée et
ajustée après sa trempe et son recuit bleu. Lorsqu'elle
a servi à marquer sur la rondelle N, les douze trous
dont nous parlerons dans un instant, on lime sa pointe
légèrement, et l'on perce au centre un petit trou, peu
profond, qui sert ensuite à recevoir l'extrémité de l'axe
de la pièce qui porte à son autre extrémité le pivot
qu'on veut rouler.

L'autre pointe E, porte entre les deux poupées
deux pièces N, O, dont il est important de connaître
la construction. La partie de la pointe cachée par

les deux pièces N, O, est tournée cylindriquement, comme un pivot plus petit que la pointe, mais assez gros pour recevoir un trou taraudé et une forte vis. La rondelle O, est un manchon qui couvre en entier l'espèce de pivot dont nous venons de parler. La rondelle N, n'a qu'un trou de la grosseur de la vis qui consolide le tout et dont la tête est noyée dans l'épaisseur de cette même rondelle; car elle pourrait gêner, dans certains cas, si elle débordait.

La rondelle N, a dans son pourtour douze coches plus ou moins grandes et plus ou moins profondes, selon la grosseur des pivots qu'on doit rouler. Ces coches doivent être faites avec soin; elles doivent être pratiquées bien parallèlement à l'axe de la pointe et être parfaitement demi-circulaires.

Pour faire ces coches de manière à ce qu'elles soient bien vis-à-vis de la broche P, il faut se rappeler que nous avons dit que cette broche est d'abord pointue et parfaitement aiguë. La pointe D, est engagée dans la broche I, par une dent de la roue J; la broche E, est de même engagée par une dent de la roue L, avec la broche K; on frappe sur la tête de la broche D, dont la vis de pression F n'est pas serrée, et l'on marque un point sur la rondelle N. On change la roue L, de place, et, par cette raison, la pointe E, tourne d'un douzième; on marque un autre point, et ainsi de suite jusqu'à ce qu'on ait marqué les douze points. On perce à chaque point un trou bien parallèlement à l'axe, avec des forets proportionnés à la grosseur des pivots qu'on veut y rouler. Ces trous faits, on lime la rondelle N, à facettes, de manière qu'on enlève la moitié du cylindre que ce trou a formé, en faisant en sorte que le plan de cette facette soit perpendiculaire au plan vertical qui passerait par l'axe de la pointe, et que la coche qu'a formée le trou découvert, divise cette facette en deux parties égales. On sent combien il faut porter d'attention pour arriver à une parfaite exécution, mais cela est indispensable pour avoir des résultats parfaits.

La rondelle O est limée à facettes parallèles à l'axe de la pointe ; elle porte douze facettes d'autant plus ou moins distantes de cet axe que le pivot devant lequel elles se trouvent doit être plus fin ou plus gros. Le milieu de chaque facette doit correspondre au milieu de la coche devant laquelle elle se trouve. Ces facettes sont destinées à soutenir la lime à pivot ou le brunissoir, qui doivent s'appuyer parfaitement sur elles, de manière que la lime soit parallèle à l'axe, lorsque le pivot est terminé, de sorte qu'il se trouve parfaitement cylindrique.

3° *Nouveau compas à pivots.*

Berthoud avait démontré, dans son savant *Essai sur l'horlogerie*, de quelle importance il est dans la mesure du temps par les machines de distribuer la grosseur des pivots dans les montres de manière que les roues qui ont le mouvement le plus accéléré aient les pivots les plus fins. Il a indiqué les règles à suivre pour trouver d'abord la grosseur des pivots de la pièce d'échappement, et successivement de toutes les roues qui s'éloignent de plus en plus de cette pièce, et qui sont de plus en plus gros qu'ils s'en éloignent d'avantage. Ce savant horloger avait proposé un instrument pour arriver à ce but ; mais on n'en fut pas satisfait, et il fut abandonné.

M. *Vallet*, pénétré de l'importance d'un instrument de cette nature, a parfaitement réussi dans la construction de celui qu'il a imaginé, et dont voici la description.

La *fig.* 4 (Pl. VI) représente cet instrument en élévation. La *fig.* 5 le montre à vue d'oiseau ; la *fig.* 6 en fait voir le mécanisme. Les mêmes lettres désignent les mêmes objets dans ces trois figures.

La machine ressemble à une boîte de montre A, A, portée par trois pieds B, B, B, afin de l'élever au point convenable pour la commodité du travail. Le mécanisme est caché par un cadran C. divisé en 360 parties égales, numérotées de dix en dix, que parcourt une aiguille très-légère D, pour indiquer l'ouverture du compas. Le tout est recouvert par une glace convexe E, comme un verre de montre. Sur le côté, on aperçoit deux arcs de cercle F, R; R, G, qui sont les branches formant la pièce du compas, en acier poli, qui ne s'éloignent que lorsqu'on passe un corps quelconque entre eux. L'instrument est si sensible qu'un cheveu suffit pour faire écarter une des branches, et aussitôt l'aiguille indique, sur le cadran, le diamètre de ce cheveu.

L'instrument est construit de manière que, lorsqu'on écarte la branche mobile de trois lignes du pied de roi, l'aiguille a parcouru toute la circonférence du cercle du cadran; par conséquent, une ligne se trouve divisée en 120 parties égales, avec une exactitude mathématique.

La *fig.* 6 montre le mécanisme à découvert, lorsqu'on a ôté le cadran. Une des branches G, du compas est fixée dans la boîte, par une vis H, et deux pieds. L'autre branche F, est mobile; elle porte au dedans de la boîte un bras de levier K, dont le centre de mouvement est au point I. Ce bras de levier est rivé à un axe vertical qui se meut sur deux pivots bien faits qui roulent dans la platine et dans le pont S. Ce même axe porte un râteau L, dont les dents N, engrènent dans les ailes d'un pignon M, de 14 dents, dont les pivots sont portés aussi par la platine et par un pont. Un ressort spiral O, assez fort pour ramener tout ce léger mécanisme à sa place, est fixé par un bout sur une virole portée par le pignon M, et est engagé par l'autre bout dans un piton P. Le tout est disposé de manière que lorsque les deux branches du compas se touchent, l'aiguille D doit se trouver sur 360.

Pour connaître la grosseur du pivot qu'on veut faire on le passe entre les deux branches du compas au point R, et on le diminue jusqu'à ce que l'aiguille indique le point auquel on veut s'arrêter. Afin de donner au compas la plus grande facilité pour s'ouvrir dès qu'on présente le pivot on amincit imperceptiblement et en prenant de loin le bout de la branche fixe, de sorte que l'épaisseur de la branche mobile du compas dépasse un peu celle qui est fixe. Alors en appuyant le pivot contre la branche mobile elle s'ouvre sans aucune résistance.

4° *Compas propre à tourner des tiges parfaitement cylindriques*.

Dans la construction de son compas à rouler les pivots, M. Vallet a connu toute la difficulté qu'on éprouve pour tourner des tiges parfaitement cylindriques, à l'aide des calibres à pignon dont on se servait exclusivement jusqu'à lui. L'invention de son compas à pivot que nous venons de décrire lui suggéra l'idée d'en faire l'application pour tourner les tiges cylindriquement.

Les *fig.* 7 et 8 (Pl. VI (suffisent pour faire concevoir cet instrument utile. La *fig.* 7 montre l'outil de face : une plaque A, A, en laiton bien écroui, dont la figure indique la forme, montre, dans la partie supérieure, un limbe divisé en parties égales, marquées de 5 en 5 par des chiffres bien apparens. Cette plaque est d'abord tournée ronde, on la dégage ensuite pour lui donner la forme que présente la figure. Au centre de l'outil est placée une aiguille *a*, qui marque sur le limbe *b*, les degrés d'ouverture du compas. Cette aiguille est fixée sur l'extrémité du pivot d'une tige d'acier qui est en cage sur le derrière de l'outil, entre la plaque A, qui le constitue et un petit pont fixé sur cette plaque par une vis et deux pieds.

Sur le prolongement du pivot supérieur est ajustée à frottement dur une virole qui reçoit le bout intérieur du petit ressort spiral *d*, et par-dessus, l'aiguille *a* est aussi placée à frottement dur.

Deux jambes du compas, construites comme celles du *compas à pivot*, sont représentées par la *fig.* 8, sur une échelle double; la jambe G, est absolument semblable à celle du compas, *fig.* 6; elle est fixée de même. L'autre jambe F, diffère un peu de celle du compas à pivot; elle ne porte pas de crémaillère; mais son second bras de levier II porte le piton de spiral, ou pour parler plus correctement, est percé parallèlement à la plaque pour faire fonction du piton. La seconde jambe de cet outil est portée, comme celle du compas à pivots, par un petit axe et deux pivots dont un roule dans la plaque et l'autre dans le pont D.

On conçoit actuellement le mécanisme de cet instrument. Lorsqu'on présente le point R, en contact avec une tige placée sur le tour, les deux jambes de l'outil se séparent, le ressort spiral est amené sur la gauche, il fait marcher l'aiguille sur le limbe et marque le degré d'ouverture. En promenant l'outil tout le long de la tige, on connaît exactement la différence et l'on corrige les inégalités.

Au haut de cette plaque, on rive un bouton E, godronné qui sert à la tenir entre les doigts pendant que l'on opère.

§ II. — *Outils spéciaux de M. Vallet.*

Les ouvriers qui s'occupent de l'échappement à cylindre réclamaient depuis long-temps des outils de diligence et de précision qui leur donnassent la certitude d'une régularité parfaite dans la confection des dents de la roue de cylindre. M. Vallet sentit que cet échappement ne peut contribuer à donner à la montre une marche régulière qu'autant que toutes les parties qui le composent sont exécutées avec une exacte précision.

L'on s'était déjà attaché à perfectionner les cylindres, c'était beaucoup; mais l'on n'avait pas pris la même précaution pour la roue. On avait regardé jusqu'alors les outils imaginés par le célèbre Ferdinand Berthoud comme suffisans pour remplir le but qu'on désirait d'atteindre ; mais on n'avait pas assez réfléchi à toutes les conditions qu'exigent toutes les parties de la dent de la roue qui doit se trouver toujours en parfaite concordance avec le cylindre.

M. Vallet sentit 1º que le plan incliné de chaque dent doit être dans chacune parfaitement égal, afin que les levées soient constamment les mèmes ; 2º que les dents doivent être toutes d'une longueur parfaitement égale, afin que les chûtes soient invariablement les mèmes ; 3º que le derrière de chaque dent soit un plan incliné, afin de donner à chaque dent la même épaisseur vers la pointe, de manière que chacune n'exerce sur les deux surfaces du cylindre que le même frottement qui doit être égal partout; 4º enfin, que les petites colonnes qui supportent les dents soient toutes égales et bien polies afin que le cylindre ne puisse jamais, dans aucun cas, les atteindre, ce qui présenterait la plus grande irrégularité dans la marche de la montre.

Ce sont ces outils que nous avons nommés *spéciaux*, parce que leur usage est spécialement consacré à la perfection des roues de cylindre. Ce sont ces outils que nous avons fait graver dans la Pl. VI, que nous allons décrire.

1º *Outil à incliner également les dents des roues de cylindre*, Pl. VI.

La *fig.* 9 représente l'outil vu en élévation et de profil, du côté *a*, *b*, de la *fig.* 10.

La *fig.* 10 montre le même outil vu de face, du côté de l'ouvrier pendant le travail.

La *fig.* 11 est l'élévation et le profil du même outil, vu du côté *c*, *d*, de la *fig.* 10.

La *fig.* 12 montre le même outil, vu de face, du côté opposé à l'ouvrier.

La *fig.* 13 est le même outil, vu par-dessus ou à vue d'oiseau.

Les mêmes lettres indiquent les mêmes pièces dans ces cinq figures.

Cet outil est tout en cuivre jaune, à l'exception des vis et de quelques pièces que nous indiquerons.

Le bâti A, A, a une forme à peu près carrée; il porte une ouverture L, L, L, L, dans laquelle se meut une pièce de même forme, de même épaisseur que le bâti, mais pas aussi longue que l'entaille, pour lui donner la facilité de monter et de descendre lorsqu'elle y est contrainte par la vis de rappel G. Les quatre bandes d'acier f, f, f, f, dont deux sont fixées sur le devant et deux sur le derrière de l'outil, chacune par deux vis, forment la coulisse entre laquelle se meut la pièce B. Cette pièce B, que M. *Vallet* nomme chariot, porte un pont M, à l'extrémité duquel est rivée une poupée N, qui reçoit une petite pointe de tour P, qu'on fixe au point convenable par la vis de pression O. Ce pont est fixé sur la plaque B, par deux vis de pression et un ou deux pieds.

Le chariot B, porte sur son autre face (*fig.* 11, 12 et 13) une plaque Q, sur laquelle est rivée une autre poupée R, qui reçoit la pointe T, qu'on fixe par le moyen de la vis de pression S. Il serait superflu de dire que les deux pointes P, et T, doivent être parfaitement vis-à-vis l'une de l'autre, comme nous l'avons expliqué pour le tour à rouler les pivots, page 188, et qu'on perce au bout de chaque pointe un petit trou peu profond, pour recevoir le bout des deux pivots de la roue de cylindre. Ces deux pointes sont en acier.

Le bâti de l'outil A, A, porte une crémaillère D, et une roue d'engrenage E. Sous la crémaillère D, on a pratiqué, dans le bâti, une ouverture horizontale et longitudinale, qui reçoit juste une pièce rectangulaire rivée avec la crémaillère. Le tout est fixé par une vis g, qui traverse : 1º une plaque d'acier qu'on voit au-devant de la crémaillère ; 2º la crémaillère et la pièce rectangulaire ; et 3º une autre plaque d'acier J (*fig.* 12) qui sert d'écrou. Par ce moyen, la crémaillère peut prendre un mouvement de translation à droite ou à gauche, selon qu'elle y est forcée par la roue d'engrenage E, qu'on fait mouvoir par le bouton F.

Le châssis de la crémaillère porte, dans la partie supérieure, une pièce d'acier C, U, que M. Vallet appelle *argot*; elle se meut circulairement sur la vis *h*. Cette pièce a la forme que l'on voit dans la *figure*; elle est amincie dans la partie qui approche des pointes du tour depuis C, comme l'indiquent les lignes ponctuées. Cet *argot* passe entre deux pièces d'acier trempées dur dont l'une I, I, fixée sur l'épaisseur du bâti A, A, par deux vis, et l'autre V (*fig.* 13), en forme de pont, est fixée sur la première pareillement par deux vis.

Au-dessus de la pièce I, I, est placée une petite pièce d'acier H, portant un petit talon relevé, comme on le voit (*fig.* 10). Cette pièce porte un trou oblong (*fig.* 13), et est fixée par une vis. On peut l'avancer ou la reculer à volonté, à l'aide d'une cheville qu'on aperçoit dans le trou, et qui ne lui permet pas de tourner. Cette pièce sert à retenir la lime qui, si elle était libre, pourrait gâter la dent qui suit celle sur laquelle on travaille.

Cet outil se place sur le tour à pointes ordinaires. Les pointes de ce tour entrent dans les trous *m*, et *n*, que l'on voit sur les deux profils (*fig.* 9 et 11). Ces deux trous doivent être placés aux deux extrémités d'une ligne droite parallèle à la surface supérieure du bâti *a*, *c*.

Cela bien entendu, voici comment on opère. On appuie le doigt sur la queue U, de l'*argot*, pour le faire relever, après avoir mis l'outil en place sur le tour; on met la roue de cylindre entre les deux pointes P, T, et l'on approche la face de manière qu'elle touche légèrement le chariot B; qu'on élève afin que la roue appuie une plus grande partie de sa circonférence sur lui, et soit mieux maintenue. Ensuite l'on avance ou l'on recule l'*argot* de manière qu'il soutienne la dent, et la relève plus ou moins, pour former le plan plus ou moins incliné. Tout étant ainsi disposé, on lime toute la partie qui dépasse les pièces I et V, et l'on passe à une seconde dent sans rien bouger, excepté l'*argot*, qu'on dégage de la dent sur laquelle on vient de travailler et que l'on engage sous la suivante. On est parfaitement assuré alors que toutes les dents auront la même inclinaison.

2º *Outil à deux usages* : 1º *à mettre les dents ou les marteaux d'une longueur égale ; 2º à former l'inclinaison du derrière de la dent.*

L'outil que nous allons décrire est pareillement en laiton, à l'exception des vis, et de quelques pièces qui sont en acier et que nous désignerons.

Les *figures* 14, 15 et 16 (Pl. VI) représentent l'outil de grandeur naturelle, et dans trois positions différentes.

La *fig.* 14 le montre de manière à faire voir le petit tour en face.

La *fig.* 15 le montre à vue d'oiseau, lorsqu'il est placé dans l'étau et prêt à travailler.

La *fig.* 16 le fait voir de face, dans l'étau, tel qu'il se présente à l'ouvrier pendant le travail.

Les mêmes lettres indiquent les mêmes objets dans les trois figures.

Le bâti A, de l'outil, présente, dans sa partie inférieure, une rainure verticale dans laquelle glisse un chariot B, qui peut monter et descendre à volonté par la vis de rappel C.

La partie B, de ce chariot porte une rainure horizontale dans laquelle se meut un autre chariot F, qui avance ou recule pour s'approcher ou s'éloigner du bâti A, par le moyen de la vis de rappel E, et est fixée au point convenable par l'écrou K, qui presse la pièce *a*, contre la partie inférieure du chariot B, en attirant la pièce F, qui appuie sur la partie supérieure de la même pièce B. Le chariot F, à sa partie supérieure à fourchette M, dans laquelle est reçu un tenon M, qui fait partie du petit tour D, D.

Ce petit tour D, D, a deux poupées, dont les pointes sont en acier, construites comme dans le petit tour que nous avons déjà décrit dans l'outil précédent (p. 196). Les vis de pression R, S, servent à les fixer. La vis qui appuie contre le bâti de l'outil sert à approcher ou à éloigner les pointes de ce bâti selon que le cas l'exige.

Le bâti est surmonté d'une pièce épaisse d'acier H, qui porte un talon T, indiqué dans la *fig*. 16. Cette pièce est trempée dur, et tient sur le bâti par deux fortes vis (*fig*. 15). On voit (*fig*. 14) que cette pièce H est entaillée pour laisser passer dans cette ouverture les dents de la roue, et un petit support en acier, I, I, (*fig*. 16), qu'on fait mouvoir par la vis de rappel J. C'est sur ce petit support que repose la dent de la roue pendant le travail.

Tout cela bien compris, voici comment on opère dans les deux cas.

Pour former l'inclinaison du derrière de la dent.

Cette opération se fait de la manière suivante. On place la roue entre les pointes du petit tour D, D, dans le sens convenable, son champ passant dans l'entaille I, afin que, la dent appuyant, par son talon sur le petit support I, la roue présente le derrière de la dent vers la surface supérieure de la pièce d'acier H, c'est-à-dire qu'il faut que le plan incliné formé par le premier outil (décrit *fig*. 9, 10, 11, 12 et 13) repose sur le petit support I. Alors à l'aide de la vis de rappel C, on élève le tour, et on l'incline au point convenable par la vis G.

Ce préalable rempli, on examine le marteau dont la pointe présente le moins de surface ; on élève la roue jusqu'à ce que la lime, guidée par la plaque d'acier H, atteigne cette surface, et faisant passer successivement toutes les dents, on rend cette pointe partout d'une épaisseur égale, et le derrière de toutes les dents se trouve également incliné.

Pour mettre les dents ou marteaux d'une longueur égale.

On place la roue de cylindre sur le petit tour, entre les deux pointes P, Q, dans le sens inverse de celui que nous avons indiqué plus haut ; on éloigne le tour D, D, par la vis G, de manière que la dent appuie par son talon sur le petit support I, la pointe de la dent ou du marteau en l'air. Alors on fait passer toutes les dents successivement en éloignant ou rapprochant le tour, jusqu'à ce qu'on ait rencontré la plus courte qui affleure la surface supérieure de la pièce d'acier H. Ce point trouvé, on fait passer successivement chaque dent sur le même support I, et on lime tout ce qui surpasse la pièce H : on est assuré pour lors que tous les marteaux sont de même longueur. La lime, pendant cette opération, n'a pas pu glisser contre la roue, puisqu'elle a été retenue par le talon saillant T.

3º *Outil à polir les colonnes des roues du cylindre.*
(Pl. VI.)

Cet outil est, comme les précédens, en cuivre, avec les exceptions déjà indiquées. Il est dessiné ici de grandeur naturelle. Les mêmes lettres indiquent les mêmes objets dans les trois figures.

La *fig.* 17 montre l'outil en élévation, placé sur l'étau, par sa patte G, et vu du côté de l'ouvrier.

La *fig.* 18 montre le même outil, vu par sa face opposée, afin de faire comprendre l'ajustement et l'utilité du support à chariot E, E, que la *fig.* 19 montre de face, lorsqu'on regarde l'outil par le bout H.

L'outil est un petit tour en l'air, dont le bâti comprend le corps du tour A, la patte G, la poupée B, qui porte la pointe d'acier C, qu'on fixe au point convenable par la vis I, et la seconde poupée ou lunette M, pour recevoir le collet de l'arbre H, L.

Cette lunette est formée de deux parties, dont l'une M, en cuivre, est du même morceau que le reste du bâti; et d'une seconde partie P, en acier, qui est fixée, par deux vis sur la lunette M.

Le support à chariot E, E, H, est fixé sur le bâti de l'outil par les deux vis S, S, taraudées dans le bâti. Ces deux vis passent librement et sans jeu dans deux trous oblongs R, R, afin que la face H, E, *fig.* 19, qui se retourne à angle droit vers la lunette M, puisse s'approcher ou s'éloigner facilement de cette lunette par la vis de rappel F, lorsqu'on a lâché les deux vis S, S, qu'on fixe après que le chariot a été amené au point convenable, relativement à la roue sur laquelle on veut travailler.

Il n'est pas nécessaire sans doute de faire observer que les trous pratiqués dans la poupée B, dans la lunette M, dans la plaque d'acier P, et dans la tête du chariot E, E, au point H, doivent être tous dans une même ligne droite perpendiculaire à la surface de la plaque P.

L'arbre du tour en l'air est en acier trempé; il ne s'étend, proprement dit, que depuis le point J, jusqu'à la pointe L, qui est reçue dans un trou pratiqué au bout de la pointe C. Cet arbre est conique dans la partie qui traverse la plaque P; dans tout le reste de sa longueur il est cylindrique, quoique de divers diamètres. L'arbre est percé dans son axe d'un trou cylindrique, dans une grande partie de sa longueur, à compter du point J. On a un assortiment de fraises cylindriques qui entrent juste, par leur manche ou tige, dans le trou de l'arbre, et y sont fixées par une vis de pression a. Un cuivrot N, en cuivre est placé sur l'extrémité de l'arbre en L, il est fixé par la vis de pression O.

La construction de cet outil bien conçue, voici comment on opère :

On place la roue de cylindre à plat contre la face du support à chariot au point H, à côté de la fraise; on éloigne ou l'on avance le support à l'aide de la vis de rappel F, jusqu'à ce que la base du cylindre qui forme la fraise arrive juste au-dessous de la dent, afin qu'elle ne laisse contre la dent aucune saillie ou aucune inégalité, et que cette dent paraisse posée bien à plat sur le sommet de la petite colonne qui la supporte. L'outil ainsi disposé, on met un archet à crin sur le cuivrot, et l'on fait tourner d'une main la fraise, tandis qu'avec l'autre on dirige la roue de manière à former parfaitement et la petite colonne et l'ouverture qui a la forme d'un U, au-dessous de la dent ou marteau.

Il est incontestable que ces outils, simples et ingénieux, donnent la facilité de finir les roues de cylindre avec beaucoup de perfection et de célérité. Aussi les échappemens à cylindre, exécutés par cet habile horloger, sont d'une régularité extrème, et les montres auxquelles il les applique, finies par lui avec le même soin qu'il donne à l'échappement, sont de véritables *garde-temps*.

§ III. — *Levier imaginé par Ferdinand Berthoud, pour mesurer la force des ressorts des montres, et déterminer la pesanteur du balancier.*

Cet outil, que l'on voit en perspective, Pl. V, *fig*. 10, est décrit par Berthoud dans les termes suivans :

« La partie A est faite de deux pièces qui forment une mâchoire à peu près pareille à celle des leviers à égaliser les fusées, à cela près cependant qu'elle s'ouvre perpendiculairement à la branche C, afin que les différentes grosseurs des carrés de fusée changent le moins qu'il est possible le centre A du levier C. Le carré de la fusée entre dans le trou carré A ; et au moyen des vis B, *b*, on serre cette mâchoire, en sorte que le carré de la fusée est entraîné avec le levier. La branche A, C, du levier fait équilibre avec la boule D, lorsque le coulant E, F, est ôté.

» La branche C est graduée dans sa longueur, de manière que lorsque le coulant E, avec le poids F, qu'il porte, est placé à une division quelconque, comme 3, 7 ou 12 (1), etc., jusqu'à 25 ; on a le nombre de gros ou huitième partie d'une once, qu'il faut placer en D, pour faire équilibre avec le poids F.

_____

(1) L'emplacement que nous a laissé la planche ne nous a pas permis de présenter ici la branche A, C, de toute sa longueur, double de celle que montre la figure, qui est gravée de grandeur naturelle.

» Pour graduer cette branche j'ai fixé la mâchoire A, sur le carré d'une fusée ; ce carré était de moyenne grosseur, la fusée tournait librement dans sa cage, sans chaîne ni communication avec le ressort ; dans cet état j'ai mis parfaitement d'équilibre la branche A, C, avec le poids D ; j'ai suspendu en D, un petit plateau de balance, sur une petite rainure d, faite au tour avec la pointe d'un burin, de manière que sa distance, au centre A, du levier, est exactement de quatre pouces, et pour que le poids du plateau ne changeât pas l'équilibre, j'ai attaché à l'autre extrémité du levier C, une petite pièce de cuivre qui fit équilibre au petit plateau de balance. Cela ainsi préparé, j'ai remis le coulant E, et son poids F ; ensuite j'ai mis un gros dans le plateau, et j'ai mené le coulant E, jusqu'à ce qu'il ait fait équilibre avec le poids d'un gros ; j'ai tracé une division et marqué 1. Cela fait, j'ai ajouté dans le plateau 18 grains ou le quart d'un gros, et j'ai amené le coulant au point où il se trouvait en équilibre avec les poids de la balance ; j'ai marqué une division qui ne s'étend que jusqu'au quart de la largeur de la branche, afin de désigner que c'est le quart d'un gros. J'ai ajouté ensuite 18 grains, et j'ai cherché de nouveau l'équilibre, pour marquer une division qui s'étend sur la moitié de la largeur de la branche, pour désigner un demi-gros. J'ai encore ajouté 18 grains, et ayant trouvé l'équilibre, j'ai marqué une division sur le quart de la largeur pour désigner trois quarts de gros. Ayant de nouveau ajouté 18 grains et trouvé l'équilibre j'ai marqué la division 2, sur toute la largeur de la branche, pour désigner que c'est 2 gros ; et ainsi ajoutant de suite des quarts de gros, j'ai gradué la branche dans toute sa longueur.

» On voit, par la construction de cet instrument, que si on l'adapte sur le carré d'une fusée montée dans sa cage avec le ressort et la chaîne, et que pour faire équilibre avec le ressort, on mène le coulant E, sur une division quelconque, 5, par exemple, ce nombre désignera la force du ressort, c'est-à-dire qu'il fait équilibre avec 5 gros situés à quatre pouces du centre de la fusée ; car la force du ressort représente ici les poids qui étaient placés dans le plateau de la balance.»

Nous avons parlé de cet instrument, Chapitre viii, page 90, lorsque nous avons indiqué le moyen de trouver, par le calcul, le poids d'un balancier.

§ IV. — *Perfectionnement de l'outil à finir les dentures.*

Nous n'avons pas eu l'intention (Pl. V. *fig.* 11, 12, 13, 14, 15 et 16) de décrire ici la machine à égaliser et à arrondir les dents des roues, c'est-à-dire à finir les dentures. Nous ne pourrions la faire bien comprendre qu'à l'aide de beaucoup de figures, que notre cadre ne nous permet pas d'employer. Nous supposons cette machine ingénieuse connue de tous les horlogers, et ceux de nos lecteurs qui ne la connaîtraient pas, et qui désireraient en lire la description, la trouveront dans l'*Encyclopédie méthodique*, division des *Arts et métiers*, tom. III, au mot *Horlogerie*, avec beaucoup de figures et tous les détails désirables. Nous nous bornerons à décrire le seul perfectionnement que nous avons apporté à cet instrument précieux.

Ce perfectionnement consiste à avoir trouvé le moyen de substituer une lime R, *fig.* 11, plate sur une surface qui est la seule taillée, en lime très-douce, et dont l'autre surface a une forme ronde et polie. La petite figure *m*, indique la coupe transversale de cette lime. C'est cette lime R, que nous avons substituée à la lime Q, dont les finisseurs de dentures se servent habituellement, et dont la petite figure *n*, montre la coupe. Cette lime est représentée ici de grandeur naturelle ; elle est taillée sur les deux surfaces circulaires *a*, *b* ; *c*, *d*, avec une très-grande difficulté, de sorte que leur prix en est excessif; elles coûtent jusqu'à 6 francs pièce, lorsqu'elles sont bien bonnes, et, quelque quantité qu'on en ait, on n'est jamais assuré d'en être suffisamment assorti. Les limes dont nous nous servons sont très-faciles à fabriquer ; cinq à six au plus peuvent suffire pour un assortiment complet, et elles ne varient que par la largeur ; et l'on pourra se procurer ce qu'on peut faire de meilleur dans ce genre, pour 50 centimes la pièce.

On sent que, voulant nous servir d'une lime plane pour arrondir les dentures à l'aide d'une machine, il faut qu'elle puisse imiter la main de l'ouvrier qui se sert d'une lime semblable pour arrondir les dentures à la main. Cet ouvrier doit par conséquent lui imprimer simultanément un mouvement de va-et-vient et un mouvement à peu près demi-circulaire. Ces deux mouvemens sont difficiles à obtenir tout à la fois ; et ce n'est que par une grande habitude que l'ouvrier y parvient, lorsqu'il n'emploie aucune machine : aussi cette opération est-elle rarement exécutée avec régularité.

Pour parvenir à faire prendre à la lime ces deux mouvemens indispensables, et en nous servant de la machine ordinaire à finir les dentures, nous employons un mécanisme que nous plaçons sur la *main*, qui porte la lime à arrondir, afin d'imprimer à cette dernière un mouvement demi-circulaire et alternatif, par l'impulsion de va-et-vient que l'ouvrier donne nécessairement à la *main*. Nous ne changeons rien au reste de l'instrument.

Comme ce mécanisme est peu connu, qu'il n'existe que dans un seul outil à dentures, que nous l'avions exécuté pour notre usage, et dont l'horloger qui s'en sert aujourd'hui est très-satisfait, nous devons le décrire avec quelque détail.

La *fig.* 13 représente la coupe de la main, prise sur le milieu de sa longueur.

La *fig.* 12 montre le dessus de la main qui porte la lime à arrondir. Les mêmes lettres indiquent les mêmes objets dans ces deux figures.

La roue A, a onze dents ; elle est taillée en rochet,

et retenue par le valet B, qui est continuellement poussé entre deux dents par le ressort C. Cette roue est mue par une cheville à pied de biche, placée sur la partie supérieure de la machine ; elle traverse la main par l'entaille D, et vient rencontrer la dent de la roue. Cette cheville s'incline lorsque la main va en avant, et résiste lorsque la main va en arrière ; c'est alors seulement que la roue tourne.

Les détails de la cheville à pied de biche sont indiqués par la *fig.* 14.

Le nombre des dents de la roue A, paraît au premier coup d'œil, arbitraire ; cependant si l'on fait attention à l'effet qu'elle doit produire, on s'apercevra aisément qu'il est avantageux que le nombre de ses dents soit impair. En second lieu, le nombre 11 paraît assez convenable, afin que la cheville à pied de biche ne puisse rencontrer qu'une seule dent, et que le mouvement de rotation de la lime se fasse d'une manière pour ainsi dire insensible.

La règle E, F, a son centre en E ; elle est mue par une cheville H, qui est fixée verticalement sur le rochet A, et qui entre dans l'entaille G, G, de cette règle. Cette cheville, à mesure que la roue tourne, procure à la règle un mouvement alternatif de va-et-vient de droite à gauche et de gauche à droite. Le centre E, du mouvement de cette règle peut s'approcher ou s'éloigner à volonté de la roue A, au moyen de la vis de rappel L, qui fait mouvoir la pièce I, dans la coulisse K, K, qui est fixée sur la *main*. En approchant ou en éloignant le centre E, de la roue A, on fait décrire à l'extrémité de la règle M, un plus grand ou un plus petit arc, et l'on donne par ce moyen, à la lime, un mouvement de rotation plus ou moins grand, selon que cela est nécessaire dans les diverses opérations de l'arrondissage des dentures, ainsi qu'on va le voir dans un instant.

Cette règle E, F, porte à son extrémité, un râteau M, dont les dents sont par-dessous, afin qu'elles engrènent dans le pignon U, dont l'axe porte la lime à arrondir. Un des pivots de ce pignon roule dans le pont T, l'autre traverse le pont V, et sort pour porter carrément l'appareil X. Y, qui porte lui-même la lime Z. La vis *a*, de pression sert à fixer l'appareil sur la partie carrée de l'axe du pignon. La vis *b*, de rappel sert à faire monter ou descendre le dossier Y, dans lequel la lime est fixée par son extrémité, comme dans un manche, par la vis de pression *c*. La vis de rappel *b*, sert à rapprocher ou à éloigner la lime de l'axe du pignon, selon que l'exige l'un des trois cas qui peuvent se présenter dans l'arrondissage, comme on le verra plus bas.

Le nombre des dents du râteau M, est arbitraire, il doit être relatif au nombre de dents que l'on donne au pignon. Il est tel qu'il puisse faire faire dans son mouvement plus d'un demi-tour au pignon.

Le râteau porte deux ponts; l'un Q, qui est fixé par deux vis; l'autre est un plot rivé qu'on voit auprès de la lettre G ; entre ces deux ponts on aperçoit un cylindre P, dont les pivots roulent dans ces deux ponts: voici l'utilité de ce cylindre. Le râteau est à l'extrémité de la règle E, F, si flexible par rapport à sa longueur, qu'il désengrènerait, si nous n'avions pas pris la précaution de le couvrir par un pont S, qui le retient dans l'engrenage, et le cylindre P, est placé sur le râteau pour diminuer le frottement.

La *fig*. 14. représente séparément la cheville à pied de biche, qui sert à mettre en jeu tout le mécanisme; elle est fixée sur le bâti de la machine à finir les dentures au-dessous de la *main*. Le bout A, de la cheville passe par l'ouverture longitudinal D, de la *fig*. 12, pour faire tourner la roue à rochet. Cette cheville est à charnière au point E, *fig*. 14, et ne peut avoir aucun mouvement en arrière, parce que la queue B, appuie sur a partie solide de l'outil, et est toujours tenue dans cette position par le ressot C. Lorsque la lime recule, une dent du rochet rencontre la cheville par-devant

celle-ci est immobile et la dent est forcée de reculer.
Lorsque la lime avance au contraire, sa cheville touche la dent du rochet par-derrière, elle s'incline, le rochet ne bouge pas, et lorsque la cheville est passée sous la dent, elle se redresse, et elle est ramenée de suite à sa position naturelle par l'action du ressort C. On voit en F, F, et par arrachement, une partie du bâti de la machine ordinaire à finir les dentures.

Voici la manière de faire usage de cette nouvelle main. Lorsqu'on a conduit la denture jusqu'au moment de *l'arrondissage*, c'est-à-dire qu'elle a été bien égalie à la machine à dentures, on pose notre main sur l'outil, après avoir placé la cheville et l'avoir fixée par la goupille E, *fig.* 14, et en face de la roue à arrondir : on choisit une lime dont la largeur embrasse facilement deux dents, sans toucher à d'autres pendant son mouvement demi-circulaire, et au moyen de la vis de rappel *b*. (*fig.* 13) on approche ou on éloigne la lime jusqu'à ce qu'elle puisse arrondir exactement la moitié de chaque dent ; et l'on conçoit facilement que lorsque la roue a fait un tour, toutes les dents sont arrondies.

Il serait possible, avec la même machine, d'arrondir chaque dent tout d'un coup et par un seul mouvement de la lime, tandis que, par l'opération précédente on arrondit chaque dent en deux fois ; mais alors il faudrait se servir d'une lime assez étroite pour que, dans son mouvement demi-circulaire, elle ne pût pas aller atteindre les deux dents adjacentes. On obtiendrait, par cette opération, un arrondissage circulaire ; mais cette forme serait mauvaise, et ce n'est pas le but qu'on se propose.

Il est prouvé que les dents des roues doivent être arrondies en *épicycloïde*. (*Voy.* page 72.) Jusqu'ici on n'a pas pu être assuré, dans la pratique, d'avoir obtenu cette forme exacte et convenable à chaque espèce d'engrenage ; il a fallu se contenter de celle qui en approche le plus. La courbe que nous donnons, à l'aide de la *main* que nous venons de décrire, s'en écarte si peu que, sans erreur peu sensible, on peut la prendre pour elle. Il sera peut-être possible, en perfectionnant notre nouvelle *main*, de donner aux dentures la forme rigoureusement requise : jusqu'à présent nos tentatives sont restées infructueuses.

Si la forme du pignon, ou la position de la roue, exigeait que la denture fût encore plus en *grain d'orge*, pour nous servir de l'expression des ouvriers, alors il faudrait que la lime embrassât trois dents au lieu de deux, et l'on prendrait les mêmes précautions indiquées dans le premier exemple.

La *fig.* 16 indique la marche de la lime dans les trois cas que nous venons de parcourir. Il faut faire attention que plus la lime à arrondir embrasse de dents dans sa marche, plus l'arc qu'elle décrit doit être grand. Pour le démontrer, soient les trois circonférences GIII, AEF, DBC, dont la première embrasse une dent, la seconde deux, et la troisième trois. Il est évident que, lorsque les rayons embrassent trois dents, ils forment un angle plus grand que lorsqu'ils n'en embrassent que deux, et encore moins lorsqu'ils n'en embrassent qu'un; car cet angle qui a son sommet hors de la circonférence au point K, a pour mesure la différence de la moitié de l'arc convexe à la moitié de l'arc concave compris entre les rayons. Cette différence augmente avec le nombre de dents embrassées, c'est-à-dire, que l'arc convexe va en augmentant ; pendant que l'arc concave va diminuant, puisqu'ensemble ils font toujours la circonférence entière décrite par le mouvement de la lime.

Puisque la lime à arrondir décrit un arc d'autant plus grand qu'elle embrasse un plus grand nombre de dents on ne pouvait pas lui donner une marche constante ; il était donc important de lui faire décrire des arcs plus grands ou des arcs plus petits, selon les différens cas. C'est ce que nous avons obtenu en rendant le point E, (*fig.* 12 et 13) centre de mouvement de la crémaillère E, F. La *fig.* 15 va nous servir à démontrer cette vérité.

Soit supposé C, D, égal au diamètre du cercle décrit par la cheville H, (*fig.* 12), qui fait mouvoir la règle qui porte la crémaillère ; supposons que A, soit le centre de la règle ; A E, A F, les deux rayons de l'arc décrit par la règle, dans son mouvement de va-et-vient, lesquels passent par les deux extrémités du diamètre C, D ; le râteau décrira donc l'arc E, F. Si nous transportons le centre en B, le diamètre C D, étant toujours constant, les rayons BG et BF, qui passent par les points C et D, renfermeront l'arc G F, décrit par la règle ; et cet arc est la mesure de l'angle formé par la règle lorsque son centre est au point B ; mais cet arc G F, qui est la mesure de l'angle GBF, est plus petit que l'arc, EF, qui est la mesure de l'angle EAF. Donc l'arc décrit par l'extrémité de la règle est d'autant plus grand que son centre s'approche plus du centre de la roue qui porte la cheville H, et d'autant plus petit qu'il s'en éloigne davantage ; mais plus l'arc décrit par le râteau sera grand ou petit, plus la marche du pignon dans lequel il engrène sera grande ou petite, et par conséquent plus l'arc décrit par la lime sera grand ou petit. La main (*fig.* 12) ne peut donc pas se passer du mécanisme désigné par les lettres 1, K, K, L.

Le tâtonnement pour trouver le point juste indispensable pour obtenir le genre de denture qu'on désire, n'exige pas beaucoup de temps : l'expérience nous a appris qu'il en faut beaucoup moins que pour chercher, dans le système ancien, la lime à arrondir convenable, qu'on n'a pas toujours.

Dans les outils à finir les dentures, on n'a aucun régulateur qui présente la dent au point précis où la lime doit mordre. On se contente de la languette *a*, que la lime porte comme régulateur ; mais si cette languette est trop épaisse ou trop mince, la lime mord plus d'un côté que de l'autre, et la roue n'est plus égale. Dans notre système on n'a même pas cette ressource, et nous avons reconnu qu'il nous fallait un régulateur certain. Le support (Pl. II, *fig.* 17), dont on se sert dans les outils à dentures déjà connus, nous a paru pouvoir être approprié à cet usage. Ce support entre à coulisse par ses deux bras A, B, dans la boîte qui glisse sur la branche du tour qui supporte la roue. La tige de la roue entre dans le trou D, de ce support, elle s'appuie contre le plan de la rondelle E; elle est gênée par-devant par une pièce qui vient s'appuyer sur l'autre surface.

C'est ce même support que nous avons un peu changé, et que la *fig.* 16 représente, dont nous avons formé notre régulateur. Il a là même forme, nous en avons seulement élargi les branches pour y adapter le régulateur. Les deux bras A, B, sont plus larges, afin d'y pratiquer plus facilement deux entailles C, D; dans l'entaille D, se meut une pièce de laiton à coulisse, qui porte l'axe de l'alidade E, F, et qui peut monter ou descendre au moyen de la vis de rappel G, pour fixer les dentures des grandes ou des petites roues; l'entaille C, est pour recevoir le collet d'une vis dont la tête est par-derrière, afin d'empêcher le bout de l'alidade E, de s'éloigner de la plaque. L'alidade E, F, est droite, elle porte une boîte H, qui glisse sur sa longueur, et à laquelle est fixé le valet I; cette boîte se meut par une vis de rappel K, pour faire présenter à la lime, selon une position convenable, mais toujours diamétralement opposée à l'action de la lime, les dents qui doivent être arrondies. L'alidade est toujours poussée de bas en haut par le ressort L, qui presse contre une goupille M: l'on dégage le valet I, en appuyant avec un doigt sur la queue E; tandis qu'avec l'index on fait tourner la roue. Nous avons tracé cette pièce sur une assez grande échelle afin que toutes les parties en soient bien distinctes.

Il est facile d'appliquer ce même mécanisme à la pièce qui'sert à supporter les roues de champ.

Nous fîmes insérer la description de cette machine, au mois de novembre 1803, dans les *Annales des arts et manufactures*, tome XV, page 119. En 1822, nous communiquâmes cette construction à feu Bréguet, qui ne la connaissait pas. Il l'approuva et nous engagea à

l'insérer dans le *Dictionnaire technologique*, afin qu'elle
fut plus répanduo, et plus généralement connue des
artistes. On la trouve avec tous les détails nécessaires
à sa construction et à ses usages, dans cet ouvrage,
tome VI, page 441, au mot *Dentures*. Les artistes feront
bien de consulter ces deux ouvrages. Le premier surtout fournit de plus grands détails que notre cadre ne
nous permettait pas do donner dans le second.

CHAPITRE XIV.

DU RABILLAGE OU RACCOMMODAGE DES HORLOGES OU MACHINES A MESURER LE TEMPS.

L'art de rabiller ou de raccommoder les montres
exige le même soin que pour les fabriquer, et l'horloger
qui ne saurait pas exécuter une montre neuve serait,
sans contredit, incapable de bien raccommoder celle
qui se serait dérangée, ou dont quelque pièce aurait été
cassée ou se serait usée. Nous n'essaierons pas de décrire
ici l'art du rabilleur, qui exigerait à lui seul une étendue considérable, et peut-être plusieurs volumes; encore
ne serions-nous pas bien certain de ne rien laisser à
désirer pour prévoir tous les cas qui pourrait se présenter.

Crespe, de Genève, a consacré un volume in-12 de
500 pages, pour parler seulement d'une seule sorte
de montre à répétition, et il est loin d'avoir parcouru
toutes les irrégularités qu'on peut rencontrer dans la
pratique. Combien de volumes n'aurait-il pas été obligé
de faire, s'il eût voulu traiter, seulement avec le même
détail, toutes les pièces d'horlogerie en montres, pendules, horloges, etc.? Nous ne pouvons donc embrasser ici que des généralités.

Sous ce point de vue, nous conseillerons a l'horloger
rabilleur d'examiner chaque pièce de la machine à me-

surer le temps qu'on lui présente, avec un soin scrupuleux ; de s'assurer que les dents des roues sont bien égales, et parfaitement arrondies ainsi que les pignons, si les pivots sont bien cylindriques, bien polis, et si leur bout ne gratte pas sur l'ongle ; si les trous ne sont pas trop grands, s'ils ne sont pas devenus ovales ; si l'échappement, quel qu'il soit, est bien exécuté ; si les roues ont entre elles les jours nécessaires pour ne pas frotter; si le balancier tourne bien horizontalement, et ne frotte sur aucune pièce ; si le spiral est bien droit et bien plié de manière à ce que les spires ne frottent pas les unes sur les autres, sur la platine ou sur le balancier; si les engrenages sont bons, etc., etc., etc. Dans tous ces cas, ainsi que dans tous ceux que nous ne cherchons pas à énumérer, il doit réparer les défauts qu'il a remarqués, et rendre cette machine aussi parfaite que s'il venait de la construire avec soin. Alors il sera assuré que sa pièce marchera avec régularité.

Le nettoyage des machines d'horlogerie est plus difficile et demande plus de soins minutieux que ne le pensent les ouvriers ordinaires. Avec une brosse et du blanc d'Espagne, ils frottent les pièces et enlèvent la dorure en peu de temps. Le blanc dont ils se servent remplit les dents, les ailes des pignons, et ils n'ont pas toujours soin de l'enlever, de sorte qu'il arrive souvent que la montre est plus sale lorsqu'ils la rendent qu'elle ne l'était lorsqu'on la leur a apportée. Comment prescrire à ces ouvriers des règles qu'ils regarderaient comme trop minutieuses, et auxquelles ils ne se soumettraient pas ? Notre Manuel n'est destiné qu'aux bons ouvriers, et ceux-ci n'ont pas besoin de nos conseils sous le rapport du raccommodage ; ils ne négligent aucun des moyens que l'art leur indique dans les constructions, et leur travaux portent l'empreinte des soins qu'ils y ont mis.

Les mauvais ouvriers, au contraire, sont livrés à une routine perfide qu'ils ne cherchent pas à changer:

ce n'est donc pas la peine d'écrire pour des aveugles et de parler pour des sourds. S'ils sont désireux d'apprendre, qu'ils lisent Berthoud, Lepaute, Crespe, et plusieurs autres auteurs qui leur ont dit tout ce qu'on peut leur dire.

CHAPITRE XV.

EXPLICATION DES FIGURES CONTENUES DANS LES PLANCHES 1 A 6; CELLE DES FIGURES RENFERMÉES DANS LES PLANCHES 7, 8 et 9 SE TROUVENT PAGE 229 ET SUIVANTES.

PLANCHE I.

Fig. 1 et 2. Calibre de Berthoud pour une montre à roue de rencontre perfectionnée. Pag. 7 à 10.

Fig. 3. Développement de la montre à roue de rencontre perfectionnée par Ferdinand Berthoud, représentée sur une ligne droite. Pag. 12 à 13.

Fig. 4. Description de la construction de l'arbre de fusée perfectionné. Pag. 13.

Fig. 5, 6, 7, 8 et 9. Développement et détails de toutes les parties de la fusée. Pag. 13 à 14.

Fig. 10 et 11. Dispositions de toutes les pièces de la montre à roue de rencontre perfectionnée, placées dans la cage selon leurs véritables positions. Pag. 15 à 17.

Fig. 12 et 13. Détails de la potence et du lardon avec les plaques d'acier, d'après les perfectionnemens introduits par berthoud, Sully, Leroi. Pag. 17 à 18.

Fig. 14. Description de l'arbre du barillet avec la bride du ressort. Pag. 65 à 67.

Fig. 15. Calibre des montres à la Bréguet et à la demi-Bréguet. Pag. 18 à 19.

PLANCHE II.

Fig. 1. Intérieur de la platine d'une montre à la demi-Bréguet, avec toutes ses roues, ses ponts, le balancier. Pag. 19 à 21.

Fig. 2. Extérieur de la même platine, sous le cadran, les ponts et le chariot pour régler l'échappement. Pag. 21 à 23.

Fig. 3. Construction de l'arbre de barillet à la demi-Bréguet. Pag. 23 à 24.

Fig. 4, 5, 6, 7, 8 et 9. Arbre de barillet et pont à la Bréguet, avec toutes les pièces qui le composent. Pag. 24 à 25.

Fig. 10. Description d'une montre à répétition, avec toutes les pièces de la cadrature. Pag. 31 à 34.

Fig. 11. Grand marteau de répétition portant la grande levée et les chevilles. Pag. 35.

Fig. 12. La grande levée du marteau des heures vue à part. Pag. 36 à 38.

Fig. 13. Chaussée d'une répétition avec son limaçon des quarts et la surprise. Pag. 38 à 41.

Fig. 14 et 15. Montre à réveil, d'après les dernières constructions, avec les deux aiguilles pour la détente du réveil. Pag. 41 à 43.

Fig. 16 et 17. Régulateur de la nouvelle machine à dentures, par L. Séb. Le Normand. Pag. 210 à 213.

PLANCHE III.

Fig. 1 et 2. Horloge à pendule à sonnerie, à quarts et à répétition par le même rouage. Pag. 47 à 50.

Fig. 3. Description d'un nouveau moyen pour supprimer la fusée dans les montres, sans altérer l'égalité de la force du ressort moteur. Pag. 56 à 65.

Fig. 4, 5 et 6. Divers arrêts de remontoir, pour suppléer au garde-chaîne. Pag. 67 à 69.

Fig. 7, 8, 9 et 10. Démonstration de la théorie des engrenages. Pag. 71 à 78.

Fig. 11, 12, 13, 14, 15 et 16. Démonstration et théorie de l'échappement à cylindre, avec le cylindre en acier. Pag. 80 à 83.

Fig. 17. Attirail en acier nommé *manivelle* pour supporter la *tuile* en rubis qui remplace le cylindre d'acier. Pag. 83.

Fig. 18. Forme de la roue à cylindre adoptée par Bréguet. Pag. 84.

Fig. 19, 20, et 21. Monture du cylindre en pierre par Bréguet. On voit dans la *fig*. 20 la forme qu'il donne aux pivots. Pag. 84 et 85.

Fig. 22. Démonstration de l'échappement de Dupleix. Pag. 85 à 87.

PLANCHE IV.

Fig. 1, 2, 3 et 4, 1er échappement de M. Pons de Paul, appelé à crochet. Pag. 87 à 88.

Fig. 5, 6, 7 et 8, 2e échappement du même, appelé spiroïde. Pag. 88 à 89.

Fig. 9, 10, 11, 12 et 13, 3e échappement du même M. Pons, appelé à engrenage. Pag. 89 à 90.

Fig. 13 *bis*, 14, 15 et 16, 4e échappement du même, appelé à plan incliné. Pag. 90 à 91.

Fig. 17. Echappement d'Arnold, à vibrations libres. Pag. 91 à 94.

Fig. 18, 19, 20, 21 et 22. Echappement de L. Séb. Le Normand, à vibrations libres. Pag. 94 à 96.

Fig. 23, 24, 25. Divers échappemens à ancre, dont deux sont à repos, *fig*. 23 et 25 ; et celui que la *fig*. 24 indique est à recul. Pag. 97 à 103.

Fig. 26. Echappement à chevilles, par Lepaute, pour les régulateurs et les grosses horloges. Pag. 104 à 208.

Fig. 27. Compensateur pour les horloges portatives, par Bréguet. Pag. 108 à 113.

Fig. 28 et 29. Compensateur pour les horloges à pendule, par M. Destigny, de Rouen. Pag. 113.

NOTICE SUR L'ASTRONOMIE.

« L'horlogerie, dans sa vaste érudition, embrasse la mécanique céleste et l'harmonie des astres approprié à l'art chronométrique : en effet, le système planétaire engendre des phénomènes extraordinaires aux yeux du vulgaire, des effets vraiment magiques à l'observateur, les tourbillons sans nombre d'étoiles plongées dans la profondeur du ciel, leurs révolutions, les orbes qu'elles décrivent autour d'un moteur commun (soleil) les paralaxes, etc., enfin les courbes que trace une étoile subalterne, dirigée vers le centre de gravité d'un foyer *titulaire*. L'horlogerie, attentive à toutes ces observations, profite de ces données métriques, conçoit un système équitable par l'application de la gémotrie, avec laquelle l'art d'établir les instrumens du temps est en prépondérance. Les résultats sont satisfaisans, lorsque le génie de l'artiste opère une démonstration simple et précise des élémens de la cosmographie à l'usage civil ou à l'usage des institutions.

» L'étude des astres fut l'objet des premiers regards vers les besoins de la vie, et souvent précieux par le temps incertain qui s'écoule, afin de régler les occupations manuelles. Au premier âge, chez les Orientaux, le soleil était leur idole, comme il est encore le régulateur du temps,

» L'Egypte conserve religieusement ces antiquités, ces pyramides, admirables en productions astronomiques, et surtout cette architecture riche, dédiée aux dieux de la mythologie. La Chaldée, l'Inde et la Grèce élèvent avec majesté le pinceau de l'observateur; les douze constellations du Zodiaque, représentées sur les plus beaux édifices, annoncent au vulgaire l'entrée d'Osiris dans ces douze maisons célestes, le temps qui s'écoulait du lever au coucher du soleil, par des indicateurs inaltérables.

» Athènes, si florissante en génie, ne tarda pas à

agrandir avantageusement la science astronomique :
on voit sur ses portiques, gravées en lettres d'or, la
fameuse période de Méton, qui, après dix-neuf années,
conciliait heureusement la lune et le soleil à une période fixe à qui on a donné le nom de Cycle d'Or. Deux
cent quarante ans avant J.-C., Archimède dont les
vastes connaissances en la matière sont assez connues,
construisit une sphère armillaire sur laquelle les mouvemens des planètes et du soleil étaient représentés.
Les sages de l'école grecque, Ptolémée et Pythagore,
qui cherchaient à propager les instrumens perfectionnés, propres à leurs institutions, furent les premiers
qui inventèrent les planisphères. L'horlogerie, à cette
époque, était encore ignorée; ils se servaient du sablier
ou clepsydre, pour la mesure du temps.

» Sans nous amuser à faire une analyse sur l'astronomie ancienne, étant au-dessus de mon sujet, je vais
franchir la barrière orientale. Après plusieurs siècles
de stérilité, l'astronomie vint enfin frapper le génie
des Copernic, des Kepler et des Newton. Elle prend
alors un nouvel essor, ébranle le brillant échafaudage
des Ptolémée, Ticho-Brahé, Albégius, pour tout changer
et exposer sur le théâtre des lumières l'immobilité du
soleil au centre du monde, assigner à la terre un mouvement périodique, classée au nombre des planètes à
une distance respective. Voilà le système vrai, le seul
approuvé par tous les astronomes : la voûte, parsemée
de points lumineux, fait connaître l'harmonie des astres,
divisés en plusieurs classes ; la première se compose
de douze constellations du Zodiaque ; la configuration
des étoiles, que les astronomes considèrent comme d'autres soleils accompagnés de corps opaques, lesquels
éclairent et vivifient des mondes inconnus et à l'infini.
Ils ont aussi remarqué que les étoiles ne changent pas,
malgré l'immensité de leur distance ; que la configuration est toujours la même. Sans chercher à nous
perdre dans la profondeur du ciel, contentons-nous
d'aborder notre système solaire, le plus intéressant
de notre domaine.

» Notre soleil, moteur d'une machine très-compli-
quée, met en mouvement, par l'effet de sa puissance,
un cortège de onze globes à des distances respectives;
on les nomme *planètes*. La plus rapprochée de son
foyer, et conséquemment la plus petite, est *Mercure*,
qui tourne autour du soleil en 86 jours 23 heures une
minute 47 secondes; sa plus petite distance au soleil
est d'environ 9,975, 105 lieues; vient ensuite *Vénus*,
qui achève sa période en 224 jours 16 heures 49 minutes
9 secondes, et sa rotation est de 24 heures. Cette
planète est environ un neuvième plus petite que la
terre. Notre terre, classée au troisième rang des planètes
qui environnent le soleil, achève une révolution annuelle en 365 jours 5 heures 48 minutes 45 secondes,
et une rotation fixe en 24 heures. La quatrième planète
est *Mars*; elle fait une révolution en 686 jours 22
heures 30 minutes 40 secondes, et tourne sur elle-
même en 24 heures. Entre Mars et Jupiter circulent
quatre petits corps opaques, auxquels on a donné des
noms mythologiques : *Cérès*, la plus rapprochée de
Mars, achève une révolution en 4 ans 7 mois et 10
jours. *Pallas* a à peu près la même révolution; elle
tourne autour du soleil en 4 ans 7 mois 12 jours;
Junon et Vesta achèvent une révolution annuelle en
4 ans.

» La neuvième planète est *Jupiter*, éloignée du soleil
de 155,999,250 lieues. Sa période n'arrive que tous
les douze ans; elle tourne sur son axe en 10 heures.
Les astronomes observent que cette planète a 1400 fois
le diamètre de la terre.

» La révolution de *Saturne* s'achève tous les trente
ans : elle tourne sur elle-même en 10 heures.

» La onzième et dernière planète, *Uranus*, achève
à peine sa révolution en 85 ans; elle fut découverte
par Herschell. Sa distance au soleil est d'environ 291,
720,301 myriamètres.

» Quatre de ces planètes sont douées de planètes secon-
daires ou *lunes*. La terre en a une, Jupiter quatre;

Saturne cinq, Uranus six, qui les éclairent en l'absence du soleil et rendent par sa réflexion nos nuits moins obscures.

DESCRIPTION

Du Chronomètre scientifique placé au salon d'Exposition des produits de l'Industrie.

» Cette pendule astronomique a la forme d'un parallélogramme surmonté de huit colonnes d'après l'ordre dorique grec. Elle est longue de 55 centimètres, large de 22 et haute de 76. Son élévation, compris le piedestal, est de 96 centimètres.

» Cette pendule offre une vue perspective de la cosmographie et géographie d'après le système de Copernic, admis par tous les savans du siècle, et un mélange de l'astronomie ancienne, pour la démonstration des indicateurs terrestres. Son cours annuel, ses révolutions particulières pour chaque mois de l'année, le mouvement écliptique qu'elle éprouve dans sa translation, qui donne l'apogée et le périgée, selon la distance respective du globe au soleil; le lever et le coucher de cette planète pour chaque jour, de même que la croissance et décroissance des jours pour différens pays du monde, sont représentés par des cercles mobiles qui se meuvent autour du globe sur tous les sens.

» La lune, cette compagne fidèle de la terre, accompli une révolution exacte autour du globe dans sa marche progressive; elle montre ses faces et la durée de son cours.

» Le calendrier, ce char écliptique du soleil, détermine avec la plus parfaite précision les effets vraiment magiques de la mesure artificielle du temps.

» I. La première, au centre de l'édifice, anime les évolutions du rouage, et mesure la marche chronométrique. L'échappement à vibrations libres donne une régularité à cette pendule qui ne laisse rien à désirer, et avec laquelle les autres parties intermédiaires sont en correspendance. Cette pièce principale de l'ouvrage fut calculée par la géométrie. Un cadran à jour, orné d'une lunette en bronze, indique l'heure et les minutes, par l'office de deux conducteurs placés au point centrique de la partie supérieure.

» II. Les deux garde-temps, placés à ses côtés, embellissent et marchent majestueusement suivant les lois chronométriques. A la partie inférieure, le calendrier conduit le char écliptique du soleil d'après ses variations journalières et achève une révolution en 365 jours un quart.

» A cette seconde partie, une ellipse graduée marche progressivement jour par jour d'une constellation zodiacale; elle offre à l'autre le changement des saisons au moment des solstices et des équinoxes. Cette pièce remarquable et d'une difficile exécution, manœuvrant par l'effet d'une seule roue, une roulette que je nomme char écliptique, imite fidèlement ce que nous représente la nature, et peut servir d'introduction aux jeunes élèves qui se destinent à l'astronomie.

» Cette ellipse, d'une division exacte, est tantôt écartée de l'équateur de 23 degrés et demi; la terre prend alors une position oblique qui est le périgée; on voit qu'elle se rapproche du soleil, mais reçoit ses rayons obliquement; une partie de la terre est plongée dans l'ombre, les habitans du nord sont privés de la lumière : c'est l'hiver pour nous; toutefois la sphère est penchée vers le soleil à cette saison, au lieu que l'été elle est presque perpendiculaire.

» III. Au-dessus du chronomètre, une grande cage renferme le rouage de l'astronomie ancienne. Ce mélange, unique dans son genre, démontre avec simplicité les mouvements périodiques des indicateurs appropriés à la connaissance de l'observateur: 1º la terre, fait sa rotation en vingt-quatre heures et emporte avec elle une couronne de cristal qui fait connaître l'heure, le jour et la nuit dans tous les pays du monde : 2° la sphère accomplit une révolution annuelle en 365 jours et un quart : dans sa translation, quatre cercles en quadrature indiquent l'entrée des nouvelles saisons, savoir : le printemps, l'été, l'automne et l'hiver.

» Des cercles se meuvent autour du globe en divers sens, et indiquent (*voyez* la description placée au-dessous de la sphère) le lever et le coucher du soleil dans plusieurs villes principales du globe : par exemple, à Bruxelles le soleil se lève à la fin de juin à 3 heures 57 minutes, et se couche à 8 heures 3 minutes, au lieu que pendant l'hiver, il se lève à 7 heures 55 minutes, et se couche à 4 heures 5 minutes. A Java, le soleil se lève à 6 heures, et se couche à la même heure. A Saint-Domingue, le soleil, qui commence à s'éloigner de l'équateur, se lève à 6 heures 35 minutes et se couche à 5 heures 24 minutes. Pour les villes du nord, elles sont calculées, pour le temps qu'apparaît le soleil dans les jours les plus courts. A Riga, le soleil en hiver se lève à 9 heures et se couche à 3 heures. A Archangel, il se lève à 10 heures et se couche à 2 heures, il ne paraît qué 4 heures sur l'horison. A Bothnie, deux heures font à peine sa durée. Enfin, dans plusieurs villes de la Sibérie, les habitans sont plongés dans l'ombre pendant six mois, suivis d'un crépuscule de sept semaines ; mais en compensation, l'été ils voient le soleil continuellement et n'ont pas de nuit. Le second cercle indique la croissance et décroissance des jours pour chaque mois. Les index correspondent aux mois par des lettres significatives : par exemple, au mois de juin on lit M. 9 C. 1 D. S., placés au-dessus du cercle de la sphère, que nous avons transmis pour le lever et le coucher du soleil. La lettre C signifie croissance, le D décroissance et les chiffres 9 et 1, le nombre des minutes : parce que la lettre M, placée devant le chiffre 9, signifie matin et la lettre S le soir. Le mois suivant, on voit par la signification *M* 28, 30, *S D* que les jours décroissent de 28 minutes le matin et 30 minutes le soir.

Les mêmes indications suivent tous les autres mois.

» IV. La sphère marche sur trois poulies en acier, exécutées selon la perfection de l'art. Une roue graduatrice conduit le mouvement périodique de ces indicateurs terrestres.

» V. La lune achève le tour du globe en 29 jours ; son mouvement synodique ou de rotation s'accomplit en même temps. Elle montre ses phases, d'après ses effets progressifs. Nous avons nouvelle lune, lorsque cet astre se trouve caché entre le soleil et la terre, puisque la partie éclairée, après deux ou trois jours de marche, montre un croissant, et quatre jours après, ou le septième, nous avons le premier quartier visible le soir : afin de faire entrevoir avantageusement à l'observateur la marche lunaire, j'ai consacré un cercle propre à faire connaître jour par jour la durée du clair de lune. Ainsi le septième jour elle paraît sur l'horizon pendant l'espace de 5 heures 36 minutes. Il est facile de concevoir par ce moyen son lever et son coucher ; après sept jours de marche, cette planète secondaire ayant parcouru la moitié d'une période, montre son plein. Le quinzième jour elle paraît toute la nuit, et on la voit pendant douze heures ; arrivée à son entier, elle commence alors son point de départ ou déclin. Au bout de sept jours on voit le dernier quartier, et sept jours après la lune rencontre la terre et le soleil. Dans sa marche autour du globe, ce satellite présente toujours le côté (voyez le système des modernes), et montre le périgée et l'apogée par le moyen de la boule blanche et dorée. Un index qui se trouve placé sur les côtés du cercle lunaire, indique le jour, l'âge et la durée de son cours. Elle forme, de même que la terre, son mouvement écliptique en se rapprochant et s'éloignant du soleil. Elle est confectionnée en argent, pour la rendre bien distincte.

» Un index mobile sert à l'intercalation lunaire et rectifie l'invariabilité de sa marche, ce qui arrive tous les trente ans, afin que la période de dix-neuf

20 *

années · soit en armonie avec les 235 révolutions lunaires. On intercale une dent, les 2e, 5e, 7e, 10e, 13e, 16e, 18e, 21e, 24e, 26e, 29e; cette intercalation n'a pas lieu au système des modernes, parce que la lune accomplit une révolution en vingt-sept jours sept heures quarante-trois minutes. Puisque nous sommes sur ce point essentiel pour la justesse des périodes, faisons connaître l'intercalation terreste. Tandis que la terre achève une révolution annuelle, qui n'a pas encore atteint la sphère céleste au point d'une étoile placée sur son axe et ayant anticipé le commencement de l'année suivante, soit à l'hiver, l'année solaire éprouve un retard de vingt minutes sur l'année sidérale. Cette libration occasionne un avancement à l'époque des équinoxes, appelée par les astronomes la précession des équinoxes.

» Ce phénomène s'explique par l'attraction terrestre, suivant les lois et leurs mouvements au cours du soleil, conjointement à la lune, et dérange évidemment son axe chaque année ; au lieu de se trouver sur le même point du départ, ou arriver à la même étoile, il se dirige vers une autre. Ce déplacement est d'un degré par soixante-douze années, de sorte qu'après 25,920 ans, calculé par les astronomes, la période du dérangement est accomplie. Car, dans l'intervalle de cette longue série d'années, ou 12,960 ans, qui est la moitié de la période, on a le printemps au lieu de l'automne, parce que le soleil par cette anticipation a avancé d'une constellation à l'autre. Déjà il ne se trouve plus dans le Bélier, mais dans celle du Taureau, jusqu'à ce qu'il ait atteint la même étoile dans le ciel, au point de son origine.

» A la pendule sphérique, un intercalaire placé entre l'éclipse du soleil, indique l'époque où l'on doit faire marcher une dent à la roue écliptique de la terre, ce qui n'arrive que toutes les soixante-douze années.

Méthode et usage des indicateurs.

» Observez au baut de la sphère un globe de cristal mobile, sur lequel est gravée l'heure des villes principales du globe ; ainsi qu'à la couronne de bronze, qui fait connaître les degrés de longitude par la rotation de la terre. Un indicateur lixe démontre la marche du globe et l'heure du lieu que l'on observe. Par exemple, j'ai midi à Bruxelles, qui est situé entre le 21e degré de longitude. Voulant connaître l'heure de Paris, qui est au 20e degré de longitude, la différence de ces deux villes est de 7 minutes ; mais Vienne, qui est située au 35e de longitude, avance d'une heure sur Paris, parce que l'on doit observer la différence de 15 degrés par la situation orientale de Vienne ; et par l'office de la couronne, qui est placée au-dessus du globe, on peut, par cette addition de 15 en 15 degrés, connaître l'heure dans tel ou tel pays du monde.

» Les pays situés vers l'orient voient le soleil une heure plus tôt à leur méridien. Les habitans du Caire (capitale de l'Egypte) voient le soleil 2 heures avant nous : elle est située au 50e degré de longitude. La capitale de la Perse, au 70e (Hispahan) offre 5 heures de relevée, tandis qu'à Bruxelles il n'est que midi. Dans la petite Tartaric, située au 85e de longitude, le soleil se lève 4 heures plus tôt. A Pékin (capitale de la Chine), il est au moins à 130 degrés, ayant 7 fois 15 degrés de différence ; or, lorsqu'il est midi à Bruxelles, les habitans de la chine ont 7 heures du soir. Dans l'île de Java, située au 125e degré de longitude, le soleil paraît à peu près 7 heures avant les Pays-Bas. Dans la Nouvelle-Hollande, il paraît 10 heures plus tôt, ainsi il est dix heures du soir pour eux et midi pour nous. Enfin, dans la Nouvelle-Zélande, au 200e degrés de longitude le soleil est parvenu à l'hémisphère inférieur ; à cette occasion il est minuit pour nous et midi pour eux.

« Le calendrier indique les mois, les jours de cinq
en cinq jours, et les variations du soleil pour régler
les montres et pendules.

» Le cadran du système des modernes indique les
mois, les degrés et les signes du Zodiaque, les jours du
mois, le lever et le coucher du soleil.

» Le piédestal contient une musique à 4 airs, une
sonnerie dans le genre des pendules, tableaux, et
répète à l'heure et à la demie.

» *Nota.* Cette pendule astronomique marche un mois
sans remonter, et le système des modernes deux
années. On invite les amateurs à vouloir bien observer
les évolutions du rouage, les mouvements du corps
terrestre, la simplicité avec laquelle les orbes planétaires sont traités sans avoir employé une seule
détente, ou levier mobile sans avoir surchargé les
roues révolutionnaires de ressorts mobiles, inutiles
pour la régularité des mouvements. Une amélioration
bien entendue et appropriée à la terre suivant les fa-
meuses lois de Képler, fut mise en évidence. La
terre, en tournant autour du soleil, ne décrit point
un rond, mais un ovale. Les mêmes effets arrivent à
la pendule : au *périhélie*, la terre approche par gra-
dation près du soleil, et à l'*aphélie*, elle s'en éloigne.
Alors le soleil occupe un des foyers ; car si réellement
la terre tournait sur un mouvement circulaire, les
saisons seraient stables et toujours au printemps. »

DIFFÉRENS MÉCANISMES D'HORLOGERIE,

Tels qu'échappement hélicoïde et quadratures à l'usage des pendules,

Par M. Pons de Paul, directeur de la manufacture d'horlogerie de Saint-Nicolas-d'Aliermont.

ÉCHAPPEMENT HÉLICOÏDE.

PLANCHE VII.

Fig. 1, vue à plat d'une roue d'échappement portant vingt-quatre chevilles.

Fig. 2, segment sphérique ou goutte, qui se fixe sur l'axe du balancier et qui à une entaille pour laisser passer les chevilles de la roue d'échappement.

La *fig.* 3, est formée par deux lignes hélicoïdes tracées symétriquement sur la surface convexe d'un cylindre, de sorte que tous les points des arrêtes sont à la fois dans la circonférence d'un cercle (1) et dans une courbe hélicoïde (2).

Dans la *fig.* 4, *a*, est la roue d'échappement vue de profil ; *b*, le spirale ; *c*, le balancier, monté sur son axe *d*.

Les lettres *e*, *f*, montrent le segment sphérique et l'hélice engagés avec les dents de la roue d'échappement.

Les *fig.* 5, 6 et 7, indiquent les différentes positions de l'échappement lors de l'engagement des chevilles avec l'hélice..

(1.) Par ce moyen le point de contact avec les chevilles de la roue est toujours le même.

(2.) L'impulsion qu'éprouve la levée est semblable à celle que reçoit une vis ayant un mouvement libre sur axe, si une force quelconque agissait le long de ses pas.

Effet de cet échappement.

La *fig.* 5, montre l'échappement au moment où la cheville vient de passer dans l'entaille de la goutte pour se poser sur l'hélice ; le balancier tournant de droite à gauche, la cheville agira sur l'arrête de la pièce d'échappement, qui viendra dans la position de la *fig.* 6. Dans ce mouvement, la levée aura parcouru un arc de soixante degrés ; au moment où la cheville échappera, celle qu'elle précède se posera sur la goutte, ce qui fera le repos. Le balancier revenant de gauche à droite, la cheville posera dans l'entaille, glissera sur l'arrête opposée, et la pièce d'échappement viendra dans la position représentée par la *fig.* 7; ce qui aura fait parcourir à la levée un arc égal à celui de la première, de sorte que, par ces deux levées et l'action de la roue, l'échappement recevra les impulsions qui feront vibrer le balancier alternativement dans des directions contraires.

Des Quadratures.

J'ai fait connaître, en 1823, des quadratures nouvelles pour mouvements de pendules, munies d'un mécanisme qui donne la facilité de mettre les pendules à l'heure sans être obligé de les faire sonner à chaque heure ; au moyen de ce mécanisme, quelque direction que l'on donne aux aiguilles, soit rétrograde, soit progressive, la sonnerie se trouve immédiatement d'accord avec l'heure marquée par les aiguilles. J'ai, depuis cette époque, simplifié le mécanisme de ces mouvemens, sans nuire à la sureté des effets.

Description de nouvelles quadratures pour mouvemens de pendules, planche 7 fig. 8

Fig. 9. La même quadrature perfectionnée.

La cadrature, *fig.* 8, était composée de huit pièces; dans la quadrature, *fig.* 9, il y en a trois de moins :

ce sont, 1° le santoir en acier *a*, *fig*. 8; 2° le ressort *b*, aussi en acier; 3° le coq *c*.

La *fig*. 10 montre le plan du rouage.

Quadrature indiquant l'heure et la demie par un seul coup de marteau.

Deux chevilles fixées sur la roue des minutes *d* *fig*. 9, s'engagent avec le détentillon *e*; l'une de ces chevilles est placée près de la circonférence et doit faire sonner l'heure, la seconde est plus rapprochée du centre et ne fait sonner que la demie. Lorsque le détentillon est levé par la première cheville, la pièce *g* en forme d's, qui s'appuie sur son bras inférieur par le moyen d'une goupille fixée au point *f*, suit le même mouvement, l's étant levé suffisamment, le râteau *h*; qu'il soutient, tombe sur le limaçon *i*, servant à régler l'heure que le rouage doit faire sonner. La détente *k*, *fig*. 9 et 10, fixée sur l'axe de l's; est levée par le mouvement de ce dernier. La cheville de la roue d'étoteau *l*, *fig*. 10, qui était retenue par la détente échappe; le rouage tourne jusqu'à ce que la cheville de la roue de délai ne rencontre le talon d'arrêt *n*, *fig*. 9 et 10, qui est fixé sur le bras supérieur du détentillon et qui traverse le plan de la *fig*. 9, et le délai a lieu. La cheville de la roue des minutes quittant le détentillon, celui-ci s'abaisse avec l's qui s'engage dans les dents du râteau, et les chevilles des roues d'étoteau ne rencontrant plus le talon d'arrêt *n* et la détente *k*, le rouage de la sonnerie tourne, la roue de cheville *o*, *fig*. 10, lève le doigt *p*, fixé à l'axe du marteau *q*, lequel frappe les heures; pendant ce mouvement, une palette qui se trouve sur l'axe de la roue d'étoteau, *fig*. 9, relève le rateau d'autant de dents qu'il doit sonner d'heures. Le rateau étant levé, l's tombe sous lui par son propre poids et l'arrête; la détente fixée sur le même axe s'abaisse avec elle, rencontre la cheville de la roue d'étoteau et arrête le rouage.

La seconde cheville de la roue des minutes ne lève

le détentillon que pour faire faire à l's un mouvement suffisant, afin de lever la détente et de dégager le rouage, qui tourne un peu et vient s'arrêter sur le talon d'arrêt n, pour faire le délai. La cheville quittant le détentillon, celui-ci s'abaisse avec l's, le talon n ne retient plus la roue de délai, le rouage tourne un tour de roue d'étoteau et est arrêtée par la cheville de cette roue qui rencontre la détente abaissée avec l's; dans ce mouvement, la roue de cheville o a tourné d'une cheville qui a rencontré le doigt p et levé le marteau q, qui a frappé un coup en tombant pour marquer la demi-heure.

On remarquera que pour faire sonner la demi-heure, le râteau n'est pas tombé sur le limaçon des heures, et qu'il n'a cessé d'être en contact avec l's, qui ne le retient qu'au moment où il fait un mouvement d'une de ses dents par l'action de la palette qui a fait un tour avec la roue détoteau (1).

La *fig.* 11 représente le bras inférieur du détentillon vu de profil ; ce bras fait ressort, et a un plan incliné vers l'extrémité, qui s'engage avec les chevilles de la roue des minutes, pour que ces chevilles ne lèvent pas le détentillon et qu'elles puissent passer, sans effet, quand on fait rétrograder l'aiguille des minutes.

Quadratures indiquant l'heure, la demie et les quarts.

Fig. 12, elle était composée de dix pièces ; dans la quadrature, *fig.* 13, qui représente la quadrature, *fig.* 12, perfectionnée, on a supprimé cinq pièces qui sont 1º le limaçon des quarts a, *fig.* 12 ; 2º le sautoir b ; 3º le ressort c ; 4º le coq d ; 5º le ressort e, que l'on voit, *fig.* 14.

La bascule f g h, *fig.* 13, formant la seule différence entre les *fig.* 9 et 13, on se contentera de donner ici

(1) Ces nouveaux procédés s'appliquent également aux quadratures indiquant l'heure, la demie et le quart.

la description de l'effet produit par les branches *f g h*, de la *fig.* 13.

Quatre chevilles sont fixées sur la roue des minutes ; lorsque la quatrième lève la branche *h*, elle force la branche *f* à appuyer sur le doigt *i* qui tourne et lève le marteau des quarts fixé sur son axe, qui est retenu, en haut, tout le temps que la cheville lève la branche *h*, ce qui permet au second marteau de sonner l'heure.

La cheville quittant la branche *h*, le marteau qui avait été levé par le doigt *i* s'abaisse et engage son doigt *k*, *fig.* 14, avec les chevilles de la roue *l*. Quand cette roue tourne, elle fait lever successivement les deux marteaux, qui tombent l'un après l'autre sur deux timbres de tons différents, ce qui fait sonner les quarts. Les trois autres chevilles sont placées de manière que, la branche *h* étant levée par la première, une goupille fixée au bras du rateau arrête celui-ci en se posant sur le point le plus élevé de la branche *g*, pour un quart; sur le point suivant pour deux quarts, quand elle est levée par la seconde; et enfin sur le troisième point lorsque la branche *h* est levée par la troisième cheville, ce qui fait sonner les trois quarts.

Quadrature pour sonner l'heure à volonté.

Fig. 15, plan du rouage intérieur de la sonnerie; il est le même que celui des précédentes quadratures. Dans la *fig.* 16, les lettres *a*, *b* indiquent les bras du détentillon; le bras *a* est monté sur une broche fixée à la platine, le bras *b* est monté également sur une broche qui est fixée sur le bras *a*; ils ont chacun un mouvement libre sur ces broches, que l'on voit dans le profil, *fig.* 17.

C, ressort qui presse sur le talon *d*, qui tient au bras *a*.

Effet de ce mécanisme.

Deux chevilles sont placées sur la roue des minutes, l'une plus rapprochée du centre que l'autre, comme dans la *fig.* 9, celle qui est plus rapprochée du centre lève le bras *a*, entraîne celui *b*, jusqu'à ce que l'entaille pratiquée à l'extrémité de sa branche inférieure se place sur une goupille fixée dans le plan de *l's e*. La roue continuant son mouvement, le bras *a* échappe, et par l'effet de la pression du ressort *c*, il se trouve chassé par une cheville fixée dans le plan de la platine au point *f*. Dans ce mouvement, *l's* est levée par le bras *b* d'une quantité suffisante pour dégager la détente fixée sur son axe d'avec la cheville de la roue d'étoteau et laisser tourner le rouage. La palette *g*, fixée sur l'axe de cette roue, tourne avec elle, passe dans les dents du râteau et relève le bras *b*, pour replacer la branche inférieure dans la cheville de *l's*.

La cheville plus éloignée du centre écarte le bras *a*, jusqu'à ce que la branche supérieure du bras *b* tombe sur le dos de la palette *g*, et dégage l'extrémité de la branche inférieure d'avec la cheville de *l's*; la cheville continuant son mouvement, le bras *a* échappe et celui *b* se trouve chassé sur *l's* par la pression du ressort : *l's* se trouve dégagé de dessous le râteau, celui-ci tombe, et l'heure sonne.

La pièce *h i fig*. 16, sert à faire sonner l'heure à volonté; elle a un mouvement libre sur une broche; un cordon est attaché au bras *h*, qui fait agir le bras *i* sur *l's* et qu'il lève suffisamment pour le dégager de dessous le râteau.

Le ressort *k* sert à ramener la pièce *h i* à son état de repos sur la cheville *l*; la cheville *m* sert d'arrêt lorsqu'on lève le cordon *n* et règle le mouvement de la pièce *h i*.

L'effet qu'on vient de décrire, relativement au détentillon, appartenant à la quadrature représentée par les *fig*. 15 et 16, s'applique aux anciennes sonneries à roue de compte ou chaperon, comme le montre les *fig*. 18, 19 et 20, *Pl*. 7; ce qui donne à cette sonnerie l'avantage de supprimer l'effet du délai, qui est souvent nuisible à la suite des effets de la sonnerie, et empêche qu'on ne puisse faire rétrograder les aiguilles sans déranger leurs accords avec la sonnerie dans le moment du délai.

Nouveau mécanisme de montre à répétition inventé par M. Joseph Lerot, horloger à Argenton.

La montre de M. Lerot a paru remarquable par la simplicité de sa construction et la sûreté de cès fonctions. Les nombreuses pièces qui entre dans la composition des montres à répétition sont ici réduites à quatre, dont le mécanisme est très-ingénieux. En adoptant ce système, non seulement on pourra livrer ces montres au commerce à bas prix, mais encore les pièces ne sont pas aussi exposées aux destructions et aux erreurs qui résultent de leurs complications.

Une grande roue d'acier, d'un diamètre un peu moindre que le cadran, et concentrique, porte à sa circonférence douze dents ou bras construits comme ceux des roues à rochet : ces bras servent à attaquer successivement le manche du marteau de sonnerie, quand ils passent à leur tour et entrent en prise. Cette roue tout-à-fait indépendante du mouvement de la montre, tourne par une petite manivelle qui est placée dans le bouton, et dont l'axe, dirigé dans le sens d'un des rayons du cadran, porte un pignon; ce pignon engrène dans les dents de champ dont est munie la grande roue d'acier sur toute la surface inférieure de son contour.

Lorsqu'on veut faire sonner l'heure, on tourne cette manivelle dans un sens, jusqu'à ce qu'on rencontre un arrêt : Ce mouvement fait tourner d'autant la roue d'acier, dont les bras laissent le marteau inactif ; puis on fait tourner la manivelle en sens contraire. A chaque tour qu'on fait dans ce dernier sens, il passe une dent de la roue d'acier, et le marteau frappe un coup. Le nombre des coups ainsi frappés s'accorde avec l'heure qu'indique l'aiguille, parce qu'on trouve un arrêt qui empêche de continuer la rotation de la manivelle.

L'effet est immanquable, parce que l'arrêt est une pièce à bascule, fixée dans la minuterie sur la roue des heures, en sorte qu'il est matériellement impossible que le marteau frappe plus de coups que l'aiguille n'indique d'heures.

Quant aux quarts, on les estime aisément par le chemin que la manivelle fait après avoir fait frapper le dernier coup, chemin qui est donné par l'arc décrit, jusqu'à ce que la manivelle ait atteint son arrêt.

Deux inconvéniens sont attachés à ce mécanisme : le premier consiste dans l'emploi de cette petite manivelle, qui est toujours saillante hors du bouton de la montre ; le deuxième résulte de ce que, par la disposition de l'arrêt et du bras qui vient buter contre lui ; on ne peut évaluer les quarts dans la durée qui s'écoule depuis douze heures jusqu'à une heure.

Mais il est facile de remédier à ces inconvéniens : on pourrait remplacer la manivelle par un bouton molleté, qu'on ferait tourner entre les doigts, ainsi que cela se fait dans beaucoup de montres, mais pour un autre objet ; et quant à l'arrêt on pourrait le briser en pied-de-biche, pour lui permettre de se coucher à plat quand on tourne dans un sens, et de se relever quand on tourne en sens contraire.

Au reste, M. Lerot a peut-être l'intention d'ajouter quelques perfectionnemens à son mécanisme ; car on ne peut regarder la montre qu'il a présentée que comme un modèle tenant lieu d'un dessin pour en faire comprendre le mécanisme.

Description de la montre à répétition de M. Lerot.

L'ingénieux mécanisme au moyen duquel l'auteur supplée à la complication et au grand nombre de pièces employées dans les répétitions actuelles est d'une extrême simplicité, d'un prix peu élevé, et permet de rendre ses montres aussi plates que les montres simples ; propriété recherchée par les amateurs.

Explication des figures 21, 22 *et* 23, *planche* 7.

Fig. 21, la montre, dessinée de grandeur naturelle, et montée de toutes ses pièces. Le cadran est enlevé pour faire voir la cadrature.

Fig. 22, la roue de sonnerie, vue de champ.

Fig. 23, la même, vue en plan.

A, roue plate en acier portant sur son bord extérieur douze dents, et au-dessous une denture continue *b*, dans laquelle engraine un pignon *c*, montée sur l'axe *d*; cet axe qui traverse le bouton, est mu à l'aide d'une petite manivelle *e*.

F, Levée qui vient attaquer successivement les dents de la roue *a*. Cette levée, qui porte deux petites dents 1 et 2, est montée sur l'axe du marteau de la sonnerie, qu'elle fait partir chaque fois que la dent 1 entre en prise.

G, pièce fixée sur la roue *a*, et qui vient buter contre l'arrêt mobile *h*, montée sur la roue des heures. Quand la montre marche, cet arrêt bascule et passe contre la pièce *g*, sans l'arrêter; mais quand on a fait sonner le nombre de coups correspondant à l'heure indiquée par l'aiguille, l'arrêt *h* s'oppose à tout mouvement ultérieur de la roue *a*, en s'appuyant contre la pièce *g*.

I; goupille soudée sur la platine, et contre laquelle vient buter la pièce *g*, quand la roue a accompli sa révolution.

En tournant la manivelle *e* à gauche, la roue *a* tourne à droite, et ses dents, en attaquant successivement la dent 1 de la levée *f*, font partir le marteau et sonner autant de coups que l'aiguille indique d'heures.

Ce mouvement continue jusqu'à ce que le bout de la pièce *g* rencontre l'arrêt mobile *h*, qui, alors ne pouvant plus basculer, empêche la roue *a* de tourner. Dans ce moment, la manivelle *e* indique par sa position les quarts ou les demies.

Quand on tourne la manivelle à droite, la roue prend

un mouvement en sens contraire, et ces dents passent contre la dent 2 de la levée *f*, qu'elles font basculer, mais sans que le marteau puisse partir ; ce mouvement continue jusqu'à ce que la pièce *g* vienne buter contre la goupille *i* : ce qui indique la position naturelle de la roue pour recommencer, lorsqu'on veut faire sonner de nouveau.

Description d'une montre à secondes indiquant l'instant précis des observations ; par M. Jacob, horloger-mécanicien, rue du Colombier, n° 21.

La *fig*. 7, Pl. 8, représente le plan de la montre, vue sous le cadran ; la *fig*. 9 est l'élévation.

Le mécanisme à l'aide duquel l'aiguille des secondes, après avoir été arrêté, étant remise en marche, va se placer subitement sur le diamètre où elle aurait été si elle n'avait pas cessé de marcher, est fixé sur la roue des secondes. On le voit *fig*. 1, sur une échelle double de sa grandeur naturelle ; il se trouve disposé ainsi qu'il suit.

La roue des secondes *a* est rivée sur un pignon percé *d*, dont une partie se prolonge, ainsi qu'on le voit *fig*. 2.

Une seconde roue *c*, très-légère, portant un axe assez long pour traverser la roue des secondes, s'ajuste librement dans le pignon de cette roue ; une virole *f*, fixée par une vis sur la partie de l'axe de la roue *c* qui dépasse le pignon, tient la roue des secondes en cage sur cet axe, en sorte que les deux roues peuvent tourner indépendamment l'une de l'autre.

Sur la roue *a* s'élève un petit talon *b*. Un râteau *q*, placé sur la roue *c* comme satellite, porte une goupille *g*, assez longue pour s'appuyer sur le talon *b* ; le ressort *r* presse le cliquet *e* sur une autre goupille *s*, qui peut être considérée comme le prolongement de la première, ainsi qu'on le voit *fig*. 3, et permet au râteau *q* de se mouvoir autour de son centre, de la quantité

indiquée par l'ouverture *X Y Z* pratiquée dans la roue
c. Le râteau *q* engrène dans un pignon *p* tournant
librement entre les deux roues, en sorte que lorsque
le ressort *r* fait tourner le râteau, celui-ci fait tourner
le pignon jusqu'à ce que le doigt *h*, que porte le pignon
(voir *fig.* 6), s'appuie sur le talon d'un ressort très-
faible, placé sur la roue *a* ; la résistance de ce point
d'appui empêchant le pignon de tourner, c'est alors
que le plateau tourne jusqu'à l'instant où la goupille
g rencontre le talon *b* : les deux roues étant ainsi unies
et mises en cage sur l'axe de la roue *c*, l'aiguille portée par cet axe marque les secondes et fractions de
seconde.

Si, par un mécanisme qui sera décrit plus bas,
on arrête, à l'instant d'une observation, la roue *c*,
l'aiguille des secondes sera fixée sur l'instant précis de
l'observation ; la roue *a*, continuant à marcher en
entraînant avec elle le pignon *p*, ce pignon fera tourner le râteau *q*, qui repoussera le cliquet *e* ; et dès
qu'on rendra la liberté à la roue *c*, le ressort *r* fera
tourner la roue *c* de la quantité dont elle a été arrêtée,
c'est-à-dire jusqu'à ce que la goupille *g* rencontre le
talon *b*, et l'aiguille des secondes reprendra identique-
ment la seconde ou fraction de seconde, qui serait
marquée par la roue *a*, qui n'a pas cessé de marcher.

Chaque révolution de l'aiguille des secondes étant
indiquée par celle des minutes, il suffit que l'aiguille
des secondes marque la fraction de la minute qui
s'écoule : ainsi, lorsque la roue *a* aura fait une révolution pendant que la roue *c* sera arrêtée, le mécanisme se trouvera dans la position où il était avant
que l'aiguille fût arrêtée, et prêt à marquer les fractions de la minute subséquente pour que cela ait lieu.

A la fin de chaque révolution de la roue *a*, la goupille *l*, *fig.* 1, placée sur la roue *c*, touche légèrement
le ressort *m*, dégage le pignon *p*, et le ressort *r*, qui
presse le râteau, fait faire une révolution à ce pignon,
qui vient de nouveau s'appuyer sur le ressort *m*, et
le râteau se trouve à son point de départ.

Pour ôter toute incertitude de l'esprit de l'observateur qui fera usage de cette montre, M. Jacob a placé à côté du cadran d'observation un petit cadran de secondes, dont l'aiguille ne s'arrêtera jamais, et les deux aiguilles, ayant été mises en marche sur la même seconde, devront se trouver toujours ensemble: cette addition consiste simplement à faire engrener avec la troisième roue en pignon de même nombre que celui de la roue des secondes, qui porte une aiguille sur le prolongement de son axe. (Voyez *fig.* 10 l'aspect du cadran.)

Description du mécanisme qui sert à arrêter ou à faire marcher l'aiguille des secondes.

La roue à rochet *f*, *fig.* 7, qui porte vingt-quatre dents, est formée de deux rochets de douze dents, placés l'un sur l'autre, en sorte qu'ils se divisent mutuellement en deux (voyez *fig.* 8) et formant le rochet de vingt-quatre dents.. Ce rochet, qui tourne librement sur une vis à portée, est retenu par un ressort-sautoir *s*. Celui des deux qui se trouve le plus près de la platine peut attaquer le bras *g* de la pièce *g h*, qui se meut librement sur une vis à portée, et celui de dessus passe toujours sans le toucher. Ainsi, lorsqu'on pousse le bouton *b*, le ressort *c d*, qui porte à son extrémité le cliquet *e*, attaque une dent du rochet *f* et la fait sauter à l'instant où la dent *i* cesse de retenir le bras *g*, la dent suivante passant au-dessus. La pièce *g h*, poussée par le ressort *r*, touche sur la roue qui porte l'aiguille des secondes et l'arrête. En cessant de presser sur le bouton, le ressort *c d* revient à sa première position, et le cliquet se trouve prêt à faire sauter la dent suivante, et en agissant de nouveau sur le bouton, le rochet relève la pièce *g h* et rend la liberté à l'aiguille.

Appareils propres à donner la mesure du temps pendant lequel un phénomène quelconque s'accomplit, exprimée en minutes, secondes et fractions de secondes; par M. Henri Robert, horloger, Palais-Royal, galerie de Valois, n° 164, à Paris.

L'instrument chronométrique est digne de fixer l'attention : c'est un petit appareil d'horlogerie composé d'un balancier circulaire, d'un échappement à cylindre, d'une roue, d'un barillet, d'un mécanisme de détente ; le tout est monté sur une platine sur laquelle sont gravés deux cadrans ; l'un indique les minutes, l'autre les secondes et leurs fractions.

Le ressort contenu dans le barillet est destiné à mettre en mouvement tout le système pendant un temps très-court ; il peut n'avoir que très-peu d'étendue, sa force n'a pas besoin non plus d'être considérable, puisqu'elle ne doit point être prolongée par une succession d'engrenage, qu'elle s'exerce directement par l'intermédiaire d'une seule roue sur l'échappement.

La simplicité d'exécution de tout le mécanisme permet à son auteur de le mettre dans le commerce à un prix très-modique, quoique très-bien confectionné : c'est principalement sur ce point que nous croyons devoir insister ; car dans cette occasion le vrai mérite de M. Robert est moins d'avoir créé un instrument nouveau que d'avoir rendu possible l'emploi des appareils chronométriques à secondes, pour une foule d'observations pour lesquelles on ne pouvait faire usage des appareils connus que leur prix élevé rendait accessibles à peu de fortunes.

L'appareil à secondes, dont nous vous entretenons, est disposé de façon que le ressort tendu, les aiguilles placées sur o heure, il est prêt à se mettre en marche pour inscrire sur ses cadrans la durée d'une expérience, dès que l'observateur le jugera convenable ; l'expérience terminée, la marche peut être aussitôt suspendue pour conserver note de la durée totale de l'observation.

Cette disposition de repos habituel, d'action seulement momentanée et dépendante de la volonté de l'observateur a plusieurs avantages ; elle le dispense de remarquer et de conserver le souvenir des points de départ et d'arrivée des aiguilles au commencement et à la fin des expériences, opération difficile à exécuter avec précision lorsque l'œil doit tout à la fois fixer les cadrans et suivre les phénomènes dont il constate la durée.

Nous croyons superflu d'entrer dans de plus longs détails sur la construction et les usages de ce chrono-mètre ; ce qu'il importe, c'est de bien fixer sur son utilité et son mérite réel. Nous dirons qu'il se recom-mande par la bonne confection jointe à la modicité de son prix, que la régularité de sa marche est garantie par les connaissances variées que possède son auteur des sciences qui se rattachent à l'art qu'il exerce avec tant de distinction.

Description de la montre à secondes de M. Henry Robert.

Cette montre , dont le mécanisme intérieur est représenté *fig.* 11, et le cadran *fig.* 12, *Pl.* 8, est destinée à marquer les secondes et les fractions des secondes; son aiguille marche et s'arrête instantané-ment sous le doigt de l'observateur. Le rouage est calculé pour que cette aiguille achève sa révolution en deux minutes. Le cadran est divisé en cent vingt parties , de chacune une seconde : le poussoir p, qui sert à armer le ressort moteur m et à faire marcher et arrêter à volonté le rouage, pénètre dans l'intérieur de la boîte , et porte contre la tête d'un ressort a, qui est assez fort pour relever le poussoir et en même temps la bascule b, qu'un petit ressort c fait constamment appuyer sur la tête du ressort a.

Le râteau r est muni d'une queue D., qui est en contact avec la tête du ressort a. Ce râteau est poussé par le ressort m, avec lequel il communique par l'in-termédiaire une maille mobile entre deux vis portées l'une par le râteau et l'autre par le ressort.

Effet, lorsqu'on appuie sur le poussoir p et qu'on le

pousse à fond, le râteau est renversé et prend la position indiquée par les lignes ponctuées. *fig.* 11, le ressort *m* se trouve alors armé ; le balancier *e* est arrêté dans son mouvement par la bascule *b*, qui s'approche de lui et prend aussi la position ponctuée. Le bec *a* de cette bascule s'engage entre l'une des deux goupilles portées par le balancier, et la montre est aux repos.

Aussitôt que la main lâche le poussoir, le ressort *a* le relève ainsi que la bascule, et le rouage marche; mais si l'on pousse de nouveau et faiblement sur le bouton du poussoir, la bascule dégagée du ressort *a*, qui la tenait soulevée, tombe et arrête le balancier.

Ainsi le poussoir exerce une triple fonction; poussé à fond, il arme le ressort moteur ; poussé faiblement, il arrête le balancier, et abandonné à lui-même, il laisse marcher la pièce.

M. Robert emploie un échappement fort simple, imaginé par M. Duchernin, habile horloger. Cet échappement est à cylindre ; mais toute la difficulté que présente la roue ordinaire est évitée ; c'est seulement une roue plate dont les dents sont taillées en plan incliné. Lorsque la dent tombe sur la surface extérieure du cylindre, il est exactement le même que dans l'échappement ordinaire; mais il n'y a pas, comme dans celui-ci, un repos intérieur : le cylindre agit contre le flanc de la dent et fait rétrograder le rouage. Cet échappement étant alternativement à repos et à recul, son auteur lui a donné le nom d'échappement mixte.

La *fig.* 13, représente la forme extérieure d'une pièce dont le mécanisme est à peu près semblable à celui de la *fig.* 14. Les deux boutons qui sont vers les angles de la boîte, en dehors du cadran, ont chacun une destination particulière; l'un sert de clef pour armer le ressort moteur ; l'autre pressé par le doigt de l'observateur et laissé libre, fait marcher ou arrête la pièce.

La grande aiguille, placée au centre, achève sa révolution en une minute, et la petite aiguille excentrique achève la sienne en six minutes.

La pièce dont le mécanisme intérieur est vu *fig.* 14, et le cadran *fig.* 15, offre cette particularité qu'elle est constamment immobile ou arrêtée, et ne marche que pendant le temps que l'observateur exerce une pression sur le bouton latéral *a.* Le poussoir *p* tient seulement ici lieu de clef ; il sert à armer le ressort du premier mobile *b* par l'intermédiaire du râteau *r.* Ce premier mobile est construit, à très-peu de chose près, comme celui du rouage de répétition.

Le rouage est distribué de manière à ce que l'aiguille qui est au centre du cadran, *fig.* 15, achève sa révolution en une minute, tandis que la petite aiguille du cadran excentrique accomplit la sienne en six minutes.

Le ressort moteur est armé lorsqu'on presse sur le poussoir *d* une petite bascule *c* et d'un ressort *d* qui servent à relever.

Lorsque le bouton *a* est libre, le ressort *b*, qui le tient soulevé, permet à la bascule *C* d'entraver la marche du balancier *E* par son bec *a*, contre lequel vient buter l'une des deux goupilles du balancier ; mais si on presse le bouton, le ressort *b* agit sur la bascule *C*, l'écarte du balancier, et la pièce marche jusqu'à ce que, la main abandonnant le bouton, le mécanisme s'arrête aussitôt. Ainsi la pièce marche lorsque le bouton est pressé par l'observateur ; et elle s'arrête instantanément lorsqu'il le lâche.

Nouvelle détente pour les montres à réveil, imaginée par M. Robert.

Dans cette détente, représentée *fig.* 16 *Pl.* 8, le bras *a b* remplace à lui seul les trois pièces *p d r* de la détente ordinaire, indiquées par des lignes ponctuées. L'instant du départ du réveil est fixé par la chute du bec *b* dans une entaille *o* pratiquée au disque *n* : ce disque appartient à la roue du réveil et tourne avec elle, à frottement gras, sur la roue des heures; il achève, comme cette dernière, sa révolution en douze heures. L'entaille *o* est faite de telle sorte que la sonnerie agit à l'instant même où l'aiguille arrive sur le zéro du cadran.

Lorsque le ressort est développé, la détente est relevée par la roue d'arrêt *c* ; c'est dans cette position qu'est représenté le mécanisme ; mais quand le ressort du réveil est monté, la roue d'arrêt *c* ne soutient plus la détente en l'air, en pressant sur le talon *t*, et le bec B repose sur la circonférence du disque jusqu'à ce que l'entaille *o* se rencontre et lui permette de tomber.

Compteur chronométrique et pendule portative à réveil.

(*Fig.* 17. Pl. 8.) Le moyen employé par M. Robert dans sa pendule portative à réveil et compteur consiste en une double aiguille de secondes du genre de celles qui sont vulgairement appelées trotteuses : l'une de ces aiguilles s'arrête instantanément lorsque la main agit sur une détente disposée à cet effet ; son cadran est distribué de manière à ce qu'on apprécie les fractions de seconde en cinquièmes : cette aiguille arrêtée reste immobile pendant que l'observateur écrit la quantité qu'elle marque, et lorsqu'il a terminé, aussitôt que la main fait marcher la détente en sens inverse, l'aiguille saute et rejoint rapidement celle qui a continué sa marche, et ne la quitte que lorsque voulant faire une nouvelle observation on recommence la même manœuvre.

A l'aide de cet instrument, on peut faire sans peine avec certitude et avec une grande précision, toutes les observations dans lesquelles la mesure du temps est employée par les astronomes, les ingénieurs et les mécaniciens.

Les compteurs sont de petites pendules de voyage, composées : 1º d'un mouvement qui sert à la mesure du temps ; 2º d'un mécanisme accessoire de ce mouvement : ce mécanisme est tel, qu'à l'instant auquel on agit sur une détente, une aiguille s'arrête et marque sur un cadran la seconde et ses fractions exprimées en cinquièmes ; cette aiguille reprend sa marche et parcourt d'un saut l'arc du cadran qui marque le temps pendant lequel elle est restée stationnaire ; 3° d'un rouage de sonnerie d'avertissement ou réveil qui se fait entendre à l'heure fixée d'avance, et qui s'emploie le matin comme un réveil ordinaire, et, en d'autres cas, comme sonnerie d'avertissement, qui prévient l'observateur occupé à d'autres travaux que l'heure d'une observation à faire est arrivée.

M. Robert varie ce genre de sonnerie suivant les goûts et les besoins ; ainsi, pour les personnes qui sont rarement dans le cas de s'en servir, c'est un réveil simple, tel que ceux qui sont usités généralement : il est composé d'un rouage qui se monte chaque fois qu'on veut être averti et à l'instant auquel on fixe l'heure du départ de la sonnerie.

Mais pour des personnes que des habitudes ou des travaux forcent à se lever chaque jour à la même heure, c'est un réveil à trois effets qui sonne chaque matin à la même heure tant que l'indication n'est pas changée. Si l'on ne veut pas être éveillé, on tourne une aiguille vers le mot silence ; mais si un voyage, une affaire majeure, ou tout autre cause fait craindre de rester endormi malgré le réveil ordinaire, alors on dirige la même aiguille vers le mot grand réveil, et le bruit est alors tel, qu'il est impossible que le plus profond dormeur puisse y résister.

4° Enfin, d'un rouage de sonnerie semblable à celui des pendules ordinaires de cheminée. Cette disposition s'accorde plus facilement avec le réveil simple qu'avec celui à trois effets.

Au reste, toutes les combinaisons usitées en horlogerie, telles que la répétition semblable à celle d'une montre ordinaire, la grande sonnerie et autres, sont compatibles avec le compteur.

Compteur chronométrique.

La *fig.* 17, Pl. 8 montre le cadran de ce compteur.

A, aiguille des minutes.

B, aiguille des heures.

E, aiguille qui peut prendre trois positions différentes. Lorsqu'elle est dirigée vers le mot réveil, la sonnerie se fait entendre de vingt-quatre heures en vingt-quatre heures, à l'heure qu'on a déterminée à l'avance; sans qu'il soit besoin de remonter le ressort chaque jour. Quand l'aiguille marque grand réveil, le bruit est beaucoup plus prolongé; mais lorsqu'elle est arrêtée sur le mot silence; il n'y a pas de sonnerie, même après que l'aiguille de réveil a dépassé le point o.

R, aiguille de réveil faisant sa révolution en vingt-quatre heures; elle marque toujours le temps après lequel le réveil partira : ainsi la sonnerie se fait entendre lorsque l'aiguille est arrivée au point o.

S, Deux aiguilles de secondes superposées et marchant ensemble quand on pousse le verrou de V en V'; l'une d'elles s'arrête et marque en cinquièmes les fractions de secondes; on note l'instant de l'observation, puis on repousse le verrou de V' en V, et l'aiguille qui était restée immobile rejoint d'un seul saut celle qui a continué de marcher et ne la quitte plus.

Nouveau mécanisme de réveil imaginé par M. Henri Robert, horloger à Paris.

Pour concevoir l'utilité de l'invention présentée par M. Robert, il convient de rappeler d'abord le mécanisme usité pour faire résonner les réveils à l'heure voulue. La boîte de montre renferme un timbre et un marteau; ce marteau est mis en rapide mouvement de va-et-vient par un rouage; ce rouage est mu par un barillet dont on monte le ressort lorsqu'on veut que, plus tard, le réveil se fasse entendre. Une détente sert d'arrêt à ce rouage; elle est mise en jeu par un mécanisme ingénieux : un disque central, placé sous la roue des heures, la soulève en frottant continuellement sur le bout d'une goupille qui est fixée à cette roue. Ce disque porte une entaille en l'un des points de son contour. L'instant du départ de la sonnerie est déterminé par la chute de cette goupille dans l'entaille, lorsque, par la révolution de la roue des heures, l'entaille est présentée sous la goupille. La détente dégage alors le rouage de sonnerie, et le timbre, frappé vivement, se fait entendre. Le moment du départ dépend de la place qu'occupe l'entaille du disque ; et en tournant une aiguille qui entraîne ce disque , on amène ainsi l'entaille à telle heure qu'on veut. Ainsi, la sonnerie part quand l'aiguille des heures arrive juste au-dessus de celle du réveil.

Les inconvéniens de ce mécanisme sont que le rouage de réveil presse constamment la roue des heures et charge le mouvement, et cela que le réveil soit monté ou ne le soit pas ; ce qui oblige de donner à la force motrice plus de puissance : en outre , l'instant du départ de la sonnerie est incertain, parce que le disque qui porte l'entaille est d'un court rayon, et que le mouvement de la goupille qui vient y tomber est lent ; la moindre excentricité du cadran occasionne de grandes différences dans le moment du départ : aussi remarque-t-on que la sonnerie parle souvent un quart d'heure trop tôt ou trop tard.

Les réveils d'horloges communes sont construits sur un plan un peu différent. Le disque à entaille est fixé à la roue des heures et tourne avec elle : un levier à bascule, pressé par un ressort, frotte, par son extrémité, sur le contour de ce disque, et cette extrémité, façonnée en biseau tombe dans l'encoche lorsque cette entaille arrive au-dessous du biseau , et le mouvement de sonnerie se trouve dégagé.

C'est ce dernier mécanisme que M. Robert a adopté , mais il lui fait subir une modification sans laquelle on ne pourrait l'employer commodément dans une montre ; et d'ailleurs , l'objection principale resterait encore , puisque le ressort presse constamment la roue des heures, même quand le réveil n'est pas monté.

Dans la montre présentée par M. Robert, la détente a deux bras, dont l'un presse, il est vrai, le disque, mais seulement quand le réveil est monté; dans l'autre cas, une roue d'arrêt soulève cette détente, de manière qu'elle n'a plus aucune action sur le mouvement : ainsi la marche de la montre ne peut être gênée par la présence du réveil que dans le seul cas où on monte le barillet de sonnerie.

De plus, l'instant du départ est plus précis dans les nouveaux réveils que ne le permet la détente ordinaire des montres, parce que le bras du levier tombe dans une entaille faite sur la circonférence d'un disque qui peut, sans inconvénient, recevoir un assez grand diamètre, et qui est, d'ailleurs, sensiblement concentrique à l'axe de rotation des aiguilles ; le nombre des pièces est aussi moins considérable. La détente agit, dans les pièces ordinaires, en faisant monter et descendre l'aiguille des heures; on y dispose la bascule de cette détente, dans le sens perpendiculaire au cadran ; ce qui force d'accorder plus d'épaisseur à la montre. La détente de M. Robert a son mouvement dans un plan parallèle au cadran : ainsi sa montre est plus commode à porter, moins compliquée dans son mécanisme et d'un effet plus sûr.

On voit, d'après cet exposé, que le réveil de Monsieur Robert est établi sur les mêmes principes que les réveils à horloges communes, et que, par conséquent, l'aiguille doit décompter, c'est-à-dire qu'il inscrit en ordre rétrograde les chiffres du cadran sur lesquels il faut porter l'aiguille du réveil pour qu'il sonne quand un nombre d'heures sera écoulé ; mais outre qu'il a modifié ce mécanisme pour qu'on puisse l'appliquer aux montres, il a réussi à rendre le mouvement général indépendant des pièces du réveil, si ce n'est dans le cas accidentel où celui-ci est monté.

C'est un principe en horlogerie de préférer une résistance constante, même un peu forte, à une résistance variable, qui peut changer la durée des vibrations, et donner à la pièce une marche égale ; sous ce rapport, la montre de M. Robert, dont la détente ne charge le mouvement que quand le ressort du réveil est bandé, doit sembler moins régulière dans ses effets, puisque, quand le réveil est monté, le mouvement est sous l'influence d'une pression inaccoutumée, mais cette résistance variable est ici sans inconvéniens, parce qu'elle n'est point appliquée à l'échappement ni même aux derniers mobiles du rouage : ce n'est donc que lorsque le premier mobile est exposé à cette petite résistance accidentelle qu'il pourrait y avoir quelque altération dans les oscillations du balancier, et il est évident qu'ici on doit préférer ce mode de construction à celui qui nécessite une force motrice plus grande pour rencontrer après tout une résistance toujours variable.

Par ces divers motifs, nous pensons que le mode de construction de M. Henri Robert, employé dans ces montres à réveils, est supérieur à celui qui est en usage dans ces appareils, parce que, 1º il diminue la somme des résistances, et par conséquent la puissance du moteur ;

2º Il est une simplification des pièces qui se trouvent sous le cadran ;

3º Il permet plus de précision dans l'instant du départ de la sonnerie ;

4º Il diminue l'épaisseur de la montre.

La *fig*. 15, Pl. 9, représente une montre d'alarme ou à réveil ; l'inventeur dit en avoir fabriqué un certain nombre et qu'elles remplissent parfaitement le but que l'on veut atteindre. Sur une table de bois *p,q*, de huit pouces sur quatre de surface, sur un pouce d'épaisseur, est placée une tige métallique coudée à angle droit en *b*, sur laquelle est attachée une petite tige *k*, à laquelle sont fixées deux poulies. *f* Est une pièce cylindrique en bois ayant à son extrémité un canon de clef de montre, qui s'adapte au pivot de la montre qui se trouve placée dans un petit cadre, et il tourne avec

l'aiguille des minutes; l'autre extrémité se trouve
maintenue et tourne dans un trou pratiqué dans la tige
k. Un fil fixé et enroulé sur la pièce cylindrique *f*, passe
en dessous la poulie *c* et dessus celle *d*, et autour de
la poulie mobile *l* à laquelle est suspendue un poids *w*;
et rentrant par un trou dans la tige *b*, *c*, il est attaché
au point *g*; à ce point on régularise la longueur du fil
de manière à ce qu'il soit complétement déroulé du cylindre *f*, et que le poids *w* soit posé sur le plan *h*,
lequel se meut sur un axe en *m*. Une sonnette est attachée à l'extrémité d'un long ressort *r*, *s*, *t*. L'autre
bout est fixé au plateau en *r*. En *t* est fixé un cordon
qui retient la sonnette dans la position représentée par
la figure; par le moyen d'un morceau de bois *o* inséré
dans deux trous, l'un sur le plan *h* et l'autre dans la
partie horizontale du cadre *n*. Le frottement de la
pièce *o* empêchant la pièce *h* de tomber, il est aisé
de voir que le fil étant enroulé un certain nombre de
tours en *f*, le poids *w* sera relevé à une certaine hauteur qui demandera tant d'heures pour redescendre
jusqu'à la pièce *h*, et qu'arrivé là et pressant dessus
la pièce *o* elle fera sortir cette pièce de son trou et
rendra la liberté au ressort qui fera résonner la sonnette avec une force considérable.

La *fig*. 16, Pl. 9, représente la montre à réveil
telle qu'on les vend dans les magasins de Londres, et
celles que nous avons vu remplissent parfaitement le
but. Elles ne coûtent que sept schellings. (8 fr. 75 c.)

a a sont deux pieds en acajou tournés; *b* est une
cavité pour recevoir la montre sur un coussinet de
velours; elle est placée ensorte que l'heure à laquelle
la personne veut se lever, soit tournée au point marqué
en *c*; un fil très-fin ou un crin de cheval ayant au bout
un nœud coulant est passé sur l'entaille D de la pièce,
le nœud coulant passe sur l'aiguille des heures de la montre. *c* est un léger levier d'ivoire auquel est attaché le
crin de cheval au milieu de sa longueur et à son extré-

mité est suspendu un poids *f*. La sonnette *g* est fixée à un ressort en acier *g*, et maintenu dans la position par un fil *h*, son extrémité munie d'un crochet de métal, va rejoindre l'extrémité du levier, et est placé sur l'aiguille droite *i*, quand par la marche du temps l'aiguille arrive à l'heure désignée, laquelle se trouve en face du guide *d*, le fil de crin glisse de dessus. Le petit poids n'étant plus soutenu laisse descendre le levier d'ivoire, relève le crochet de dessus l'aiguille *i*, détend ainsi le ressort et fait résonner la sonnette.

1° *Du curseur circulaire.*

Le moyen de régler une pendule est de rapprocher ou d'éloigner le centre d'oscillation du centre de rotation du pendule : cet effet est produit dans toutes les pendules par un écrou qui supporte la lentille ; tourné dans un sens ou dans l'autre, il donne des résultats différens ; mais quelle que soit la finesse du pas de vis employé, on ne peut faire de très-petites quantités. D'ailleurs, l'établissement d'une bonne vis avec son écrou est toujours d'une exécution, sinon difficile, du moins au-dessus de la portée des ouvriers ordinaires.

Pour simplifier l'exécution de cette partie, Monsieur Robert à établi des curseurs circulaires, dans l'exécution desquels il ne se trouve que des ajustemens de tours faciles à bien faire. Il les fait de deux manières, dont le caractère distinctif est que, dans les uns, le centre de gravité de la lentille change en même temps que le centre d'oscillation, et que, dans les autres, le centre d'oscillation seul change de place, le centre de gravité restant le même. Pour rendre la description de ces deux modes de construction plus claire et plus intelligible, nous sommes obligés d'en remettre le détail à l'explication des figures jointes à ce rapport.

Les curseurs de M. Robert permettent de varier à volonté la sensibilité et de faire des quantités très-petites par des mouvemens assez grands, propriété que l'écrou ne présente jamais. Cette idée nous paraît devoir simplifier assez l'exécution pour offrir un avantage notable.

2º De la fourchette.

Dans la fourchette employée pour les pendules soignées, on établit un chariot au moyen d'une vis de rappel : cette partie devient alors à elle seule une petite machine encore assez compliquée et difficile à exécuter avec précision.

M. Robert produit le mouvement de va-et-vient nécessaire pour mettre la pièce d'échappement, par un ajustement de tour et une pièce excentrique : il fait ainsi disparaître la vis de rappel et tout ce qui l'entoure.

Une propriété essentielle de la fourchette est d'être bien équilibrée et très-légère : or, il obtient facilement ces conditions par l'appareil excentrique qu'il emploie dans ses pendules de précision, tandis que la vis de rappel n'offre jamais cet avantage.

Innovations et perfectionnemens introduits dans la construction des pendules de cheminée par Monsieur Henry Robert, horloger au Palais-Royal, galerie de Valois, nº 164.

Dans ses recherches sur les pendules, M. Robert a étudié ce qui se pratique dans les ateliers, il s'est attaché à en reconnaître les avantages et les inconvéniens et à mettre en œuvre toutes les ressources de l'art de l'horlogerie, pour faire de bonnes pendules à des prix modiques. Convaincu de ce principe que les élémens qui composent une pendule et que les corps qui l'entourent peuvent apporter plus ou moins d'irrégularité dans sa marche, il a cherché à établir

entre les diverses parties de la machine un rapport
tel qu'il pût obtenir la précision ou la régularité des
mouvemens et la conservation des élémens constituans.

Ne pouvant, à cet égard, entrer ici dans des détails
qui feraient la matière d'un traité d'horlogerie, nous
nous bornerons à l'examen des spécialités.

I. *Des pendules ordinaires.*

Dans les pendules à l'usage civil, il emploie les dispositions ordinaires avec lesquelles les ouvriers sont
familiarisés; mais avec diverses modifications que nous
allons faire connaître, ses pendules sont d'une exécution
plus soignée qu'on ne le fait généralement.

Il établit entre le moteur, l'échappement et le régulateur, les rapprots que la théorie et la pratique lui
ont démontré être les plus convenables, et il n'a apporté
d'innovations que là où elles lui ont paru indispensables,
afin de ne pas élever les prix. En voici quelques
exemples.

1° *De la suspension.*

Dans une pendule, l'une des choses les plus importantes est que le régulateur soit suspendu de la manière
la plus favorable à sa marche, et la condition est que
ses oscillations se fassent comme autour d'un axe qui
serait le prolongement de celui de la pièce d'échappement.

Dans le mode le plus communément pratiqué, aucune
précaution n'est prise pour arriver à ce résultat, l'œil
de l'ouvrier fait tout, et c'est même un apprenti souvent
bien peu avancé, qui est chargé de cette partie, cependant
bien délicate et bien importante, que ni lui ni beaucoup
d'ouvriers même très-forts, ne comprennent. Pour
arriver à ce résultat par des moyens directs et mécaniques, M. Robert dresse sur le tour la surface qui
porte la suspension, afin de la rendre parallèle aux

platines du mouvement. La soie passe entre deux cylindres tournés dont les bases, également tournées, appuient sur la surface parallèle aux platines du mouvement, de telle sorte que, les surfaces de cylindre étant perpendiculaires aux platines, l'axe de rotation du pendule l'est également. Ce mode présente bien moins de difficultés que celui qui est usité, puisque l'exactitude dépend de la fidélité de l'exécution d'un objet de tour, chose toujours facile, et non de l'adresse extrême qu'il faut à un ouvrier pour percer deux trous dans une ligne droite sur la surface d'un cylindre.

2o· De la passe.

La passe, ou la partie du pendule qui reçoit l'action de la fourchette, est ordinairement un prisme quadrangulaire rectangle qui entre dans l'enfourchement de la pièce nommée fourchette, la passe doit être libre sans ébats dans la fourchette selon le mode usité : la moindre imperfection conduit à une mauvaise transmission de force.

Les passes cylindriques de M. Robert n'ont pas cet inconvénient ; elles se font sur le tour sans difficulté ; pourvu que la fourchette soit ouverte parallèlement, l'action a lieu convenablement.

De plus, le contact s'opère dans le plan qui partage en deux parties égales et symétriquement la masse du pendule, et c'est une condition nécessaire pour que les oscillations n'éprouvent aucune perturbation qui altère leur durée naturelle.

3o De la lentille.

Pour qu'une lentille plate soit bonne, il faut que ses deux surfaces soient deux plans parallèles à celui d'oscillation ; sans cette condition, la lentille dévie constamment en raison de la résistance que l'air lui oppose, et en observant avec soin, on remarque que les surfaces de la lentille pendant une oscillation forment des angles différents avec le plan d'oscillation, ce qui est une cause d'anomalie.

Pour lever cette difficulté, M. Robert remplace la lentille plate par un cylindre ou une sphère qui présente toujours une surface semblable à l'air : à la vérité, le cylindre, dans sa section par un plan perpendiculaire à celui d'oscillation, offrant une surface plus grande, éprouve un peu plus de résistance de la part de l'air ambiant; mais cette considération, vraie en principe rigoureux, ne peut-être d'aucune importance dans des machines de l'ordre de celle qui nous occupe; car il faut les observations les plus minutieuses faites sur des pendules d'une haute précision pour reconnaître une différence, et, en définitive, cette différence ne constitue qu'une bien faible absorption de force dans des machines qui en ont au-delà de leurs besoins. D'ailleurs, l'inconvénient d'une lentille qui n'agit qu'en tremblant est infiniment plus grand.

4° De l'échappement.

L'échappement est, à juste titre, considéré comme la partie la plus délicate et la plus importante de la machine. Dans un échappement, il est deux points auxquels on n'apporte pas toute l'attention qu'ils méritent, ce sont la longueur des bras de l'ancre et la quantité de levées. Cependant de bonnes proportions contribuent à transmettre toute la force du rouage au régulateur, à lui laisser la plus grande liberté possible, et à conserver les parties frottantes.

Dans les fabriques, chacun à sa routine différente, dont il ne se départ pas : ainsi, que le pendule soit long ou court, la lentille lourde ou légère, la boîte solide ou chancelante; la force motrice plus ou moins constante, on ne tient aucun compte de ces circonstances; cependant, avec les échappemens les plus estimés, celui à chevilles, par exemple, on peut encore faire une très-mauvaise pendule, et qui sera même inférieure à une autre dont l'échappement serait à recul, si le premier comporte des fautes de principes, des disproportions, et qu'au contraire le second soit très-bien entendu et fidèlement exécuté.

Les échappemens employés par M. Robert sont ceux qui ont la sanction d'une longue expérience, et que les plus habiles horlogers considèrent comme les meilleurs. Il apporte le plus grand soin à les proportionner au besoin de la pièce, et à ce que l'exécution ne laisse rien à désirer : mais laissons-le parler lui-même à ce sujet. Il est bon que la société connaisse le caractère et les principes de l'habile artiste dont elle nous a chargés de lui faire connaître les nouvelles inventions.

« Je ne suis pas (nous disait-il lors de notre examen de ces procédés et innovations) je ne suis pas sans avoir, comme beaucoup d'horlogers, composé des échappe-mens nouveaux, mais, consciencieusement, j'aime mieux employer les inventions des autres que les miennes, lorsque je les crois meilleures ; si les artistes étaient tous animés par la volonté de faire du bon plutôt que par gloriole de faire du nouveau, on verrait nombre de bonnes choses s'améliorer de jour en jour ; car le temps, le génie et les veilles qu'ils consument à des innovations, enfants morts-nés de leur cerveau, tourneraient au profit des progrès, et laisseraient à leurs successeurs des traces utiles de leur passage dans la carrière. »

5° *De l'exécution de l'échappement.*

La roue d'échappement est faite par les ouvriers qui commencent le mouvement, et lorsque celui-ci est à l'état dans lequel on le nomme roulant, l'ouvrier qui doit tailler la roue, déjà rivée sur son assiette, en la recevant, n'a d'autre guide pour la centrer sur la machine à fendre que sa circonférence extérieure. Pour bien faire cette opération, il faudrait un homme très-adroit et très-minutieux ; mais ce taillage n'étant payé

23

que 50 centimes pour les ouvrages ordinaires; il faut nécessairement qu'il soit promptement fait, et delà résulte une première imperfection; car la roue, mal centrée, ne peut avoir une division exacte, lors même qu'il n'existerait pas d'autres causes d'inégalité dans l'outil employé à ce travail.

En outre, cette roue, faite dans les grandes fabriques, est prise dans une planche de laiton laminé, qui n'est jamais assez dur, et souvent même de mauvaise qualité : de ces imperfections et de plusieurs autres que nous ne signalons pas de crainte d'être trop longs, résulte nécessairement une mauvaise roue d'échappement.

Voici comment M. Robert établit les siennes : il choisit, parmi les laitons provenant d'anciens chaudrons, le meilleur ; car, malgré la réputation dont ce cuivre jouit, il en est de fort mauvais. Amené à l'épaisseur convenable, il est recuit, puis forcé au degré de dureté nécessaire, mais point au-delà, comme le font à tort quelques personnes, puisque le cuivre trop durci est rompu en une infinité de points; inconvénient qui, pour n'être point perceptible à nos yeux, n'en est cependant pas moins réel.

Cette roue est percée d'un trou au centre; elle est ensuite croisée, montée sur un outil fait exprès, sur lequel elle est tournée et fendue ; la circonférence extérieure est rigoureusement concentrique à celle du trou central.

Les verges dans les montres ordinaires et les ancres dans les pendules sont quelquefois altérées en très-peu de temps, par le frottement de la roue. Monsieur Robert s'est assuré, par expérience et par des observations faites pendant dix ans, qu'outre la qualité du cuivre dont est faite la roue, il existait plusieurs causes qui déterminaient une destruction plus ou moins prompte de l'échappement, et que l'une des plus puissante prenait naissance dans le taillage de la roue. En effet, voyons ce qui arrive lorsqu'une roue est

taillée avec une fraise neuve surtout : le sommet des
dents de cette fraise n'est qu'une rebarbe très-fine,
extrèmement dure et très-fragile ; dans l'opération
du taillage, cette rebarbe se brise en peu de temps ;
elle s'incruste dans les dents de la roue, en y laissant
ainsi des pointes d'acier, qui, frottant sur la pièce
d'échappement, la détruisent en peu de temps. Cette
cause de destruction, qui est certainement une des
plus graves, n'a jamais été signalée.

Divers procédés ont été mis en usage par les horlogers pour éviter la destruction de l'échappement.
Le meilleur et le plus sûr consiste à passer les dents
de la roue dans l'acide nitrique ou sulfurique affaibli.
Ces acides attaquent promptement les atomes d'acier.
que la fraise a déposés sur la roue et les parties d'o-
xide de cuivre qui se rencontrent souvent dans la
matière ; et 2º à les adoucir ensuite avec du bois tendre et de la pierre à l'eau douce pulvérisée, puis avec
du charbon. Ce procédé le plus simple est le plus sûr.

La roue ainsi terminée est montée sur son assiette
tournée fidèlement pour la recevoir ; elle est tenue
sur cette assiette, non pas par une rivure faite au
marteau, à la manière ordinaire, mais par une sertis-
sure faite sur le tour ou quelquefois par des vis. Ces
moyens, il est vrai, n'ont rien de nouveau en eux-
mêmes ; ils sont pratiqués dans l'horlogerie supérieure
de Paris ; mais la difficulté consistait à les introduire
dans l'horlogerie ordinaire, sans augmentation sensible
de prix, et c'est en cela que M. Robert a rendu un
véritable service à l'art de l'horlogerie.

Nous n'entrerons point dans de plus amples détails
sur la construction de l'échappement à ancre ; il nous
suffira de dire que M. Robert a apporté et introduit
successivement plusieurs améliorations ou simplifications
dans toutes les parties qui en ont paru susceptible.

II. *Des pendules marchant un mois.*

Les calibres des pendules de commerce sont encore

les mêmes que ceux qui étaient employés il y a soixante
ans, lorsque la forme des dentures et les imperfections
du travail absorbaient beaucoup de force motrice : aussi
a-t-on depuis généralement reconnu qu'on a beaucoup
plus de force qu'il n'en faut pour la machine, et que,
dans bien des cas, on est obligé de mettre des ressorts
tellement faibles qu'ils se pelotent, que leurs lames se
collent l'une à l'autre par l'abaissement des huiles, et
et que par suite le tirage est très-inégal.

Pour qu'un ressort soit bon, il faut qu'il ait une force
moyenne : trop fort, il est sujet à se fendre ou à casser;
trop faible, il a les inconvéniens signalés : il faut donc
que le rouage soit distribué et nombré en conséquence
du ressort qui peut lui être appliqué.

Pour faire marcher ses pendules pendant un mois,
M. Robert met la denture du barillet du mouvement
vers la grosse platine ; les dentures des deux barillets
se croisant il gagne ainsi plus de deux tours de ressort ;
d'autre part, il excentre la roue de longue tige, ce qui
permet encore des barillets plus nombrés, toutes choses
égales d'ailleurs ; enfin, il tient aussi la roue de mouvement un peu plus grande et plus nombrée que de
coutume.

C'est ainsi que, sans changer la routine des ouvriers
de fabrique, il est parvenu à obtenir des résultats
supérieurs, et cela sans augmentation notable de prix.

III. *Sonnerie d'avertissement.*

Aux pendules à sonnerie, lorsqu'on le demande,
M. Robert ajoute un petit mécanisme accessoire qui
frappe un coup de marteau une minute avant que l'heure
sonne, et permet ainsi de compter très-facilement
pendant la nuit. Ce mécanisme est très-simple, il peut
même s'adapter à la plupart des pendules qui existent :
il est peu dispendieux et ne peut manquer d'obtenir
le plus grand succès, d'après les avantages qu'il
présente.

IV. *Des pendules de précision.*

Des pendules ordinaires bien établies, avec les perfectionnements que nous venons de faire connaître, et les soins qu'elles exigent d'ailleurs, tant pour la fidélité de l'exécution que pour l'harmonie qui doit exister dans les diverses parties de la machine, donneront bien certainement, nous ne pouvons en douter, les résultats les plus satisfaisants pour les usages civils; cependant, il faut en convenir, leur marche n'approcherait pas encore assez des pendules à secondes bien faites pour qu'on pût compter sur leur exactitude rigoureuse dans des observations qui exigent la plus haute précision.

Mais tous les défauts de ces pendules étant bien connus, si on éloigne les causes qui les produisent et qu'on remédie à leurs inconvéniens par les ressources que l'art peut offrir, on devra nécessairement finir par obtenir des machines d'une grande précision. Ainsi, par exemple, qu'on remplace : 1º les socles en bois légers et hygrométriques, se déformant sous les plus petits changemens dans l'état de l'atmosphère, par une base en marbre d'une grande masse et bien calée; 2º la boîte légère en bois, en albâtre ou en cuivre, mal montée par un fort chevalet de métal solidement fixé sur sa base de marbre; 3º un échappement dans lequel les vis naturelles attachées à son principe sont augmentées par les disproportions qui s'y trouvent presque toujours, par un bon échappement à l'épreuve d'un siècle, admis par les hommes les plus capables; 4º que cet échappement soit dans les dimensions proportionnées à la machine, condition importante, puisque la disproportion conduit à la destruction et aux variations; 5º qu'une suspension formée par un fil de soie soit remplacée par deux lames d'acier, dont la solidité permet un pendule très-lourd, ces lames présentant de grands avantages lorsqu'elles sont bien construites; 6º qu'on rejette encore le régulateur des pendules de commerce, formé d'un fil de

23

fer, à l'extrémité duquel est la lentille, ou bien d'un
assemblage d'une multitude de pièces, parodie ridi-
cule du pendule compensateur grillé ; 7°. qu'on lui
substitue des dispositions simples, que les surfaces
en contact avec l'air extérieur soient disposées de la
manière la plus propre au mouvement du pendule,
pour qu'il n'éprouve aucune déviation ; 8° enfin, que
la correction des effets de la température s'y produise
par des moyens simples et sûrs, et l'on obtiendra in-
dubitablement alors des pièces d'une grande précision,
qui, sans rivaliser avec les meilleures pendules à
secondes, s'en rapprocheront cependant encore assez
pour ne laisser de différences appréciables qu'à l'aide
d'observations astronomiques rigoureuses.

V. *Du pendule employé dans les pendules de précision de M. Robert.*

Outre le pendule en sapin et laiton, M. Robert emploie souvent une simple règle de sapin, dont la partie
inférieure qui reçoit la lentille est plus large que la
lentille même, et se trouve pressée entre les deux
disques de cuivre qui la composent et qu'il nomme
curseurs circulaires.

Il emploie encore, et de préférence à toute autre
construction, un pendule qu'il appelle à deux branches, et dans la construction duquel il a tout sacri-
fié à la plus rigoureuse précision de l'effet de compensation et aux autres propriétés qu'il doit réunir. La
correction des effets de la température est produite
par une seule branche de zinc qui fait disparaître toutes
les difficultés qu'entraînent les nombreux ajustemens
du pendule à grille, tout en conservant ses belles propriétés.

Observations.

Nous n'avons parlé ici que des parties de la machine

les moins étudiées, et desquelles on n'apprécie pas
l'importance dans l'horlogerie de commerce, et celles
dont il était cependant de la plus grande importance
de corriger les nombreux défauts, il restera toujours
aux artistes qui composent des pendules à faire une
juste application des principes de l'art. A cette occasion, nous pouvons assurer à la société qu'il n'est
aucune partie de l'horlogerie de précision à laquelle
ne se livre M. Robert. L'on sait que depuis long-temps
il en fait une étude spéciale et qu'il y a déjà introduit
plusieurs perfectionnemens avantageux, en apportant
dans ses travaux l'application des sciences positives
dont en général les horlogers s'occupent trop rarement. Nous croyons, à cet égard, devoir faire observer que ces perfectionnemens ne se trouvent pas seulement dans une partie de la machine, puisque, quelque bien qu'elle fût construite, elle ne produirait pas
l'effet qu'on en attendrait, si les autres élémens
n'étaient pas également bien ; mais que, prenant la
chose dans l'état où elle se trouve, M. Robert a conservé tout ce qu'il a cru bien, et amélioré ou simplifié tout ce qui lui a paru susceptible de l'être, toutefois avec la plus grande réserve, et après s'être assuré
par des observations souvent répétées, des vices que
présente notre horlogerie ordinaire.

*Pièces d'horlogerie par M. Perron, de Besançon ;
pendule à échappement à rouleaux mobiles.*

Fig. 18, Pl. 8. Cette pièce est fort curieuse par
la manière dont la roue dite d'échappement fonctionne.
Les dents de cette roue sont taillées au bout en plans
inclinés, sur lesquels les bras de l'ancre viennent
successivement agir, pour que la force motrice restitue au pendule la partie de mouvement qu'il perd
dans les résistances. Pour diminuer les frottemens,
M. Perron ajuste à chaque bras de l'ancre un rouleau
mobile qui transforme les frottemens en ceux du

deuxième genre : c'est l'échappement de Graham renversé, car cet artiste célèbre avait placé les plans inclinés aux bouts des bras de l'ancre. Du reste l'échappement de M. Perron est bien soigné; pour éviter l'arc-boutement, des vis de rappel sont disposées à l'ancre qui remédient à l'inconvénient. Quant à la priorité d'invention, nous devons dire que, depuis plusieurs années, les horlogers se sont avisés de faire passer une partie des plans inclinés de l'ancre aux dents de la roue d'échappement. M. Duclos a fait plus, il a transporté en entier ces mêmes plans sur les dents de la roue, dans ses jolies horloges en carton, qui ont paru si curieuses au public, et qui l'étaient en effet par les ingénieuses combinaisons qu'on y observait. Le défaut de succès de ces horloges n'ôte rien au mérite de ces conceptions, parce qu'il tient à d'autres causes.

M. Gille, horloger, rue des Cinq-Diamans, a pris un brevet en juillet dernier, pour l'échappement à repos de sa pendule à réveil, et y a aussi fait l'application d'un système de roues à plans inclinés *fig.* 22, Pl. 8, semblables à celles de la pendule à secondes de M. Perron.

Les échappemens de M. Duclos sont à recul; mais le recul y est moindre que celui de M. Perron: Monsieur Duclos dit en avoir fait aussi à repos, ce qu'on conçoit facile dans son système *fig.* 20 et 21, Pl. 8. Ceux de M. Gille sont aussi à repos; mais ceux de M. Perron sont à recul, puisqu'il fait agir les plans inclinés sur des rouleaux mobiles de l'ancre, et que les plans inclinés ne sont pas concentriques à l'ancre.

Compensateur de pendule.

M. Perron place sous la lentille une branche horizontale bi-métallique fixée à la tige de suspension; en sorte que les influences de la température, en déformant cette lame, montent ou descendent la lentille, de manière à déplacer le centre d'oscillation sur la tige, et à lui donner une distance invariable à la suspension·

Il est évident que M. Perron n'avait aucune connaissance des inventions semblables et antérieures à la sienne, car son pendule est le même que celui qui est depuis long-temps connu, sauf quelques différences de forme : ce dernier a sa lame compensatrice droite, tandis que celle de M. Perron est courbée. M. Duchemin, qui a autrefois soumis ce pendule compensateur, a bien senti que la difficulté de régler cet appareil serait un obstacle à son usage : du reste, il a construit sur ce principe un grand nombre de pendules, et particulièrement celui· d'une horloge pour l'observatoire de Nantes, mise à l'exposition de 1821. Ce procédé a été employé dans plusieurs horloges de clocher sorties de la fabrique de M. Cahier, au Tillay, près Jonesse.

Horloge de l'église d'Ornans.

M. Perron a envoyé un dessin correct, quoique négligé, mais, du reste, très-facile à comprendre, du système de sonnerie à quarts, qu'il a exécuté pour le clocher d'Ornans. L'on y a reconnu une pièce très-bien combinée pour assurer les effets, mais qui n'offre rien de neuf; c'est le même système qui est suivi dans les horloges dites du Jura. Un limaçon des heures règle la marche du râteau, qui tombe sur ses dentures, et tient lieu de la roue de compte en usage, et ce râteau descend à un degré qui détermine le nombre des coups frappés par le marteau quand le râteau se relève; il en faut dire autant de la sonnerie des quarts, qui est régiée par un limaçon à douze dents; dont chacune a trois degrés, et celui de ces degrés où le deuxième râteau va buter détermine le marteau à frapper un, deux ou trois coups, il y a de l'intelligence dans cette disposition; mais, comme nous l'avons dit, point de mécanisme nouveau.

M. Perron a donné de nouvelles preuves de la sagacité qui fait distinguer ses différens travaux. Les deux premières pièces offrent surtout cette qualité remarquable; il est certain que le système des roues d'échappement à plans inclinés sera fort utile aux horlogers, et surtout son emploi dans les montres peut remplacer avec avantage celui de la roue de cylindre, parce qu'il est d'une plus facile exécution. L'usage des roues à plans inclinés agissant sur des chevilles est plus heureux pour les montres que pour les pendules, parce qu'il devient un échappement libre, attendu qu'il est appliqué au balancier, comme dans les montres anglaises et suisses; et par cela même que ce sont des chevilles à l'ancre qui agissent, les effets en sont plus sûrs; tandis que, pour les pendules, il ne peut être libre, ni même à repos, malgré les chevilles mobiles. Nous ne prétendons rien affirmer d'ailleurs sur la priorité d'invention, puisque M. Perron dit avoir fait, en 1798, des montres sur ce système. Nous laissons ce point en doute.

Description d'un échappement à plans inclinés et à rouleaux mobiles Pl. 8, *fig.* 18 *et* 19, *par M. Perron, horloger à Besançon.*

On sait que l'échappement est la partie la plus essentielle et la plus délicate dans toutes les machines destinées à mesurer le temps. Il est nécessaire que la puissance motrice y parvienne au moyen de bons engrenages et sans déperdition de force, de sorte que l'échappement ne serve uniquement qu'à restituer au pendule ce qu'il perd par les frottemens de sa suspension, si elle est à couteaux, et par la résistance de l'air ou des ressorts de suspension si cette suspension est à ressorts. On peut donc atteindre ce but : 1º en construisant un échappement dont la traînée sur les leviers soit longue, en faisant décrire de petits arcs au pendule, lesquels sont reconnus plus isochrones entre eux que les grands ; 2º en ne mettant pas d'huile sur les levées ; ce qui augmente les frottemens quand elle vient à s'épaissir. Ces conditions sont remplies par l'échappement à rouleaux mobiles, que l'auteur annonce avoir adapté à une pendule astronomique, en faisant tourner les rouleaux dans des trous en rubis.

Cet échappement, représenté *fig.* 18 et 19, Pl. 8, se compose d'une roue à échappement *c*, dont les cinq dents marquées 1, 2, 3, 4 et 5, de forme triangulaire, sont taillées en plans inclinés. Chaque dent agit alternativement sur les rouleaux placés en cage sur les bras *b*, *d*, au moyen de deux ponts. Le centre de mouvement de ces bras, ou pièces d'échappement est en *a*. Dans la position où est représenté l'échappement, la dent ou le triangle 1 vient d'agir sur le rouleau du bras *b*, et l'a écarté du centre de la roue, tandis que celui *d* s'en est rapproché en même temps que la dent 1 quitte le rouleau du côté de *b*, la dent 2 fait repos sur le rouleau du bras *d*, qui continue à s'approcher du centre de la roue par la force d'impulsion que lui a communiquée le triangle 1, agissant sur le rouleau du bras *b*. Cette force d'impulsion étant épuisée, le bras *d* revient sur lui-même par l'effet de la pesanteur ; le triangle 2 agit par son plan incliné sur le milieu du bras *d*, et lui donne une nouvelle impulsion: alors le triangle 3 se trouve contre le rouleau du bras *b*, y fait repos, reçoit son impulsion ; puis le triangle 4 s'appuie contre le rouleau du bras *d*, pour continuer les mêmes effets jusqu'à ce que la force motrice soit épuisée.

L'auteur annonce que cet échappement est d'une exécution facile, qu'il a peu de frottement, exige très-peu de force motrice et n'a pas besoin d'huile sur les rouleaux.

Il fait observer que, dans l'échappement à ancre de Graham, la roue a trente dents et agit sur les leviers de l'ancre, puis sur les repos convexes et concaves fort éloignés du centre de mouvement de l'ancre, ce qui cause un frottement d'autant plus grand ; de sorte

que si l'on gagne de la force par les levées, elle se
consume sur les repos. Dans le nouvel échappement,
c'est l'inverse ; la roue étant petite agit par de courts
leviers sur de grands leviers à bras de l'échappement,
très-éloignés de leur centre de mouvement ; les repos
ayant lieu sur la roue se font sur un levier très-
court, et qui se raccourcit encore par les grands arcs
de supplément, en se rapprochant du centre de la
roue, à une ligne environ. On voit donc qu'il y a une
grande force de la part de la roue sur les rouleaux
appliqués aux bras de l'échappement, et que les
repos ne tardent point à détruire la force d'impulsion,
puisque le levier agissant se raccourcit de plus en
plus à mesure que les arcs de supplément deviennent
plus grands. On voit aussi qu'il y a une très-grande
liberté à cet échappement, puisque la roue agit sur
des rouleaux au lieu d'agir sur des chevilles ; les rouleaux n'ont aucun frottement, c'est un simple roule-
ment : par conséquent, pas d'usure et plus de constan-
ce dans l'isochronisme des vibrations.

Au lieu de mettre trente dents à la roue d'échappement, dont la tige aurait porté l'aiguille des secondes, l'auteur a préféré donner à l'avant-dernière
roue soixante dents engrenant dans un pignon de dix
ailes et cinq dents à la roue d'échappement. Les dents
de la roue de secondes sont toujours dans les mêmes
proportions avec les ailes du pignon de la roue d'échappement et les dents de cette roue : ainsi l'aiguille des
secondes doit les marquer bien exactement sur un
cadran bien divisé.

Description d'un autre échappement par M. Duclos.

Cet échappement a été employé pour les pendules
en carton que construisait l'auteur, et qui ont reçu
dans le temps un accueil assez favorable du public.
Les roues étaient en carton et les palettes de l'ancre
en corne.

La *fig.* 20, Pl. 8, représente la position de cet échappement au moment de la levée.

La *fig.* 21, montre ce même échappement au moment de la chute.

a, roue d'échappement.

b, les dents de cette roue.

c, arcs de repos.

d, axe de l'ancre.

e, ancre en corne.

La levée se fait par le plan incliné de la dent *b*; la chute ou le repos, lorsque cette dent quitte l'ancre, comme on le voit *fig.* 21. Les arcs de repos *c* sont tirés de la même ouverture de compas, dont le centre est en *d*.

Description d'un autre échappement à plans inclinés par M. Gille.

Cet échappement à repos, représenté *fig.* 22, Pl. 8, est contruit sur le principe de celui de M. Graham.

La roue *c* est composée de dents *a a* dont le bout est taillé en plan incliné, sur lesquelles viennent frapper alternativement les palettes *b*, *b* de l'ancre. Ces palettes étant d'égale longueur, le balancier est poussé autant d'un côté que de l'autre, avec un frottement régulier, le repos se faisant sur le même cercle.

Description d'un pendule compensateur proposé par M. Perron, horloger à Besançon.

a b, *fig.* 23, Pl. 8, est la verge du pendule; *c d* est une lame composée d'acier et de cuivre, fixée à la verge au moyen d'une vis à tête couronnée *e*. La lentille est traversée par la verge, dans laquelle elle passe librement; elle est soutenue par les extrémités de la lame bimétallique, au moyen de deux curseurs *f*, *g*, auxquels sont réunies, à charnières, deux brides *h*, *i*, qui supportent la lentille *k* par son centre avec une vis à portée, afin de laisser libre le mouvement des brides, soit au curseur, soit au centre de la lentille, par les changemens de la température.

La lame c d doit être faite en cuivre jaune ou en laiton bien écroui; ayant une épaisseur triple de celle d'acier; cette dernière doit être trempée et revenue bleue; et elle sera ensuite rivée sur celle du laiton, au moyen d'un grand nombre de chevilles assez rapprochées les unes des autres, afin que cette lame d'acier fasse pour ainsi dire corps avec celle de laiton.

Le motif qui a engagé l'auteur à donner une si forte épaisseur à la lame de laiton, c'est qu'elle doit maîtriser celle d'acier et la courber en différens sens, selon la température. Cette lame peut être droite ou courbe; telle que l'indique la figure. Si à la température moyenne de 10 degrés, cette lame est droite, elle prendra la forme convexe, si on l'expose dans une étuve, à une chaleur de 27 degrés parce que la dilatation du laiton étant plus grande que celle de l'acier, elle sera retenue par la lame d'acier qui s'alongera moins, et la lame composée se courbera. Si de cette température de 27 degrés on la fait descendre à zéro, alors les deux lames se raccourciront par le froid; mais le laiton se raccourcissant plus que l'acier, la lame composée deviendra concave. On sent que si ces deux métaux étaient isolés l'un de l'autre, leur dilatation inégale aurait lieu en ligne droite; on voit aussi que si les lames étaient de même épaisseur, celle d'acier empêcherait celle de laiton de se courber.

Le pendule étant monté avec sa lame bi-métallique et l'horloge réglée à la température de zéro, à laquelle elle est exposée, si de cette température elle passe à celle de 27 degrés r, la verge du pendule s'alongera de $\frac{78}{560}$ de ligne environ, et l'horloge retardera de 20 à 25 secondes en 24 heures. La lame bi-métallique doit être plus longue qu'il est nécessaire, et si les curseurs f, g, étant placés aux deux extrémités, font remonter la lentille de 90 ou $\frac{100}{560}$ de ligne, la lame est

trop longue : alors on rapproche les curseurs du centre
de la lame et on les arrête aux points 2, 2, on répète
l'épreuve, et s'il y a encore trop d'allongement, on
amène les curseurs aux points 3, 3; si à cette position
une nouvelle épreuve donne $\dfrac{78}{360}$ de ligne, la lame bi-
métallique se trouvera exacte pour opérer les effets de
la compensation, puisqu'elle remonte la lentille de la
quantité que l'allongement de la verge du pendule
l'aura fait descendre : d'où il résulte que le centre
d'oscillation du pendule restera toujours à la même
distance du point de suspension.

La *fig.* 24 représente un fragment de la lame bi-
métallique, de demi-grandeur naturelle, pour une
lentille de 20 livres environ. Les deux lignes ponctuées
indiquent le passage des goupilles qui réunissent les
deux lames; celle d'acier est en dessus.

Description du pendule de compensation inventé par.
M. Duchemin, horloger mécanicien, place du Châ-
telet, n? 2, à Paris.

La *fig.* 1, Pl. 9, représente une coupe longitudinale
du compensateur de M. Duchemin ;

La *fig.* 2, le même, dans la proportion de demi-
grandeur naturelle et dépourvu de ses vis de rappel.

La *fig.* 3 est une coupe transversale.

Les mêmes lettres indiquent les mêmes objets dans
ces trois figures.

a, lentille.

b, tringle supérieure fixée au compensateur.

c, tringle inférieure qui porte la lentille.

d, *d*, *e*, *e*, lames de compensation composées de
deux tiers de cuivre et d'un tier d'acier. Les lignes
ponctuées, *fig.* 2, indiquent les courbures qu'elles prennent par l'effet de la dilatation.

n, *n*, grande vis de rappel horizontale, taraudée à
droite et à gauche, et portant les deux tasseaux ou cou-

lisseaux *g*, *g*, servant d'écrous, et taraudés aussi l'un à droite et l'autre à gauche.

f, *f*, boutons-moletés fixés sur les bouts de la vis de rappel *n*, *n*.

g, écrou pour régler la longueur du pendule.

Les deux lames bi-métalliques horizontales *d*, *d*, *e*, *e*, sont assemblées, à leurs extrémités, au moyen de deux plaques *i*, *i* fixées par quatre vis qui les tiennent assez espacées pour que les deux coulisseaux *g*, *g* et les vis de rappel *n*, *n* puissent poser sur la lame inférieure *e*, *e*, sans toucher la lame supérieure *d*. La tringle *b* est vissée dans la lame *d*, *d* du compensateur, et la tringle *c*, qui porte la lentille, passe librement en *s* au travers de la lame inférieure *e*, *e*, et est accrochée en *l* sur le milieu de la vis de rappel *n*, *n*.

Le Compensateur est construit de manière que le cuivre des lames bi-métalliques est tourné en dedans ; en sorte que la dilatation donne à ce compensateur une déformation indiquée par les lignes ponctuées, *fig.* 2. On voit qu'il a perdu son parallélisme par la dilatation, et que la lentille est suspendue sur la lame *e*, *e* par un effet double et simultané des deux lames bi-métalliques dilatées du compensateur.

Lorsque par un des boutons *f* on fait agir la vis de rappel *n*, *n*, les coulisseaux *g*, *g* s'écartent ou se rapprochent des extrémités du compensateur, suivant qu'on tourne la vis à droite ou à gauche, et cela lorsqu'on veut trouver le véritable point de compensation ; opération qui a lieu sans dérégler la pendule, puisque les coulisseaux glissent sur une surface sensiblement plane et horizontale, à température moyenne. Ainsi l'on voit que le poids de la lentille, accrochée sur la vis *n*, *n* par la tringle *c*, presse cette vis sur les tasseaux *g*, *g*, et fait appuyer ceux-ci sur la surface supérieure de la lame bi-métallique *e*, *e* ; que cette lame est réunie à la lame supérieure *d*, *d* par les deux plaques minces d'acier *i*, *i* ; enfin que la lame supérieure est fixée à la tringle *b* du pendule. Les extrémités de la vis de

rappel n, n passent librement au travers des plaques
i, i, excepté un des bouts retenu par une entaille qui
le tient fixé sur le même point quand on la tourne.
L'auteur a pris toutes les précautions pour que le compensateur n'éprouve aucun obstacle dans les mouvemens que lui font subir les variations de température.

Le point où le mouvement ascendant et descendant
est le plus prononcé sur le compensateur, par les changemens de température, se trouve vers le milieu de
la lame bi-métallique e, e, près de la tringle c, en s.
Ainsi, en rapprochant de ce point les tasseaux g, g,
la lentille aurait son maximum de mouvement ascendant
et descendant, si les tringles b, c, restaient invariables
dans leur longueur; mais puisqu'à la même température où se trouve le compensateur il y a variation dans
la longueur des tringles, c'est-à-dire dans la longueur
du pendule, il faut que cette différence soit corrigée
ou compensée par un point quelconque du mouvement
du compensateur sur la lame bi-métallique e, e; il faut
chercher ce point avec les coulisseaux en les faisant
mouvoir au moyen de la vis de rappel n, n, et les
diriger vers le centre du compensateur quand la pendule
retarde par l'effet de la chaleur, et vers les extrémités
si elle avance. Ces opérations se font lorsque le pendule
a subi des épreuves de température, c'est-à-dire après
l'avoir fait passer par des températures variées.

Pendule à quantième de M. Gille, horloger, rue des Cinq-Diamans, n° 10, à Paris.

La pendule de M. Gille est à échappement à repos :
c'est celle dont j'ai parlé en décrivant l'échappement
de M. Perron, de Besançon : c'est aujourd'hui sous un
autre rapport que je dois considérer cette pendule.

Elle indique les mois, jours de la semaine et quantièmes sur des cadrans distincts, dont les aiguilles
sautent à minuit. Ce qui rend ce mécanisme remarquable, c'est l'ajustement très-simple des parties qui

font sauter les aiguilles, et principalement celle des quantièmes, qui, d'elle même, saute le n° 31 quand le mois n'a que 30 jours, et qui saute le 29 février, en ayant égard, s'il y a lieu, aux années bissextiles.

On connaît divers procédés qui font obtenir ce résultat; mais les mécanismes en sont compliqués; il y a en général une roue qui fait son tour en un an, et qui a 366 dents, dont on rend l'une inutile dans les années communes. Cet appareil de rouages tient beaucoup de place, est d'un d'ifficile ajustement èt assez coûteux. Celui de M. Gille peut être logé dans un petit espace, puisqu'il n'a que trois pièces de plus qu'un quantième ordinaire et que la plus nombrée des roues n'a que 31 dents.

Il serait presque impossible de décrire avec netteté le mécanisme de M. Gille, sans le secours d'une figure bien faite, et je me contenterai d'essayer d'en donner une idée, en laissant à une légende le soin d'expliquer l'assemblage et le jeu des pièces, pour en montrer les fonctions.

On se représentera d'abord le grand cadran de la pendule percé au centre pour le passage des axes des aiguilles d'heures et de minutes, et percé aussi en trois autres points de la surface pour le passage des axes aux centres de trois petits cadrans, pour les jours de la semaine, quantième du mois et nom des douze mois. Chacun de ces trois cadrans est muni de son aiguille indicative, dont le saut est produit par le mécanisme général de la pièce.

D'abord, l'aiguille des jours de la semaine est montée sur un axe qui porte une étoile à sept pointes, et la détente qui la fait tourner d'un cran à minuit fait voyager aussi l'aiguille d'un septième de la circonférence, passant d'un jour au suivant.

Le deuxième cadran, celui des quantièmes du mois, a son aiguille montée sur un axe qui porte une roue de 31 dents; c'est précisément sur cette roue que doit agir le mécanisme inventé par M. Gille, pour rendre une, deux ou même trois dents de cette roue inutiles, quand cela est nécessaire, afin que l'aiguille saute autant de rangs à la fois.

A cet effet, l'axe des quantièmes porte une sorte de petit râteau armé de quatre chevilles inégales. Le limbe de la roue des mois n'est pas denté, mais porte des chevilles implantées comme celles du marteau de la sonnerie, excepté que ces chevilles sont au nombre de 12 et ont elles-mêmes des longueurs différentes. A la fin de chaque mois, une cheville entre en prise, et fait sauter un cran à la roue des mois; il en résulte que, suivant que le mois a 30 ou 31 jours, telle ou telle cheville du râteau des quantièmes est en prise, ce qui en détermine le saut. Le mois de février est muni d'une cheville qui fait sauter à la fois trois jours; les chevilles courtes sont pour les mois de 31 jours.

Et quant aux années bissextiles, il y a une petite roue qui fait son tour tous les quatre ans, et qui porte une dent plus large limée en courbe pour faire élever la roue le 28 février, afin que la cheville de cette date, qui est la plus grande, et qui est toujours remontée par celle du râteau, puisse passer, et que le lendemain 29 soit indiqué.

Ce mécanisme est simple et ingénieux, il est d'une exécution facile; ses fonctions sont assurées, et comme il tient peu de place, il sera certainement adopté en horlogerie au lieu des pièces nombreuses et de la roue annuelle actuellement en usage. Comme maintenant les pendules sont réglées sur le temps moyen, et qu'on en est enfin arrivé à faire peu de cas des équations qui servent à donner le temps vrai, les roues annuelles seront bien rarement employées en horlogerie. On trouvera donc fort commode un mécanisme de quantième perpétuel qui n'a pas besoin d'une roue annuelle.

Description d'une pendule à quantième perpétuel, marquant les jours de la semaine, le quantième du mois et le nom des mois, par M. Gille, horloger à Paris.

La *fig.* 4, Pl. 9, représente la petite platine portant le chaperon ou la roue des heures.

La *fig.* 5 est une vue du mécanisme indiquant les jours de la semaine, le quantième du mois et le nom de chaque mois.

La *fig.* 6 est le cadran.

La *fig.* 7 le râteau à chevilles vu en plan et de profil, et dessiné sur une plus grande échelle.

L'étoile *a*, entaillée de 7 dents, sert à marquer les jours de la semaine ; elle roule dans un piton vissé dans la fausse plaque ; son canon dépasse le cadran sur lequel est ajustée l'aiguille. Cette étoile est pressée par un ressort en équerre *l*, sur lequel appuie une détente *k*, qui la fait sauter à minuit.

La roue des quantièmes *p*, portant 31 dents est ajustée de la même manière que l'étoile *a*, et même la roue *b* ayant un même nombre de dents. Sur cette dernière est monté un râteau *c* à 4 dents ou chevilles *d* parallèles au plan de la roue et à distances inégales de ce plan ; ces chevilles agissent sur les chevilles de la roue de mois *e*, lesquelles sont au nombre de 12, de longueurs différentes, et perpendiculaires au plan de la roue.

g est une étoile à 4 ailes ou dents, destinée à faire marquer au mois de février vingt-neuf jours tous les quatre ans.

h, ressort qui presse contre les dents de l'étoile précédente.

i, autre ressort qui appuie sur les dents de la roue *e*.

n, levier attaché à la détente *k*.

o, dent à bascule qui pousse celles de la roue *p*.

q, ressort pressant sur les dents de cette dernière roue.

r, chaperon ou roue des heures.

s, moulinet à 4 ailes ou bras, ajusté de la même manière que l'étoile *a*.

t, levier fixé sur l'axe de la détente *k*.

u, ressort servant à tenir le moulinet à la place où il est conduit par le chaperon *r*.

v, dent à bascule portée par un levier fixé à la détente *k*, pour faire sauter l'étoile *a*.

Les ressorts *h i q* maintiennent les pièces du quantième quand elles ne sont pas poussées par la détente.

Effet du chaperon ou de la roue des heures. Cette pièce *r*, qui fait deux tours par jour, est armée de deux chevilles 3 et 4, l'une pour six heures et l'autre pour onze heures, qui font faire un tour au moulinet *s*, pendant que le chaperon accomplit ses deux tours. L'un des bras du moulinet porte une cheville 1, qui soulève le levier *t*. Par ce moyen, lorsque le chaperon a poussé à minuit le moulinet *s*, et que ce moulinet a agi sur le levier *t*, la détente *k* a fait avancer d'une dent l'étoile *a* et la roue *p*, et le moulinet se trouve dégagé du levier *t*, qui retombe par le poids de la détente, pour être repris toutes les fois que la pendule sonne minuit.

La détente *k* étant levée à minuit, et ayant fait tourner l'étoile *a* d'une dent, l'aiguille des jours de la semaine saute du mot lundi à celui de mardi ; cette détente pousse en même temps la roue *p*, qui fait passer l'aiguille des quantièmes de 18 à 19, par exemple, et ainsi de suite. Quand le mois à trente et un jours, le râteau *c*, qui a 4 dents d'inégale hauteur, saisit une des chevilles de la roue des mois *e*, et la fait avancer d'un douzième. Mais pour les mois qui ont moins de trente jours, le râteau pousse la roue des quantièmes à minuit, à la fin de ces mois, d'une, deux ou trois dents de plus les trois chevilles du râteau, qui sont progressivement plus hautes, auraient engrené trois dents avant le 31, tandis que de cette manière la dent la plus basse pousse seule la roue *c*. Une cheville de cette roue se présente devant le bras de la détente k, qui, par son plan incliné x, pousse d'un douzième la roue e, ce qui fait sauter l'aiguille de janvier à février : ce dernier mois, étant le plus court de l'année, a la cheville la plus longue qui est rencontrée par la cheville la plus élevée du râteau ; aussi, quand elle a déplacé la roue e, la cheville en forme de dent m est poussée par cette roue de trois dents en plus, aidée par le plan incliné x de la détente k, que de coutume, ce qui fait paraître le 1er mars au lieu du 29 février.

Pour les mois de trente jours, la cheville de ces mois doit être un peu plus haute que celle du 31e jour, afin d'être prise par la deuxième cheville, qui sera plus haute que celle m : alors elle engrène le 31, et la roue e, changeant de mois, pousse d'une dent en plus le râteau, ce qui fait sauter du 30 au 1er.

Quand l'année est bissextile, l'étoile g accompli son tour par le moyen d'une cheville 2 placée sur la roue e ; cette cheville fait tourner d'un quart de tour l'étoile chaque fois que la roue a fait son tour entier, ce qui arrive au bout de douze mois. La dent u de l'étoile g, qui est taillée en plan incliné sur son épaisseur, venant à passer au centre de la roue, rencontre une espèce d'assiette en dessous, au moyen de laquelle la roue e est élevée de l'épaisseur d'une cheville, et comme la plus longue cheville de la roue e porte une encoche, la cheville la plus haute du râteau c passe dans cette encoche, ce qui fait que, le 28, la roue e ne se trouve pas déplacée par cette cheville, quoique la plus longue cheville de la roue e se trouve sur son passage. Le lendemain, la cheville la plus élevée du râteau, ne pouvant passer, touche la cheville à encoche et déplace la roue ; alors le bras de la détente k pousse, par son plan incliné x, la roue d'un douzième, et cette roue pousse en même temps le râteau de deux dents, ce qui fait qu'au lieu de marquer le 30 février, l'aiguille indique le 1er mars.

Pendule compensateur de M. Duchemin, horloger, place du Châtelet, à Paris.

Les variations de longueur qu'éprouve un pendule, sous l'influence des changements de température, se traduisent dans les horloges par des avances et retards alternatifs; ces effets, qui altèrent l'uniformité des mouvements des pendules, ont été long-temps un mal sans remède : ce fut une bien ingénieuse idée que celle qui, par un ajustement convenable des branches de métaux différens tira partie de la dilatation même pour en arrêter les effets. Dès qu'on eut reconnu que la dilatabilité des métaux était différente pour une même variation de température, on s'occupa de se servir de cette propriété pour donner aux pendules des longueurs constantes. On assembla des tiges verticales de deux métaux, liées par des traverses horizontales sous forme de grille, de manière à faire remonter la lentille par l'allongement qu'éprouvait l'un de ces métaux, précisément d'autant que le faisait descendre l'allongement de l'autre : il suffisait pour cela que la longueur totale des branches du premier métal supposées mises bout-à-bout, comparée à la longueur de celles du second métal, fût exactement dans le même rapport que les dilatations respectives de ces deux métaux. Les deux branches symétriques et parallèles d'un même métal ne doivent être comptées que pour une seule dans ce calcul : par là, le pendule paraît insensible aux variations de la température; son centre d'oscillation demeure exactement sans cesse à la même distance de la suspension, qu'il fasse très-chaud ou très-froid.

Mais si cette règle est exacte en théorie, elle est très-difficile à appliquer; ce sont des tâtonnements perpétuels pour arriver à l'exacte proportion voulue, soit pour allonger un peu, soit pour accourcir les tiges de l'un des métaux; et chaque fois, les défauts ne sont mis en évidence qu'après des épreuves longues, qui consistent à soumettre le pendule à des alternatives de températures extrêmes, puis à la démonter pour limer certaines tiges et refaire l'assemblage dans d'autres proportions ; effets qu'on produit difficilement et avec frais : ainsi un pendule compensateur est une pièce à la fois coûteuse et d'une exécution très-délicate.

Sans doute, les longueurs des branches de la grille sont déterminées d'avance par la loi de la dilatation linéaire de chaque métal, et c'est une chose extrêmement facile que de tailler ces branches de longueurs propres à satisfaire à la règle. Il y a lieu de s'étonner que, dans un art aussi perfectionné que l'horlogerie, lorsqu'on sait que les pièces les plus délicates d'une montre et d'une pendule sont faites en fabrique, même par des ouvriers souvent fort peu capables, il ne soit pas encore venu dans l'idée des fabricans d'horlogerie de faire construire leurs pendules à compensation, lorsqu'il ne leur en coûterait pour cela pas plus de frais que pour produire ces pendules à fausses grilles qui ne sont que des simulacres sans utilité : il leur suffirait de faire les branches de leurs grilles en zinc ou cuivre, et en acier, et de les tailler et assembler selon les longueurs voulues par la règle ; cette règle consiste en ce que les branches de fer réunies soient à celles de cuivre comme 5 est à 3, et à celles de zinc comme 6 à 17.

Pour obéir à ces conditions, les pendules en cuivre et acier doivent être à neuf branches ; mais celles en zinc et acier n'exigent que trois ou cinq branches, à cause de la grande dilatation du zinc : aussi, préfère-t-on généralement aujourd'hui ce dernier système.

Le pendule ne serait pas exactement compensateur dans cet état, par des raisons que nous exposerons bientôt ; mais il serait si près d'avoir cet avantage, qu'en considérant que les pendules de nos appartements ne sont pas exposées à de grands changements de température, on pourrait en être satisfait. Nous recommandons surtout cette pratique, parce qu'elle ne coûterait aucuns frais nouveaux, et aurait des avantages

au moins égaux à ceux des compensations de montre
par arcs bi-métalliques, que Bréguet a imaginés, et
dont tout le commerce fait usage, quoique l'effet en
soit un peu incertain.

Mais lorsqu'il s'agit de faire les pendules compensateurs des régulateurs astronomiques, et autres pièces précieuse par l'uniformité de leurs mouvemens, on ne peut
s'en reposer sur la simple règle qui vient d'être pres-
crite : en voici les raisons. Les métaux ne sont jamais
homogènes, la manière même dont on les travaille, selon
qu'ils sont coulés, écrouis ou filés, change la quantité
de leur dilatation ; et comme le moyen le plus assuré de
mesurer cet effet est précisément de fabriquer un pendule, de le faire osciller et de compter ses oscillations
à différentes températures, parce que les plus petites
variations de longueur se manifestent par la durée
qu'elles produisent ; il est évident qu'on ne peut composer un bon pendule compensateur qu'en le soumettant
à des épreuves successives, le corrigeant, le remettant
en œuvre, etc.

Ce sont ces difficultés, ces frais et ces lenteurs que
M. Duchemin est parvenu à éviter complétement, d'une
manière à la fois sûre et très-simple. Son pendule est
exactement de même forme que le pendule à grille
ordinaire à cinq branches en zinc et acier : il établit ces
branches de longueurs convenables, conformément à
la règle connue ; mais il s'est ménagé le moyen de rendre
variables à volontés les tringles de zinc, afin de trouver
sur place, sans rien démonter, la compensation absolue
par des expériences faites sur la marche de la pendule.

Il serait à peu près impossible, sans figures, de faire
comprendre l'ajustement des tringles : il nous suffira de
dire que les tringles de zinc ne sont liées à celles d'acier
que par des traverses qui soutiennent des vis de pression, qu'on peut faire agir ces vis sur tels ou tels points
qu'on veut des tringles, et par conséquent allonger ou
accourcir celles-ci dans les limites suffisantes, selon
qu'on reconnait par l'expérience que la compensation est

trop forte ou trop faible. La pendule reste en place et montée; on ne l'arrête même qu'un moment pour déplacer les vis, et on les remet sur-le-champ en mouvement, et cela sans que la marche générale de la pièce ait varié: la compensation a seule été modifiée. Ce procédé est même d'une si facile exécution, qu'il n'est point nécessaire d'avoir recours à l'horloger pour opérer le changement. (1)

Description d'un pendule compensateur, composé d'une verge à grille de cinq tringles de zinc et acier, sur lequel est appliqué un nouvel appareil pour trouver la compensation absolue, au moyen de vis de rappel et de pression; par.M. Duchemin.

Le châssis, qui n'est ici figuré que par sa partie inférieure, est assemblé sur des traverses de laiton, comme à l'ordinaire.

On sait qu'une verge à grille ordinaire en zinc et acier donne la compensation absolue, si les tringles de zinc sont dans un rapport voulu de longueur avec celles d'acier, et s'il y a homogénéité dans les tringles de deux métaux, mais si dans la marche de la pendule il se-

(1) Depuis long-temps, on a remarqué que la dilatation des métaux ne se fait pas uniformément sous l'influence de la température, mais qu'elle se produit par de petites saccades : cet effet a principalement lieu pour les métaux cristallisés. Ainsi, le zinc et l'acier paraissent devoir être rejetés des pendules compensateurs : on leur préférera sous ce rapport le fer et le cuivre. Cependant, lorsque les métaux sont écrouis, laminés, tirés à la filière, cet inconvénient a presque totalement disparu. Il conviendra donc de n'employer à la fabrication des pendules compensateurs que les métaux soumis à ces modes de travail, qui en rapprochent les molécules et détruisent la cristallisation. On sent en effet, qu'un pendule ne peut devenir compensateur pour tous les degrés thermométriques compris entre les limites de température où il a été éprouvé par l'artiste, qu'autant que la marche de la dilatation s'y fait avec uniformité, parce que la compensation ne se ferait qu'aux deux limites extrêmes auxquelles le pendule n'est presque jamais exposé.

trouve une certaine quantité de compensation naturelle, la compensation factice se trouve en défaut, malgré toutes les conditions requises désignées ci-dessus dans la verge à grille. Il faut donc rendre variable à volonté la longueur des tringles de zinc, afin de trouver sur place la compensation absolue par des expériences faites sur la marche de la pendule. L'appareil adapté à ce pendule est destiné à cet usage pour les verges à grille ou à châssis de plusieurs tringles, et donnera à l'observateur la facilité de trouver lui-même la compensation absolue, sans avoir recours à l'horloger.

Le nouvel appareil, vu de face, *fig.* 8, Pl. 9, se compose de deux traverses en laiton *A A'*, percées de cinq trous également espacés, comme ceux des trous des traverses ordinaires *B B'*, qui assemblent le châssis; de quatre vis de pression *C C* et *D D*, qui servent à fixer l'appareil sur un point de la verge à grille. La traverse inférieure *A* est retenue aux deux tringles d'acier *e e* par les vis de pression *C C*. La traverse supérieure *A* repose sur la première par les deux vis de rappel verticales *f f*, et elle est fixée aux deux tringles de zinc *G G*, et sur les deux tringles d'acier *E E*. Les choses étant dans cet état on peut voir que les extrémités inférieures des deux tringles de zinc *G G* ne sont pas en contact avec le fond des trous, aux points 1 et 2 de la traverse inférieure *B*. Ces bouts inférieurs de zinc sont donc libres de s'allonger ou de se raccourcir et sont nuls pour la compensation, et cela, parce que les tringles de zinc sont retenues par la pression des vis *D D*, qui les fixent à la traverse supérieure *A*, qui est elle-même retenue et reposée sur la traverse inférieure fixée aux tringles d'acier *E E* par les vis de pression *C C*. Lorsqu'on a besoin de déplacer l'appareil pour l'arrêter sur un autre point de la grille, il faut d'abord mettre les deux vis *HH* en contact avec les bouts inférieurs des tringles de zinc, pour conserver au pendule sa même longueur, et ensuite desserrer les quatre vis *C C* et *D D*, pour faire glisser l'appareil sur le châssis. Lorsque l'opération est terminée, on serre les quatre vis; après quoi, on supprime le contact 1 et 2 des deux vis verticales *HU*, pour rendre libre les bouts des tringles de zinc.

Les vis de rappel verticales *FF* sont destinées à élever ou abaisser la traverse supérieure *A*, afin d'allonger ou de raccourcir les tringles de zinc *GG*; quand on n'a besoin que d'un petit espace pour arriver à la compensation absolue, en ayant soin, toutefois, de remettre en contact les extrémités des bouts inférieurs des tringles de zinc avec les extrémités supérieures des vis verticales *HH*, avant de dresser la traverse supérieure *A*, afin de conserver la même longueur au balancier et ne pas dérégler la pendule.

Autre pendule compensateur de M. Jacob, Boulevart Mont-Martre, n° 1, à Paris.

Nous ne rappellerons pas combien de soins, de temps et de dépenses exige la fabrication d'un bon pendule compensateur. M. Jacob, qui ne connaissait pas les procédés proposés par M. Duchemin pour faciliter et abréger ce travail, s'est occupé de rechercher s'il ne serait pas possible d'abandonner les pendules à grille et d'en fabriquer un autre qui remplît la même condition, savoir, de rendre l'appareil insensible aux variations de température. Il se sert, il est vrai, de la propriété qu'ont différens métaux d'être inégalement dilatables par la chaleur; mais la disposition de son appareil est nouvelle, et la solidarité qu'il établit entre le zinc et l'acier nous a paru remplir parfaitement le but que s'est proposé l'auteur : voici en quoi consiste cet ajustement.

La tige de suspension est en acier; sa coupe est celle d'un cylindre ovale : elle a la longueur propre aux durées qu'on veut que ses oscillations produisent. Dans la partie inférieure de sa longueur, elle est entourée d'une sorte de fourreau ou étui en zinc, formé de deux lames de ce métal, qui sont réunies sur leurs bords en plusieurs vis de pression *C C* et *D D*, pour fixer solidement l'appareil par de petites traverses. Le système de la tige d'acier et celui de son fourreau de zinc sont libres et indépendans l'un de l'autre ; seulement, pour retenir l'étui de zinc et l'empêcher de couler sur la tige de suspension, le bout inférieur de la tige d'acier est taraudé et muni d'un écrou sur lequel porte cet étui : cet écrou sert à produire l'avance et le retard à la manière ordinaire.

Le haut du fourreau est façonné en cylindre taraudé et porte un écrou qui, étant en dessous d'une rondelle ou virole, lui sert de support ; cette virole sert de point d'appui à deux verges d'acier, qui sont, par leur bout inférieur, fixées à la lentille et la supporte : bien entendu que 1º la lentille est tout à fait libre de la tige d'acier, et que son fourreau de zinc ne lui sert que de support ; 2º la longueur du fourreau de zinc est calculée, d'après la loi de la dilatation, pour produire plus d'effet qu'il ne faut, en sorte qu'on n'ait besoin, pour le régler, que de l'accourcir en descendant convenablement l'écrou.

Voici l'effet produit par cet ingénieux appareil:

Supposons qu'après avoir adapté le pendule à une bonne horloge et l'avoir réglé de longueur à une température constante, on veuille en régler la compensation.

On élèvera la température par les procédés ordinaires, et on trouvera, par exemple, que la pendule avance plus, ou retarde moins qu'elle ne faisait auparavant : on en conclura que la chaleur a, il est vrai, allongé la tige d'acier de suspension, ce qui aurait dû produire un retard ; mais que l'écrou servant d'appui à la lentille sur le fourreau de zinc s'est aussi allongé, et que la lentille a été remontée d'autant : en sorte qu'elle a été moins descendue par le premier effet que remontée par le second. Le pendule a donc été réellement accourci, le centre d'oscillation rapproché de la suspension : ainsi la partie de zinc est trop longue comparée à celle de l'acier.

Pour l'accourcir, on tournera l'écrou qui est sous la

rondelle de support de la lentille dans le sens convenable pour abaisser celle-ci, ce qui produira deux effets : le premier, d'accourcir le tube de zinc, qui produisait trop de compensation ; le deuxième, d'abaisser le centre d'oscillations, ce qui doit faire retarder la pendule ; et comme on refuse ce dernier effet, qui tend à déranger la marche générale, on remonte le centre d'oscillation d'autant, en tournant l'écrou du bout de la tige de suspension. Les deux pas de vis étant les mêmes, ou du moins comparativement mesurés, il est facile, à l'aide d'un index et de divisions égales sur chaque écrou, de faire marcher l'un et l'autre des quantités voulues, pour que la compensation seule ait été influencée.

Ainsi on peut régler ce pendule compensateur, non seulement sans démonter l'horloge ni le pendule, mais presque sans l'arrêter, ou du moins en l'arrêtant un seul moment ; en sorte qu'on peut y toucher pour modérer la compensation comme on veut, et cela, sans peine, dépense, ni travail, mais en un instant : rien n'est donc plus facile que de manœuvrer cet appareil et de l'amener, par des essais réitérés, au plus haut degré d'exactitude, avec la même facilité que s'il ne s'agissait que de retarder ou avancer un pendule simple.

Un des résultats contre lesquels l'horloger se met en garde dans la construction des pendules compensateurs, et qui sont les plus nuisibles aux pendules à grille, c'est la flexion et l'affaissement causés par le poids assez considérable de la lentille sur les tiges d'ajustement qui la portent ; ce poids tend a déformer ces tiges, et comme c'est une action perpétuelle, elle ne s'exerce pas moins au bout d'un jour qu'au bout de dix ans : il s'ensuit que jamais la compensation ne se conserve en toute rigueur. Dans les premiers jours de la construction du pendule, il est impossible de le régler ; il faut que les pièces aient fait leur effet, sous l'influence du poids qui les tire. Au bout d'un certain temps, on les essaie ; on tente de régler les dimensions des tringles des deux métaux : des expériences réitérées sont nécessaires, et au bout d'un long-temps, un an et plus encore, on arrive à avoir un bon pendule. Le poids de la lentille agit encore, mais le nerf des métaux a appris à y résister. Toutefois, on conçoit qu'à la longue le poids pourra l'emporter, et que la compensation faillira ; ce qui nécessitera des réparations nouvelles.

Dans le pendule de M. Jacob, ces inconvéniens existent, il est vrai, dans toutes leurs forces ; mais il lui est si facile d'y porter remède, qu'ils sont, pour ainsi dire, nuls pour lui.

Nous n'essaierons pas de comparer ici les pendules compensateurs de Messieurs Duchemin et Jacob ; ces deux appareils, quoique conçus d'après les mêmes principes sont d'une nature toute différente ; l'un n'a voulu que donner des moyens sûrs et faciles de régler les pendules à grille ; l'autre a imaginé un pendule nouveau, que nous appelons pendules à fourreau, pour le distinguer des premiers: ce sont deux inventions très-dignes d'estime, et chacun pourra donner la préférence à l'un ou à l'autre, selon les cas, avec la certitude de faire un bon choix.

M. Jacob est déjà connu pour l'invention d'un compteur qui a été l'objet d'un rapport très-favorable; il s'occupe du perfectionnement de l'horlogerie et publie maintenant un projet de souscription pour la fabrication de régulateurs, qu'il livrera au prix modique de 600 francs : son engagement est que l'instrument ne pourra pas, après une année entière d'épreuve, donner plus d'une demi-minute par mois d'avance ou de retard. Le pendule aura sa tige en bois, convenablement choisi et préparé, pour que ni les variations de température, ni l'humidité de l'atmosphère, ne puissent en changer ni la longueur ni la forme. On sait en effet que la température n'allonge pas le bois, et qu'on peut éviter la torsion de la tige sous l'influence de l'humidité de l'atmosphère, en y appliquant un enduit convenable.

Description du pendule compensateur de M. Jacob.

Ce compensateur est composé d'une verge en acier *AA'* (voyez la coupe verticale, *fig.* 9, Pl. 9), de forme ovale. Le côté *A* porte les crochets de suspension, et l'extrémité *A'* est taraudée pour recevoir un écrou. Sur cette verge s'ajuste un fourreau en zinc *B B'* composé de deux règles réunies en plusieurs points par de petites traverses de même métal, dont l'extrémité supérieure est fixée sur une douille taraudée 1. La verge d'acier est maintenue au milieu de ce fourreau par une ouverture pratiquée à chaque extrémité, qui lui permet de se mouvoir librement, et le fourreau est retenu sur la verge par l'écrou *H*. Sur la partie taraudée 1 du fourreau se trouve vissé un écrou *G*, sur lequel se place librement une rondelle en acier *C D* ; armée de deux oreilles auxquelles la lentille est suspendue par les deux verges *EE'*, *FF'*, qui partent du diamètre horizontal. La longueur de zinc est calculée pour qu'en remontant l'écrou placé sur la partie taraudée 1, il y est un excédant de compensation; en sorte qu'en descendant progressivement cet écrou, on arrive à la longueur convenable.

Sphère-horloge par MM. Seyez et Ingé, à Paris.

Description.

Cet appareil est formé d'une sphère terrestre en métal ou en toute autre matière, creuse dans toute son étendue et dans l'intérieur de laquelle est un mouvement d'horloge qui fait tourner le globe sur son axe, et dont les zones sont d'un poids parfaitement égal dans toute la longueur, pour que le mouvement de rotation du globe le soit aussi.

Son axe, fixé par ses bouts sur la moitié du méridien, qu'on laisse subsister pour point d'appui, est tenu sur l'horizon, point où la moitié du méridien arrive, afin d'établir la solidité.

Sur le milieu de l'axe est aussi fixé un mouvement horaire ordinaire, avec ou sans sonnerie, mais dont les roues de la minuterie sont en moins; le globe faisant sa révolution en douze heures, et même en vingt-quatre heures, si l'on voulait.

Au sommet du mouvement, fixé par ce moyen au milieu du globe, on a porté le pignon qui appartient à l'axe de la grande aiguille dans les mouvements ordinaires au sommet des platines, afin d'atteindre l'extrémité du rayon de la sphère, et obtenir, par-là, un levier plus puissant.

A l'intérieur du globe est fixée, par trois leviers, sur trois points intérieurs de sa circonférence, une roue dont la denture est douze ou vingt-quatre fois plus nombreuse que celle du pignon de la grande aiguille (en supposant un mouvement pour chaque aiguille). Cette roue s'engrène sur le pignon de la grande aiguille, et tenant au globe, elle lui communique ainsi l'action par ce point de contact avec le mouvement.

Le globe est mobile sur trois points, qui sont :

1° Les deux pôles, sur l'axe, près des cercles horizon et méridien ;

2° Sur le centre de la grande roue, dont l'axe est fixé au bout du mouvement.

De cette manière, le globe fait sa révolution en autant de temps que la grande roue engrenée sur le pignon, c'est-à-dire en douze heures inscrites dans le grand cercle de l'équateur, et dans celui de l'horizon et du méridien.

Les heures et minutes sont marquées sur l'équateur; par ce moyen, chaque méridien et chaque point de la sphère passe successivement et régulièrement sous chaque heure et chaque minute, et ainsi on a l'heure pour chaque lieu du monde d'un seul coup d'œil.

Il est à remarquer que les heures doivent être tracées de droite à gauche, afin d'avoir la position vraie de la terre.

Explication des figures.

Pl. 9, *fig.* 10, vue de face de cet appareil et du côté du pôle nord.

Fig. 11, coupe de la sphère dans le plan de l'équateur.

Fig. 12, coupe dans le sens de l'horizon.

Fig. 13, moyen de joindre les deux hémisphères.

Fig. 14, coupe du globe perpendiculairement à l'équateur.

A, globe terrestre.

B, équateur.

C, portion du méridien.

E, axe sur lequel pivote le globe.

F, mouvement horaire avec ou sans sonnerie, qui fait tourner le globe.

G grande roue adhérente au globe par trois leviers *l*.

H, pignon communiquant le mouvement à la roue *g* et au globe.

I, clef pour monter le mouvement.

K, joint des deux hémisphères.

M, balancier.

Horloge de M. Gourdin, horloger à Mayet, arrondissement de la Flèche, département de la Sarthe.

M. Gourdin a eu pour objet d'apporter quelques utiles modifications au mécanisme des horloges de clocher et de château, pour en assurer les fonctions; mais son système peut pareillement être employé pour les pendules d'appartement, et même le modèle qu'il a présenté à la Société est destiné à ce dernier usage, puisqu'il y a joint des cadrans indicateurs de quantièmes du mois, du jour de la semaine et de dates et phases lunaires.

Toutefois, comme ces derniers mécanismes ne présentent rien de neuf, nous nous en tiendrons ici à l'examen des pièces principales de l'horloge.

Au lieu de faire sonner un seul coup pour les demies,

M. Gourdin met en jeu deux marteaux, dont chacun frappe sur un timbre particulier. On trouve très-incommode de ne pouvoir reconnaître pendant la nuit, lorsque la pendule fait entendre un seul coup, s'il est une heure du matin, la demie qui précède ou celle qui suit, ou même tout autre demie d'heure. Cet inconvénient n'existe pas dans les horloges du Jura, où les heures sont toujours sonnées deux fois consécutives, et les demies, une seule fois. Mais les pendules de cheminée ne présentent pas cet avantage, et durant un temps d'insomnie, on est souvent contrarié d'entendre, après une demi-heure d'attente, frapper encore un seul coup, sans savoir si la pendule sonne une heure ou quelque demie. Ainsi l'appareil des deux marteaux frappant les demies sur deux timbres est une chose utile. Le mécanisme qui produit cet effet est simple et n'a pas encore été employé dans ce but.

Les horloges de clocher, les pendules de salon, sont pourvues de deux forces différentes, l'une pour le mouvement, l'autre pour la sonnerie : il en résulte qu'il faut monter la pièce de deux fois quand le développement est près du terme de son action; aussi, les horloges publiques sont-elles toujours pourvues de deux poids moteurs, qu'il faut relever à des époques réglées, quand cela est devenu nécessaire. L'intervalle qui sépare deux remontages est quelquefois de plusieurs jours ; mais le plus souvent il n'est que de 24 heures, c'est-à-dire qu'il faut chaque jour remonter l'horloge. Cette durée dépend de la hauteur de chute du poids moteur, lequel du moins pour la sonnerie, doit être très-pesant ; puisqu'il soulève des marteaux dont le poids est en relation avec celui des cloches qu'ils font résonner. Ainsi, sous peine d'être obligé d'employer d'énormes poids moteurs ou une hauteur considérable de chute, on ne peut ralentir la descente des poids en se servant de poulies moufflées qui en affaibliraient la puissance.

M. Gourdin a imaginé de tirer partie du poids moteur

de la sonnerie pour monter le poids moteur du mouvement. Ainsi, chaque fois que les marteaux sont mis en jeu, la force qui les fait agir a une partie employée à remonter un poids qui meut le mouvement. Pendant que cette action s'exerce, le mouvement n'est plus soumis à l'action d'aucune force, et il courrait risque de s'arrêter, ou du moins de ne pas conserver sa vitesse ordinaire, si l'auteur n'avait employé un ressort moteur auxiliaire qui n'agit précisément que pendant la courte durée où le jeu de la sonnerie relève le poids moteur du mouvement. Ce dernier mécanisme est usité depuis bien long-temps en horlogerie ; mais nous croyons que l'autre, c'est-à-dire le procédé pour remonter le poids du mouvement par l'effet de la sonnerie, est neuf et bien imaginé.

Nos pendules de salon pourraient s'enrichir de cette utile invention ; il serait commode de n'avoir besoin de remonter qu'un seul barillet pour que la pendule pût à à la fois marcher et sonner, et si l'on repoussait l'idée d'animer les pièces du mouvement par un poids, qui en effet serait gênant dans les pendules de cheminée; rien ne serait plus aisé que de remplacer ce poids par un barillet, qui serait remonté par celui de la sonnerie chaque fois que ce dernier courrait en liberté. Toutefois, on doit avouer que les forces de ces deux ressorts exigeraient des relations particulières, auxquelles M. Gourdin n'a pas donné attention.

Enfin, M. Gourdin indique un procédé applicable à toute autre circonstance qu'aux horloges, pour faire fonctionner des pièces éloignées l'une de l'autre, sans employer des roues d'angle.

Il est aisé de juger que le mécanisme présenté par M. Gourdin doit bien fonctionner, puisqu'on n'y peut découvrir aucune cause de perturbation: nous ne nous arrêterons pas à le décrire ici, cette description ne pouvant être bien comprise que sur le vû de la pièce ou des figures qui la représentent.

Description de l'horloge par M. Gourdin.

Cette horloge, qui est représentée dans son ensemble et dans ses détails, Pl. 9, réunit plusieurs perfectionnemens qu'on ne trouve pas dans les horloges ordinaires. D'abord, l'auteur, par une disposition ingénieuse, a rendu son horloge propre à sonner les heures et les demies sur deux timbres séparés, placés l'un au-dessus de l'autre, de manière à ne pas confondre les demies avec les heures, puisqu'on obtient deux sons différens; en second lieu, le poids du mouvement est remonté par celui de la sonnerie, ce qui est d'autant plus commode que l'horloge s'arrêtait lorsque ce poids était monté; enfin, il a imaginé un moyen de faire fonctionner les pièces éloignées l'une de l'autre, sans employer des roues d'angles.

L'explication des figures fera connaître suffisamment ces divers mécanismes.

Fig. 17, élévation vue de face de l'horloge.

Fig. 18, section verticale d'une partie du mécanisme de la sonnerie.

Fig. 19, plan de l'horloge, les timbres étant enlevés.

Fig. 20, mécanisme qui annule le deuxième passage de la cheville fixée sur la roue des heures.

Fig. 21 et 22, détails du mécanisme qui remonte le poids du mouvement par le cylindre de la sonnerie.

Fig. 23, bascule qui fait agir le marteau frappant les demies.

Les mêmes lettres indiquent les mêmes objets dans toutes les figures.

A, grand cadran des heures et des minutes.

B, cadran des jours de la semaine.

C, cadran indiquant les phases de la lune.

D, cadran marquant les quantièmes du mois.

F f g, pièce composant le mécanisme destiné à rendre nul le deuxième passage de la cheville *a*, fixée sur la roue des heures, qui ne doit faire mouvoir l'aiguille du quantième que toutes les 24 heures.

2º *Remontoir fig.* 21 et 22.

H, cylindre ou treuil tournant sur son axe *b b*. Ce cylindre reçoit la corde du poids moteur.

M, roue de champ à rochet rivée sur le pignon *n*, qui tourne sur l'axe *b* et a un mouvement de translation de droite à gauche.

P p', bascule ou levier d'embrayage mobile sur la goupille *c*. Sa partie supérieure *p'* entre dans une gorge *d*, pratiquée sur le bout du pignon *n'*, prolongé en canon. *E* est une dent de cette bascule qui s'engage dans l'une des encoches ou entailles *g* du chaperon ou roue de compte *f*. On voit qu'en faisant glisser la bascule de droite à gauche par sa partie *p'*, la roue de champ suivra ce mouvement de translation. Le pignon *n* est assez long pour ne pas désengrener la deuxième roue de la sonnerie *n'*, *fig.* 23, qui le mène. Voici comment opère ce mécanisme.

Quand la sonnerie agit pour frapper l'heure, la roue de champ *m* tourne, menée par la deuxième roue *n'*, engrenant dans le pignon *n* ; alors l'entaille *g* dont le fond est taillé en biseau, repousse la dent *e* de la bascule, et la roue de compte *f* se trouve dégagée et rendue libre. Au même moment, la bascule *p'* se meut de droite à gauche et pousse la roue de champ *M* contre le cylindre, où elle est arrêtée par la dent *y*. Cette roue étant ainsi rendue solidaire avec le cylindre ou treuil *h*, la corde s'enroule sur ce dernier, aussi long-temps que l'heure sonne pendant ce passage ; la dent *e* de la bascule est légèrement pressée par un ressort contre le bord de la roue *f*, compris entre la première et la seconde entaille ; elle s'engage dans cette dernière aussitôt qu'elle se présente, et cela par un ressort qui sollicite la bascule de retourner à sa place ; la partie supérieure *p'* de celle-ci recule alors, entraînant avec elle la roue de champ *M*, qui se dégage du cylindre *h*. De cette manière, le poids moteur se trouve remonté. Cet effet est produit toutes les fois que la pendule sonne l'heure, et comme il y a un encliquetage auxiliaire, la marche du mouvement de l'horloge n'est point interrompue. Il suit delà que le poids moteur du mouvement sera régulièrement remonté tant que celui de la sonnerie le sera aussi, et que toutes les heures seront régulièrement frappées ; car, dans le cas contraire, l'horloge s'arrêterait lorsque la corde serait entièrement déroulée, et c'est ce qui arriverait si elle manquait à sonner quelques heures; mais si elle sonnait au-delà du nombre nécessaire, elle s'arrêterait également, parce que le poids moteur du mouvement se trouvant alors trop souvent remonté par la sonnerie, il arriverait à une trop grande hauteur, où il serait retenu par la partie inférieure de la cage de l'horloge ou partout autre point où il s'accrocherait. Monsieur Gourdin a évité ce dernier inconvenient par un moyen aussi simple qu'ingénieux.

La bascule *i j l, fig.* 22, remplit cet objet, elle entre dans une rainure pratiquée dans le cylindre *h, fig.* 21, et se meut autour d'une goupille fixée à ce cylindre au point *l* ; au fond de la rainure est un ressort qui le tient toujours à fleur du cylindre depuis *j* à *i*. Lorsque la corde s'enroule et arrive en *i*, cette extrémité de la bascule s'abaisse par la pression de la corde et du poids qui y est suspendu : alors la dent *j* se dégage de la roue de champ *M*, qui tourne avec la sonnerie sans toucher au cylindre. Ce jeu a lieu toutes les fois que la sonnerie, par un trop grand développement, élève le poids moteur du mouvement à une trop grande hauteur et que la corde arrive au point *i* de la bascule *i j l*. C'est ce qui a lieu aussi quand il est nécessaire de faire défiler la sonnerie pour la remettre d'accord avec les aiguilles du cadran ou à l'heure, et cela sans nuire en aucune manière à la marche du mouvement et sans que le poids puisse ni s'élever ni s'abaisser davantage ; car si la corde, par son développement, venait a ne plus toucher le point *i* de la bascule, la sonnerie étant en mouvement remettrait le cylindre, par la dent *j*, et la quitterait lorsque la corde se serait appuyée de nouveau en *e*. Dans ce cas, le poids moteur serait presque toujours à son maximum de hauteur pendant tout le temps employé à remettre la sonnerie à l'heure.

2° *Sonnerie des heures et des demies sur deux timbres séparés.*

R. fig. 23, est une bascule qui engage la levée *h* du marteau dans les chevilles de la roue *n'*; elle a son centre de mouvement autour d'une goupille *k* et est mise en jeu par la roue de compte *f*. Son extrémité supérieure est taillée en forme de mentonnet *r*, et son extrémité inférieure *m* s'appuie contre un des pivots de l'axe *n*, sur lequel est fixée la levée *h*. La roue de compte *f* porte douze chevilles destinées à faire frapper les douze demies sur le second timbre *o*, par l'intermédiaire des leviers *p*, *t*, du fil de laiton *q* et du marteau *u*. Quand une de ces chevilles s'avance sur le plan incliné du mentonnet *r*, la partie supérieure de la bascule s'écarte, et la partie inférieure *m*, en s'appuyant contre l'axe *n*, le déplace et engage la levée *h* sur une des chevilles de la roue *n'*; un coup frappé, la cheville de la roue de compte *f* se dégage en passant au-delà du plan incliné du mentonnet *r*. Dans ce cas, la levée *h* se dégage aussi des chevilles de la roue *n'* et reprend sa position primitive, ainsi que les bascules, par un ressort *x*, qui tend toujours à la repousser de gauche à droite.

3° *Communication sans roue d'angle.*

Cette communication se fait, dans l'horloge de Monsieur Gourdin, aux cadrans *B C D*, par l'intermédiaire des leviers *s s t*, dont l'extrémité s'engageant dans les dents des rochets *l o y*, les fait tourner de la quantité voulue.

V, timbre extérieur ou grand timbre sur lequel frappe le marteau des heures *v*.

X, volant.

Pendule universelle indiquant à la fois l'heure actuelle sous tous les méridiens, par M. Duclos (Philippe Auguste) horloger à Paris.

Description..

Cette pendule, que la *fig.* 24 pl. 9, fait voir en élévation, fait connaître l'heure qu'il est pour chaque méridien à tous les instants de la journée, en indiquant à la fois quels sont les uns relativement aux autres, les principaux lieux de la terre où les heures sont en avance ou en retard, quels sont ceux qui ont midi, minuit, ou toute autre heure au moment de l'inspection; enfin, quel est l'effet général de la division du jour pour les différentes longitudes.

Sur une bande circulaire et immobile *a b*, est figuré l'équateur divisé en trois cents soixante degrés par l'intersection des méridiens, et où ils sont numérotés de dix en dix, à compter de celui de Paris ou tel autre qu'on veut choisir pour point de départ. Les cent quatre-vingts degrés de longitude occidentale sont marqués de droite à gauche, et les cent quatre-vingts degrés de longitude orizontale sont marqués de gauche à droite.

Au-dessus de cette division sont indiqués, suivant leur situation respective (en longitude seulement), les lieux les plus remarquables et les plus connus du globe : ils peuvent être plus ou moins multipliés, suivant le diamètre donné à cette bande équatoriale.

· Un second cercle *c d*, parallèle à cette bande fixe, est placé au-dessus et un peu dans l'intérieur ; il porte vingt-quatre divisions principales, où sont marquées les douze heures du jour et les douze heures de la nuit. Les divisions des minutes se trouvent au-dessous, de manière que le bord inférieur de ce cercle se rapporte au bord supérieur de la bande équatoriale.

Ce cercle des heures fait horizontalement un tour en vingt-quatre heures et se meut d'orient en occident en suivant la révolution diurne apparente du soleil autour de la terre, il en résulte que chaque heure se présente successivement au-dessous de chaque méridien, et qu'ainsi tous les méridiens correspondent à la fois et continuellement à l'heure qu'ils doivent compter, dès que cette correspondance a été établie, en mettant la pendule à l'heure du premier méridien, au point du départ auquel on a fixé un indicateur principal *e f*.

Le mouvement est communiqué au cercle des heures et à toute la partie du cercle qui le couronne, sans aucun rouage apparent dans l'intérieur du modèle, qui peut être à jour, on n'aperçoit aucune pièce d'horlogerie.

Toute cette partie mobile est fixée, par le centre du cercle des heures, sur un axe perpendiculaire, cet axe, que l'on voit en *g h*, *fig.* 1 et 2, se prolonge en traversant librement et dans toute sa longueur l'obélisque *i*, placé au milieu des figures ou des colonnes.

Dans l'intérieur du socle *k*, est un mouvement d'horlogerie placé horizontalement; l'un des mobiles de ce mouvement fait un tour en vingt-quatre heures, et la longue tige qu'il porte occupe le centre du socle. Cette longue tige, qui traverse la partie supérieure du socle, reçoit un canon enchâssé, à frottement dur, sur lequel est montée, à genouillère, l'extrémité inférieure de l'axe fixé par l'autre extrémité au centre du cercle des heures.

Le mouvement d'horlogerie, dont le calibre est arbitraire, pourvu que l'un de ses mobiles fasse un tour en vingt-quatre heures et que son régulateur soit à spirale, n'a pas besoin d'être décrit ici, non plus que l'échappement choisi parmi les meilleurs échappemens connus. On adopte sous le socle un remontoir qu'on fait tourner, sans être obligé de se servir d'une clef. On voit que toute la pièce peut être remuée et transportée sans qu'elle s'arrête. L'auteur se propose d'exécuter cette pendule avec sonnerie et quantième et dans toutes sortes de dimensions; il compte aussi appliquer le mécanisme qui vient d'être décrit pour indiquer, sans cadran, à la fois et au même instant, l'heure actuelle sous tous les méridiens, par la correspondance de deux cercles concentriques, dont l'un reste immobile et l'autre fait sa révolution en vingt-quatre heures.

Grandes horloges de M. Wagner, rue du cadran, n° 59, à Paris.

M. Wagner ayant exécuté trois horloges, d'après la demande du ministre de la guerre, pour les villes d'Alger, de Bone et d'Oran, a désiré, qu'avant de partir pour la côte d'Afrique, ces pièces fussent examinées pour qu'il en fut porté un jugement. Le comité des arts mécaniques s'est rendu dans les ateliers de Monsieur Wagner, et y a dirigé son attention sur les détails de construction de ces horloges, sur les appareils de précision que cet artiste a imaginés ou du moins perfectionnés, pour arriver au degré de précision qu'il a atteint dans cette branche d'industrie.

L'horlogerie de clocher, quoi que l'exécution en fut souvent grossière et sans exactitude, était, il y a peu d'années fort coûteuse, surtout lorsqu'on voulait y apporter les soins capables de rendre les pièces susceptibles de donner l'heure avec précision, et de ne pas être sujettes à des dérangemens causés par les frottemens des renvois, la levée des marteaux, etc., il fallait que les prix fussent élevés à un taux qui rendait ces horloges très-dispendieuses. Les perfectionnemens que M. Wagner a apportés à son art sont appliqués non seulement aux horloges, dont il a simplifié les rouages de sonnerie et où il se sert de pièces fondues, mais aussi aux machines destinées à la fabrication même, qui sont établies avec tant de soin et de précision que l'habileté de l'ouvrier y est presque inutile. Le comité a examiné avec un grand intérêt les diverses parties de l'atelier, et a jugé qu'il convenait

de vous en exprimer sa satisfaction; il a espéré qu'il vous
ferait partager l'estime qu'il a conçue pour des travaux aussi remarquables, travaux qui placent leur auteur au premier rang de son genre d'insdustrie.

En effet, ce n'est pas l'exécution de quelques bonnes
horloges isolées que M. Wagner a eu pour objet, mais
celle de leur fabrication en grand, réunissant à la fois
une belle main-d'œuvre à des prix extrêmement mo-
dérés. Il construit des horloges de communes à heure
et demie, qui peuvent supporter la comparaison avec
celles du plus grand prix. La perfection de l'exécution
leur assure une marche dont la régularité a été cons-
tatée par M. Biot sur les horloges de Beauvais et de
Nointel, livrées par M. Wagner. La conscience que ce
savant académicien apporte dans toutes ses expériences
est un sûr garant de l'exactitude de son jugement.

Toutefois, nous pensons que ces horloges ne donnant pas les secondes, il a fallu toute l'attention dont
M. Biot est capable pour pouvoir en évaluer avec précision les très-petites erreurs; car les inégalités du jeu des
détentes de sonnerie ne permettent guère de se fier à des
agens aussi douteux dans leurs effets, pour y trouver
des appréciations exactes de durée.

Le pendule n'est pas à compensation métallique, la nécessité de ménager les frais rendait impossible l'emploi
de ce mécanisme ingénieux ; mais comme les bois bien
choisis ne sont pas sensiblement allongés par les éléva-
tions de température, et qu'on peut les garantir des
influences de l'humidité; cette partie de l'horloge conserve la régularité de ses mouvemens oscillatoires en
toute saison.

Le cadran, construit en plomb, en cuivre ou en bois,
et recouvert de peinture, est d'un prix modique.

Les dentures des rouages sont perfectionnées à l'aide
d'un système d'outils et d'une série bien entendue de
machines à fendre, de tour à chariot cylindrique et conique, de tour à dresser les parties plates, à l'instar de
l'appareil de M. Gambey; enfin, de machines exactes à

percer les plateaux des lanternes, et dont les divisions
des vis de rappel sont mathématiquement en rapport
avec les diamètres primitifs des roues.

Les prix, généralement très-bas, varient avec l'importance des sonneries, de 4 à 1,200 frans pour les
horloges de châteaux, de 8 à 1,200 francs pour celles de
communes, de 1,500 à 6,000 fr. pour les villes, selon
le poids des cloches et des marteaux.

C'est ici l'occasion de rappeler les services que Monsieur Wagner a rendu à la branche d'industrie qu'il
exerce, et principalement au mode de fendage des roues.
Ayant échoué, comme tous ses prédécesseurs, dans la
construction des fraises à gorges taillées, parce que la
reharbe de la taille ou le travail de la trempe altérait
la régularité des courbes, M. Wagner imagina d'employer un outil tranchant à une seule dent, en donnant
à cette dent, espèce de burin, une vitesse telle qu'elle
pût produire l'effet de la fraise. Ainsi, en supposant
cent divisions à la taille, il fit tourner son burin cent
fois plus vite que la fraise. Cette idée heureuse, employée d'ailleurs dans d'autres circonstances par divers
mécaniciens et dont il paraît que le mécanicien Sal-
neuve a fait usage le premier; a donné d'excellens
résultats.

En 1816, M. Wagner exécuta, pour M. Richard-
Lenoir, tous les engrenages de sa filature de lin.

Trois médailles d'argent, distribuées par les jurys
de différentes expositions des produits de l'industrie,
témoignent de l'unanimité des suffrages des connaisseurs et des améliorations successives de produits pré-
sentés par M. Wagner. L'horlogerie de tous genres,
les mécaniques, les filatures, ont été pour cet artiste
des sujets d'émulation, et il y a obtenu d'importans succès.

C'est M. Wagner qui a été chargé par le célèbre
Fresnel et par M. Arago de la confection des mécanismes
propres à alimenter d'huile les mèches concentriques
des lampes de phares; il imagina le système à trois
corps de pompe pour éviter l'intermittence des jets : les
résultats ont été satisfaisans.

Dans les circonstances présentes où tous nos insdustriels s'empressent de montrer au public les produits perfectionnés de leur art, M. Wagner est obligé de quitter Paris ; les ordres du ministre de la guerre l'obligent de partir immédiatement pour veiller à l'établissement de ses trois horloges sur la côte africaine.

Alliage pour l'horlogerie.

Un horloger anglais, M. Bennet, a trouvé un nouvel alliage très-propre à confectionner les crapaudines des pivots des montres ordinaires.

La composition qui lui a le mieux réussi est la suivante :

Or pur..................... Parties	31	
Argent pur......................	19	100
Cuivre.........................	39	
Palladium.......................	10	

Le palladium s'unit facilement avec les autres métaux ; l'alliage se liquéfie à une température moindre que celle nécessaire pour faire fondre l'or séparément, et, après son refroidissement, est plus dur que le fer forgé. Sa couleur est rouge brun. Son grain est aussi fin que celui de l'acier, il se travaille presque aussi facilement que le laiton ; mais son frottement est bien moins dur avec les pivots ordinaires. Sa propriété la plus précieuse, c'est que l'huile dont on l'imbibe n'est pas décomposée, et reste dans un état parfait de pureté de fluidité. Il a de plus l'avantage sur les crapaudines en pierre fine, de ne pas être sujet à se fendre, d'être d'un prix bien inférieur et d'acquérir un poli parfait.

Moyen de mesurer les températures moyennes.

M. Jurgensen, célèbre horloger de copenhague, connu pour un traité sur les échappemens libres et pour l'excellence de ses chronomètres, a imaginé dernièrement de faire servir ces chronomètres à la détermination de la température moyenne de 24 heures. On sait, en

effet, que pour mettre une montre à l'abri des variations de température, il faut adopter au balancier une
lame en arc de cercle composé de deux métaux, dont
l'inégale dilatation ouvre ou ferme la courbure de manière à retarder ou accélérer le mouvement.

Or, pour l'appliquer à la mesure des températures
moyennes, il faut placer en dehors la concavité de l'arc,
ce qui double la variation causée par la température.
M. Jurgensen a de plus ajouté un second arc pour rendre
encore l'effet plus sensible, et il obtient ainsi une variation de trente-une secondes et demie pour un degré de
température.

On conçoit, par conséquent, que si l'instrument est
comparé à un chronomètre régulier à deux instans éloignés de 24 heures, on connaîtra de combien la température a été au-dessus ou au-dessous d'une température
donnée.

Mais il aura fallu d'abord régler à une température
déterminée à zéro ; par exemple, la marche de cet instrument.

Moyen de couvrir hermétiquement les pendules de cheminée.

Il n'est personne qui n'ait remarqué combien, malgré
les ballons et les cloches dont on couvre communément
les pendules de cheminée, il pénètre de poussière dans
leur intérieure, et que la quantité en est d'autant plus
grande que les chambres, les sallons et les salles d'as-
semblée sont plus ou moins garnis de tapis, receptacles
inépuisables d'une poussière impalpable et abondante,
dout chaque pas fait élever des nuages qui, pour être
peu sensible à nos sens, n'en sont cependant que trop
réels.

Quelque bien fermées que soient nos pendules, quelque
bien faites que soient les garnitures des cloches et des
ballons dont on couvre celles des cheminées, on n'a jusqu'à ce jour encore pu éviter l'introduction de cette

poussière : c'est surtout lorsque l'air de leur intérieur
se met en équilibre avec celui des appartemens que
cette poussière tend à y pénétrer davantage. Ainsi,
c'est le matin, au moment où l'on ouvre et que se fait
le service de propreté, que l'air est rafraîchi et condensé
dans les appartemens, qu'elle s'insinue dans les ballons,
à travers la garniture de leurs bords, avec le courant
d'air qui va s'y mettre en équilibre.

Il est facile de juger des effets qu'à la longue doit produire cette introduction de poussière sur les mouvemens
et les rouages souvent tenus et délicats des pendules de
prix, quand on voit la couche épaisse de poussière qui
chaque jour se dépose sur les meubles, dans les appartemens garnis de tapis et où se réunissent de nombreuses
assemblées.

Trouver un moyen pour couvrir les pendules de cheminée aussi hermétiquement qu'il est possible de le faire
par les procédés ordinaires, et que ce moyen soit simple,
peu dispendieux, d'une facile application et par conséquent à la portée de tous, était donc rendre un service
essentiel à l'art de l'horlogerie, et c'est ce que vient
de faire M. Robert, dans son ingénieux procédé.

Ce procédé consiste à garnir le bord ou la partie inférieure des cloches ou ballons, non d'un velours épais
ou d'une double chenille, mais d'un bourrelet élastique,
qui entre de force sur la partie conique du socle, de
manière à presser assez fortement dans tout son pourtour contre le socle, pour que l'air ne puisse passer
entre les deux parties, à moins d'y être contraint par
une trop grande pression.

Le socle est creux ou en boîte composée d'un pourtour, d'un fond et d'un dessus ou couvercle : il est divisé
en deux parties, par un diaphragme ou poche de taffetas
gommé.

Le fond et le couvercle sont percés l'un et l'autre d'une
ouverture, celle du fond établit la communication entre
l'air extérieur et la partie du socle inférieur au diaphragme, tandis que celle du dessus ou couvercle l'établit

entre l'air de la cloche ou du ballon et la partie creuse et supérieure du socle.

Il résulte de cette disposition, qui est de la plus grande simplicité et que nous pouvons dire aussi simple qu'elle est ingénieuse, que, suivant les variations de la température des appartemens, l'équilibre s'établit avec la plus grande facilité entre l'air ambiant et celui des ballons sans aucune pénétration de poussière, puisque, lorsqu'il y a dilatation de l'air contenu dans leur intérieur, le diaphragme de taffetas cède et descend dans la partie inférieure du socle, et que, s'il y a au contraire condensation, il s'élève jusqu'à ce que l'équilibre soit bien établi.

Tel est le procédé présenté par M. Robert, pour couvrir hermétiquement les pendules de cheminées, et en général tous les mécanismes, les instrumens, les pièces et objets quelconques de prix et de curiosité que l'on voudrait soustraire à l'action de la poussière; enfin des sels, des préparations ou des matières déliquescentes, qu'il est important de préserver des vicissitudes ou des influences trop précipitées et trop prononcées de l'atmosphère. Ce procédé peut être également employé, et avec le plus grand succès, dans une foule de circonstances; dans les arts, les ateliers, les magasins, les musées, les collections, les cabinets de physiques, les laboratoires, les arsenaux, etc., etc.; il est difficile de présenter un procédé plus simple, plus ingénieux et d'une application plus facile. Il peut être construit à peu de frais; il peut entrer dans la composition des socles ordinaires de pendules, sans rien changer à leurs formes, à leurs dimensions et à leurs proportions accoutumées; enfin il remplit parfaitement les conditions de la proposition que M. Robert avait cherchée à résoudre, savoir : trouver un moyen simple, peu dispendieux, d'une facile application, et par conséquent à la portée de tous, pour couvrir, aussi hermétiquement qu'il est possible de le faire par les procédés ordinaires, les pendules de cheminée.

Aussi pensons-nous que, par ce procédé, M. Robert a réellement rendu un service essentiel aux arts, à l'histoire naturelle, à nos musées, et plus particulièrement à l'art de l'horloger et de l'ingénieur en instrumens de physique et de mathématiques.

Inconvénient du bois de chêne employé dans la construction des caisses de pendules ou autres instrumens astronomiques.

« M. Edouard Jacot-Descombes, âgé de 19 ans, du Locle, où il est domicilié, vient de faire une découverte qui ne manquera pas d'avoir une grande influence sur notre fabrique d'horlogerie. Depuis long-temps on cherchait un moyen d'obtenir dans les montres un échappement qui pût donner des secondes indépendantes, sans avoir recours à un second barillet et à des rouages particuliers, qui augmentaient de beaucoup le prix des chronomètres et les chargeaient d'un grand nombre de pièces inutiles dans un mouvement. Par un échappement à la Duplex, disposé d'une nouvelle manière, M. Jacot est parvenu, sans le moyen de ces auxiliaires, à obtenir des secondes indépendantes aussi précises qu'avec l'ancienne méthode. Il a établi lui-même une montre sur ce nouveau principe, et il a eu la satisfaction de voir sa première épreuve couronnée du plus entier succès. Il est vrai qu'un jour on y a observé un dérangement d'environ deux ou trois secondes dans les vingt-quatre heures ; mais un de nos meilleurs horlogers a reconnu que la cause de cette irrégularité gisait, non point dans le principe de l'échappement, mais dans quelque défaut des roues qui ont été travaillées par des ouvriers ordinaires. Nul doute qu'en apportant quelque soin à la fabrication, on ne parvienne à avoir des montres avec secondes indépendantes aussi régulières qu'on peut le désirer, et dont le prix cependant ne sera guère plus élevé que celui des montres ordinaires. »

Une lettre à l'éditeur, signale une observation importante faite par un astronome, relativement à l'effet produit par le bois de chêne sur les métaux qui se trouvent en contact avec lui, ou dans son voisinage. Les pièces d'une pendule précieuse s'étaient couvertes de rouille deux fois, malgré un nettoiement complet opéré par la personne qui probablement l'avait lui-même fabriquée, et on ne pouvait parvenir à expliquer ce fait que n'offraient point les autres instrumens placés dans le même observatoire. La pendule était assujétie entre deux pièces de bois, celle de devant en mahogany et celle du fond en chêne ; ces deux pièces étant liées entr'elles par des bras de cuivre taraudés à leur extrémité postérieure. Soupçonnant que le mal provenait de l'influence du bois de chêne, l'on démonta ces bras, et on reconnut que', tandis que la portion de leur longueur qui traversait le mahogany était parfaitement brillante, celle qui s'enfonçait dans le chêne était couverte d'un oxide ou d'un sel de cuivre. Un Chimiste, appelé à examiner le cas, attribua tout le mal à l'influence du chêne ; de petits trous ayant été percés dans cette pièce de bois au moyen d'un foret', des parcelles de chêne retirées du trou, et pesant deux ou trois grains furent chauffées dans de l'eau distillée sur la flamme d'une bougie, et cette eau rougit immédiatement le papier de tournesol, il était même inutile de recourir à ce procédé, car des morceaux de ce papier introduits dans les trous pratiqués dans le bois, bien que parfaitement secs, furent eu peu de secondes fortement rougis : ce qui prouvait que l'acide contenu dans le chêne était extrêmement volatil, les mêmes procédés ne firent découvrir aucune trace d'acide dans le mahogany ; le Chimiste fut d'avis que l'on ne parviendrait pas à remédier à cette influence du chêne en le vernissant ou en le recouvrant d'un placage. L'on cite deux autres exemples du même effet produit sur des intrumens astronomiques : cette action du bois de chêne ne saurait du reste étonner, si l'on réfléchit que l'écorce de cet arbre contient en abondance le tannin, qui prend aisément les propriétés acides, et que ses feuilles produisent ces excroissances qui, dans certaines espèces, prennent le nom de noix de galle, et donne naissance à l'acide.

VOCABULAIRE

DES MOTS TECHNIQUES EMPLOYÉS DANS L'ART DE L'HORLOGER.

A

Acier. L'acier est le plus dur des métaux et le plus utile dans le travail des principales pièces qui composent les horloges et les montres. Voici le rapport de la dilatation du fer, de l'acier et du laiton, en passant de la glace pilée, c'est-à-dire depuis le zéro du thermomètre de Réaumur, au 27° degré....L'acier recuit 69, l'acier trempé, 77. — Le fer recuit, 75 ; le fer battu 78.—Le cuivre jaune, 121. Les quantités que nous venons de donner expriment des trois-cent-soixantièmes de ligne ; ainsi, l'acier recuit donne, pour la quantité absolue de son alongement, soixante-neuf-trois-cent-soixantièmes de ligne, en passant de la glace à 27 degrés de chaleur, donnée par le thermomètre de Réaumur ; et ainsi de suite pour les autres.

Alaisoir. Outil rond, insensiblement conique, d'acier trempé et poli. Il sert à polir les trous des pivots.

Alidade. Pièce d'acier trempé de la machine à fendre. En général elle sert à fixer les divisions égales sur une plate-forme, etc.

Ancre. Pièce du second échappement, qui a été inventé pour les horloges à pendules. (*Voy.* pag. 97.)

Arbre, *essieu*, *tige*, ou *axe*. Termes synonymes pour désigner une pièce qui tourne sur elle-même au moyen de ses pivots. (*Voy.* Pivots.)

. Arrêts, mécanisme employé pour suppléer avantageusement au Garde-chaine.(*Voy.* ce mot, page 213.)

ASSIETTE. On appelle assiette, en horlogerie, une pièce formant une base qui sert à y fixer une roue, etc. L'assiette d'une roue est un canon chassé à force sur une tige pour y river la roue.

AXE, ou *centre du mouvement* d'une pièce qui tourne sur elle-même. (*Voy.* ARBRE.)

B

BALANCIER. Le balancier est un anneau circulaire, dont la circonférence, également pesante, est concentrique à un axe portant deux pivots, sur lesquels cet anneau peut tourner librement : il doit donc, par sa nature, rester en équilibre sur lui-même, qu'elle que soit sa position ; et il doit de même conserver son mouvement par les diverses positions qu'on peut lui donner. Le balancier, joint au premier échappement connu, celui à roue de rencontre, devint le modérateur ou régulateur des anciennes horloges, de celles portatives, etc. Le balancier seul ne peut produire des oscillations.

BALANCIER RÉGULATEUR. Le balancier joint au ressort spiral réglant, est devenu le régulateur des horloges portatives modernes, appelées *montres*. Il est celui des horloges à longitudes et des horloges astronomiques portatives. L'élasticité du spiral est au balancier ce que la pesanteur est au pendule.

BARILLET ou *tambour*. Pièce creusée au tour, dans le vide de laquelle on place un ressort plié en spirale, pour servir aux horloges ou aux montres.

BASCULE. Petit levier qui agit sur les chevilles de la roue de sonnerie, et qui sert à élever le marteau.

C

CADRAN. Cercle gradué qui porte les chiffres servant à marquer les parties du temps parcourues par les diverses aiguilles.

CADRAN SOLAIRE. (*Voy.* MÉRIDIENNE.)

CADRATURE. Ce sont les pièces d'une horloge, etc., qui, placées entre la platine et le dessous du cadran, servent à faire tourner les roues des heures. On appelle aussi *cadrature* les pièces de la répétition qui sont placées sous le cadran.

Cage. C'est ce qui contient les roues et le mécanisme de l'horloge ; elle est composée de quatre piliers et de deux plaques appelées *platines*.

Calibre, ou *plan* sur lequel on trace la disposition des pièces d'une horloge. (*Voy.* pag. 7 et 18).

. Canon. Tuyau creux ou percé dans sa longueur pour tourner autour d'un axe, et qui peut avoir un mouvement différent en durée de celui de l'axe. (*Voy.* Concentrique.)

Centre de mouvement. C'est le point autour duquel une pièce tourne.

Centre d'oscillation. C'est , dans le pendule , le point autour duquel toute la force du poids de la verge et de la lentille est réunie. Ce centre est au-dessus de celui de gravité.

Centre de suspension. C'est, dans un pendule , le point autour duquel le pendule oscille.

Chaleur. La chaleur augmente , dans tous les sens, le volume de tous les corps.

Chaperon. (*Voy.* Roue de compte.)

Chaussée. Canon qui s'ajuste à frottement sur la tige de la roue des minutes , et dont le bout porte , à carré, l'aiguille , afin de la faire tourner séparément de la tige pour mettre à l'heure. (*Voy.* Minuteries.)

Cliquet. Petit levier mobile sur son centre , qui, pressé par un ressort , soutient l'effort du moteur, et facilite son remontage. (*Voy.* Encliquetage.)

Compensation. On appelle de ce nom un mécanisme au moyen duquel on corrige ou détruit des variations de l'horloge qui sont indépendantes de la machine même , comme de compenser dans le pendule ou dans le balancier, les variations causées par la dilatation et contraction des métaux, par les divers degrés de chaud et de froid.

Concentrique, qui a le même centre de mouvement.

On dit que deux aiguilles sont concentriques lorsqu'elles tournent séparément autour d'un même centre : c'est ainsi que l'aiguille des heures est attachée sur un canon qui roule sur la tige de la roue des minutes pour porter l'aiguille.

CONDENSATION, ou *contraction*, termes qui expriment la diminution du volume d'un corps par le froid.

CRÉMAILLÈRE. Râteau denté dont les dents sont souvent figurées à crochet. (*Voy*. RATEAU.)

CYCLOÏDE. Ligne courbe formée par la révolution d'un point de la circonférence d'un cercle sur une ligne droite. (*Voy*. page 72.)

D

DEGRÉ, c'est la 350ᵉ partie d'un cercle.

DENT. Espèce de levier dont les roues et les pignons sont formés pour se communiquer le mouvement. Les extrémités des dents doivent être terminées par une courbe, anfin que le mouvement transmis soit uniforme. Cette courbe est celle que les géomètres appellent EPICYCLOÏDE. (*Voy*. ce mot.)

DÉTENTE. Pièce de sonnerie qui sert à arrêter ou à donner le mouvement au rouage pour que l'heure sonne.

DILATATION, ou *Extension*, termes de physique par lesquels on exprime l'effet de la chaleur sur les corps pour en augmenter le volume.

DRAGEOIR. Rainure faite autour du barillet pour recevoir le couvercle, ou dans la lunette d'une boîte de montre pour loger le cristal.

E

ÉCHAPPEMENT. L'échappement est cette mécanique de l'horloge dont les fonctions sont : 1º de restituer au régulateur, soit le pendule ou le balancier, la force qu'il perd à chaque vibration par le frottement qu'il éprouve, et par la résistance de l'air ; 2º pendant que le régulateur mesure le temps, l'échappement règle la vitesse du mouvement des roues, lesquelles indiquent,

par leurs aiguilles, sur le cadran, les parties du temps,
divisé par le pendule ou par le balancier. Il faut considérer deux temps dans l'effet de l'échappement : celui
de l'impulsion rendue au régulateur, pendant lequel
la roue avance d'une partie qui répond à une vibration ;
et le second, celui par lequel l'action de la roue et celle
du moteur demeurent suspendues, tandis que le régulateur achève son oscillation. (*Voyez* le Chapitre des
Échappemens, de la page 79 à la page 105.)

ENCLIQUETAGE ou *Remontage*. On appelle ainsi le
mécanisme au moyen duquel on remonte le poids moteur, le ressort d'une horloge, ou la fusée d'une montre.
(*Voyez* p. 13.)

ÉCROU. Pièce dont le trou est cannelé en vis.

ENGRENAGE. On nomme engrenage l'action des dents
d'une roue sur celles d'une autre roue ou d'un pignon,
pour la faire tourner autour de son centre de mouvement,
et pour lui transmettre son mouvement. (*Voyez* le
Chapitre v, des Engrenages, de la page 71 à la
page 78.)

ÉPICYCLOÏDE. C'est la courbe qui doit terminer l'extrémité
des dents des roues et des ailes des pignons, pour que
l'action de la roue soit uniforme, propriété indispensable dans l'engrenage. L'*épicycloïde* est une courbe
formée par la révolution d'un point de la circonférence
d'un cercle autour d'un autre cercle. (*Voyez* page 75.)

ÉQUATION DU TEMPS. C'est la différence qu'il y a
chaque jour de l'année, entre le temps vrai, mesuré
par le soleil, et le temps moyen mesuré par les horloges.

ÉTOILE. Roue formée par des rayons angulaires. C'est
une partie des horloges à répétition.

ÉTUVE. Boîte disposée convenablement pour faire
varier sa température intérieure de manière à éprouver
les effets de ces changements dans les corps ou machines qu'on y place.

F

FORCE, ou puissance d'un corps en mouvement pour
vaincre un obstacle.

FORCE MOTRICE. Dans les horloges fixes, c'est le poids; dans les horloges portatives, c'est le ressort.

FRAISES. Limes circulaires qui servent à fendre les dents des roues et des pignons. Les fraises sont de petites roues faites d'acier trempé; elles sont fendues ou taillées en rochet.

FROTTEMENT. On appelle frottement la résistance qu'éprouve un corps qui tourne, roule ou glisse sur un autre; cette résistance détruit une partie de l'action ou puissance qui fait mouvoir le corps.

Le frottement est produit par l'engrènement des surfaces qui terminent ces corps, parce que la matière dont ils sont composés est inégale et séparée par des *pores* qui, étant pénétrés par les parties raboteuses de la matière, obligent les surfaces à se déchirer, etc.

La considération du frottement est très-importante dans les machines en général, mais surtout dans celles qui mesurent le temps, parce qu'il est le plus grand obstacle à leur constante justesse.

Le frottement augmente en raison de la pression, et en proportion de l'espace parcouru; il est le produit de la pression et de l'espace parcouru; il s'accroît à mesure que les surfaces se déchirent; il varie par les températures, et le grand froid l'augmente au point de suspendre en entier le mouvement de l'horloge.

FUSÉE. Cône tronqué, à peu près de la figure d'une cloche. La propriété importante de la fusée est de servir à égaliser la force du ressort moteur des horloges portatives; en sorte que le ressort, par cette belle invention, devient une puissance motrice aussi égale et constante que celle du poids moteur. (*Voyez page* 15.) Moyen de la supprimer sans nuire à la régularité de l'horloge portative. (*Voyez* page 56.)

G

GARDE-CHAINE. Mécanisme employé dans les horloges à ressort à fusée pour former un arrêt assez fort pour empêcher de remonter trop haut le ressort moteur, crainte de le faire casser ou de faire rompre la chaîne. (*Voyez* page 13 et ARRÊTS.)

II

HORLOGE. Mot propre dont on se sert pour désigner une machine quelconque qui divise et marque les parties du temps. On les divise en plusieurs espèces, selon l'usage auquel elles sont destinées : 1° *horloges portatives*, vulgairement appelées *montres* ; 2° horloges d'appartement ou de cheminée, à pendule, qu'on désigne vulgairement sous le nom de *pendules* ; 3° horloges de clocher ou de tour, qu'on désigne sous le nom de *grosses horloges*. On ajoute à ces dénominations des épithètes ou des périphrases pour indiquer des fonctions particulières qu'elles exécutent: *montre à répétition*, *à réveil*, etc.

HORLOGERIE. L'horlogerie est l'art de faire les machines qui mesurent le temps.

HUILE. L'huile appliquée aux parties frottantes des corps qui se meuvent, diminue leur frottement. Les horlogers ont reconnu de tous les temps que l'huile d'olive est la meilleure de toutes pour lubrifier les pivots des axes nombreux qu'ils emploient dans les machines à mesurer le temps; mais l'expérience leur a appris que la meilleure et la plus pure de ces huiles contient encore quelques principes qu'ils s'attachèrent à enlever. Leurs tentatives sont toujours restées infructueuses. Nous n'en exceptons pas le procédé de M. Laresche, qui n'a pas tenu ce qu'il avait promis. Le savant académicien, M. Chevreul, dans son importante analyse des corps gras, a ouvert la voie qui doit conduire à la solution de cet intéressant problème. Il a prouvé que les corps gras sont composés de deux substances distinctes : l'une toujours fluide, qu'il nomme *oléine*, et l'autre, au contraire toujours solide dans son état de pureté, à laquelle il a donné le nom de *stéarine*. M. Braconnot, célèbre chimiste à Nancy, a constaté que l'huile d'olive contient sur 100

parties, 23 parties de *stéarine* sur 72 parties d'*oléine*.
Voici le procédé qu'il a indiqué pour opérer cette
séparation.

Pendant les froids les plus intenses de l'hiver on fait
geler l'huile, on la comprime ensuite pendant plusieurs
jours à l'aide d'une forte presse, à la température au-
dessous de zéro, entre plusieurs feuilles de papier
brouillard, en ayant soin de le renouveler jusqu'à ce
qu'il cesse de le tacher. Il le pousse de nouveau à une
température de + 15° (Réaumur); il finit par obtenir
une matière blanche, cassante, au moins aussi cassante
que le suif le plus dur, d'une odeur et d'une saveur de
suif très-prononcées; c'est la *stéarine.*

Pour obtenir l'*oléine*, il humecte d'eau tiède le
papier gris dans lequel l'huile gelée a été comprimée;
puis il en fait un nouet qu'il soumet à l'action de la
presse et il en retire cette substance, l'*oléine*, qui est
parfaitement fluide. Plusieurs horlogers qui s'en sont
servis y ont reconnu les qualités qu'ils cherchaient
depuis long-temps.

I

ISOCHRONE. Mouvement qui est de même durée. On
appelle en général *isochrones* les oscillations ou vibrations d'un corps qui sont de mêmes durées. Ces oscillations sont naturellement *isochrones* lorsque le corps
qui les mesure parcourt constamment la même étendue,
et que par conséquent il a la même vitesse; mais ou
a fait plus, on est parvenu à rendre *isochrones* les
oscillations d'inégale étendue.

L

LENTILLE. Poids que l'on attache au bas de la verge
qui forme le pendule. Sa forme étant angulaire éprouve
moins de résistance de la part de l'air.

LEVIER. Machine simple, la première puissance de
la mécanique. Le levier est une verge inflexible qui,
formant deux bras inégaux, et étant supportée, au
point qui les divise, par un appui, augmente la force
limitée de l'homme, sert à élever les fardeaux lorsqu'il

agit sur les plus longs bras. Le levier entre dans la composition de toutes les machines, ou plutôt les machines ne sont que des composés de levier.

LIMAÇON. Pièce d'une répétition figurée en spirale et formée par des degrés ou marches qui vont de la circonférence au centre. Le limaçon des heures est divisé en douze parties ou degrés, formés chacun en portions de cercle : ce limaçon détermine le nombre de coups que la répétition doit sonner, au moyen du râteau dont un bras va appuyer sur un des degrés.

Le limaçon des quarts est divisé en quatre parties.

LIMBE. Cercle ou portion de cercle graduée en degrés, etc.

M

MACHINE. On entend en général par *machine* un composé de pièces qui, correspondant entre elles d'après les principes de la mécanique, sert à augmenter la force ou puissance limitée de l'homme, ou a suppléer et étendre son adresse.

C'est sous ce dernier point de vue que les machines ou instrumens sont employés dans le travail des horloges.

MACHINE A ARRONDIR. C'est le nom d'un instrument utile pour la perfection des engrenages dans les machines qui mesurent le temps ; c'est par son secours que l'on figure en épicloïdes les dents des roues et des pignons. (*Voyez* page 204.)

MACHINE A FENDRE. On appelle ainsi l'instrument le plus utile en horlogerie : c'est celui qui sert à fendre ou tailler les dents des roues et des pignons, à graduer les cadrans, etc.

MÉRIDIENNE. (*Voyez* pag. 149.)

MÉTAUX. Les métaux se dilatent par la chaleur et se condensent par le froid, selon toutes leurs dimensions. (*Voyez* DILATATION, etc.)

MINUTERIES ou *Roues de cadran*. Ce sont des roues qui, placées entre la platine et le cadran, servent à la conduite des aiguilles qui marquent les heures et les minutes.

Les minuteries, dans les montres et les pendules ordinaires, sont composées du pignon de chaussée, dont le bout du canon, figuré en carré, reçoit l'aiguille des minutes : le canon de chaussée s'ajuste à frottement sur le pivot ou tige prolongée de la roue du rouage qui fait un tour par heure ou en soixante minutes. Le pignon de chaussée engrène dans une roue dont le diamètre, trois fois plus grand que celui du pignon, a trois fois plus de dents, et conséquemment le pignon de chaussée fait trois tours pendant que la roue en fait un ; celle-ci, qui s'appelle roue *de renvoi*, fait donc un tour en trois heures de temps. La roue de renvoi es' fixée sur un pignon qui conduit la roue de cadran, dont la révolution se fait en douze heures. La roue de cadran est fixée sur un canon dont le bout porte l'aiguille des heures ; ce canon tourne librement sur le canon de chaussée.

Montre. Horloge portative.

Moteur. C'est un agent quelconque qui donne le mouvement à une machine. Dans les horloges astronomiques fixes à pendules, le moteur est un poids ; dans les horloges portatives, c'est un ressort.

Mouvement. On appelle mouvement, en horlogerie, la partie intérieure de l'horloge qui sert à la mesure du temps, et qui le marque par les aiguilles et le cadran.

O

Oscillation ou *Vibration*, mouvement d'un corps qui va et revient alternativement sur lui-même : l'allée et la venue de ce corps forment deux *oscillations*.

P

Palette. Petit levier porté par chaque bout de l'axe du balancier dans l'échappement à roue de rencontre

Pendule. Horloge à pendule. Le mot *horloge* est le plus convenable à employer lorsque l'on parle de la machine en général : le pendule n'en forme qu'une partie, qui prend le nom de *régulateur*. On appelle

28

aussi *pendule* un corps qui, étant suspendu par un fil ou une verge, oscille librement autour d'un centre.

Pignon. Petite roue dentée.

Piliers. Montans qui servent à assembler deux plaques ou platines pour former la cage qui doit contenir les roues et autres pièces de l'horloge.

Piton. C'est une pièce d'une montre, laquelle, attachée à la platine, sert à fixer le bout extérieur du ressort spiral, réglant, du balancier.

Pivots. Ce sont deux portions cylindriques qui terminent les bouts des axes ou essieux et sur lesquels l'axe et les pièces qu'il porte tournent dans des trous. Les pivots sont plus petits que l'axe, afin d'éprouver moins de résistance du frottement; les pivots sont retenus, selon leur longueur, par de petites bases ou surfaces qui portent contre le dehors du trou.

Pont. Pièce coudée à chaque bout, afin de former une petite cage à une partie de l'horloge.

Pyromètre. Instrument qui sert à faire connaître les différens degrés de dilatation et de condensation des métaux et autres corps, par le chaud et par le froid.

R

Rateau. C'est, en horlogerie, une portion de roue dentée dont les dents sont figurées quelquefois comme les dents ordinaires des roues; d'autres fois elles sont en rochet; on donne souvent à un râteau le nom de *crémaillère*.

Recul (*Echappement à*). C'est celui qui, après avoir reçu l'impulsion de la roue, le régulateur achevant sa vibration, fait reculer la roue; tel est l'échappement à roue de rencontre, à double levier, à ancre, etc. (*Voy.* page 80.)

Régulateur. C'est dans les machines qui mesurent le temps, la puissance qui, par l'égale durée de ses mouvemens ou vibrations, règle et détermine la vitesse des roues, et par conséquent la mesure du temps : tel est le pendule à compensation dans les horloges astrono-

miques et fixes , et le balancier réglé par le spiral et
à compensation dans les horloges portatives perfectionnées d'après le système des horloges-marines.

REMONTOIR. On appelle de ce nom un mécanisme
particulier dont le but est de rendre parfaitement
égale et constante la force qui entretient le mouvement
du régulateur, et de telle sorte qu'il ne participe-pas
ou ne reçoive pas les forces inégales que causent les
variations des frottemens des pivots du rouage , celle
des engrenages , l'inégalité de la force metrice , etc.

RÉPÉTITION. Mécanisme adapté à l'horloge, au moyen
duquel, en tirant un cordon , etc., on peut avoir, à
chaque moment du jour ou de la nuit , l'heure et les
parties d'heure qui sont marquées sur le cadran.

REPOS (*Echappement d*). On a donné ce nom aux
échappemens dans lesquels, la roue, après avoir donné l'impulsion au régulateur, reste immobile pendant
que celui-ci achève sa vibration. (*Voy.* page 80.

RÉSISTANCE. (*Voy.* FROTTEMENT.)

RÉVEIL. Le réveil est une machine simple et ingénieuse adaptée à l'horloge , et au moyen de laquelle ,
à une heure et à un instant donnés de la nuit , un marteau frappe à coups précipités sur un timbre , et fait
un bruit assez fort pour avertir et réveiller. (*Voyez*
page 41.)

ROCHET. Roue dentée dont les dents sont droites
d'un côté et dirigées vers le centre , et inclinées de
l'autre côté. Le rochet est employé à divers usages : le
premier a été de servir au remontage du moteur dans
le mécanisme appelé *encliquetage*; le second usage du rochet a été d'être substitué à la roue de rencontre , et de
former la roue d'échappement , de l'échappement à
ancre , soit à recul, soit à repos , etc.; on l'appelle alors
rochet d'échappement.

ROUAGE. C'est l'assemblage de plusieurs roues et
pignons qui , placés dans une cage , s'engrènent successivement de manière à transmettre à la dernière
roue le mouvement que la première reçoit du moteur.

ROUE DE COMPTE. (*Voy.* page 45.)

S

Sautoir. Espèce de cliquet qui, dans la répétition, contient l'étoile sur laquelle est fixé le limaçon des heures.

Sonnerie. Mécanisme adapté à l'horloge, et au moyen duquel un marteau frappe sur un timbre, à chaque heure révolue, autant de coups que l'aiguille marque d'heures sur le cadran.

Spiral (*Ressort*). On appelle *spiral* une lame d'acier trempé, pliée selon la figure spirale des géomètres : adapté au balancier, il devient une partie intégrante du régulateur. Le spiral est au balancier ce que la pesanteur est au pendule : c'est le spiral réglant qui produit les vibrations du balancier ; il détermine conjointement avec la masse et le diamètre du balancier la durée des oscillations.

Suspension. On appelle en général *suspension*, dans les machines qui mesurent le temps, cette partie de l'horloge qui supporte le régulateur, de telle sorte qu'il puisse osciller librement. On fait des suspensions *à ressort*, d'autres *à couteau*.

T

Tour. Outil qui sert à tourner ou à rendre rondes les diverses pièces employées dans les machines.

Trempe. Opération par laquelle on fait acquérir à l'acier toute la dureté dont il est susceptible. Pour cet effet : on fait chauffer la pièce qu'on veut tremper jusqu'à ce qu'elle soit d'un rouge couleur de cerise : en ce moment on la plonge dans de l'eau froide et elle acquiert une grande dureté.

V

Vibrations ou *Oscillations*. C'est, dans le pendule, le mouvement qu'il fait en allant et revenant sur lui-même. Ce sont ces vibrations qui règlent le mouvement de l'horloge et qui forment la mesure du temps.

Le balancier réuni au spiral, a, comme le pendule,

nu mouvement de vibrations qui règle la marche de l'horloge ou de la montre.

VIROLE C'est, dans le barillet, le cercle qui forme le tambour pour placer le ressort moteur.

VIROLE DU SPIRAL. C'est un petit canon fendu qui s'ajuste sur l'axe du balancier, pour y fixer le bout intérieur du ressort spiral réglant.

VIS. Instrument qui est d'une utilité générale dans tous les arts mécaniques. La vis est un cylindre cannelé en spirale, et qui, conduite par un levier, acquiert une force capable de mouvoir et de presser très-fortement les corps sur lesquels on la fait agir.

VIS SANS FIN. C'est un cylindre cannelé et creusé en spirale sur sa surface, en formant un filet qui, engrenant dans les dents d'une roue, la fait avancer d'une dent pendant que la vis fait un tour. La vis sans fin ne diffère de la vis ordinaire qu'en ce qu'elle reste fixée en retournant entre deux collets ou pivots, et par son engrènement avec une circonférence cannelée en vis. Celle-ci tourne pendant que la vis, à chacune de ses révolutions, fait avancer une dent de la roue ; si la vis est à deux filets ; elle fait avancer deux dents à chacune de ses révolutions. On emploie la vis sans fin en mécanique pour imprimer un mouvement très-lent à une roue par le moyen d'une autre roue fixée sur l'axe de la vis sans fin et qui lui imprime le mouvement du moteur.

VOLANT. Le volant est le modérateur ou le régulateur des rouages à sonnerie, à répétition, etc. Il est formé par deux ailes larges et légères, qui, par la résistance qu'elles éprouvent dans l'air, servent à modérer la vitesse des roues et à régler l'intervalle entre chaque coup de marteau.

FIN.

TABLE DES MATIÈRES.

CHAPITRE XIV.

CHAPITRE XV.

FIN DE LA TABLE.

Vitry-le-François, Imprimerie de FAROCHON.

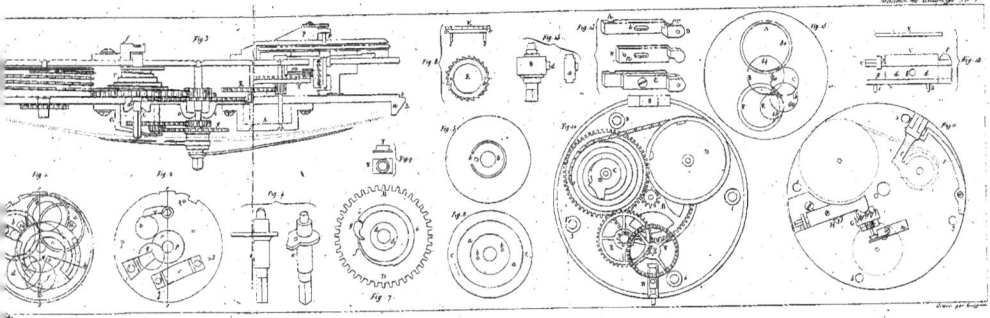

Fig. 1
Fig. 2
Fig. 3
Fig. 4
Fig. 5
Fig. 6
Fig. 7
Fig. 8
Fig. 9
Fig. 10
Fig. 11
Fig. 12
Fig. 13

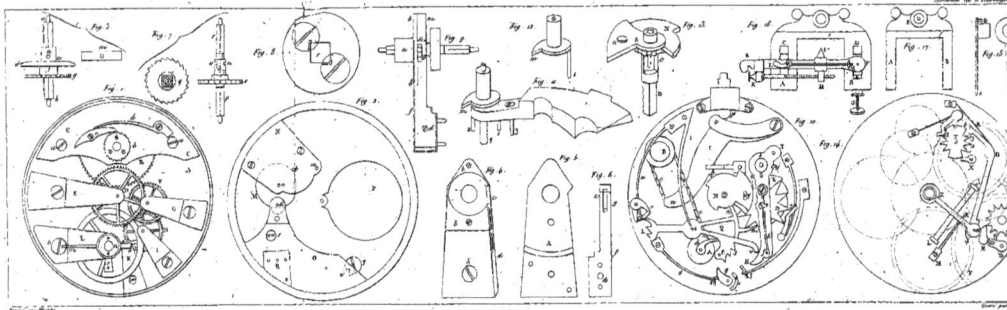

Fig. 2 Fig. 7 Fig. 8 Fig. 9 Fig. 13 Fig. 3 Fig. 4 Fig. 17 Fig. 18

Fig. 1 Fig. 7 Fig. 6 Fig. 5 Fig. 10 Fig. 16

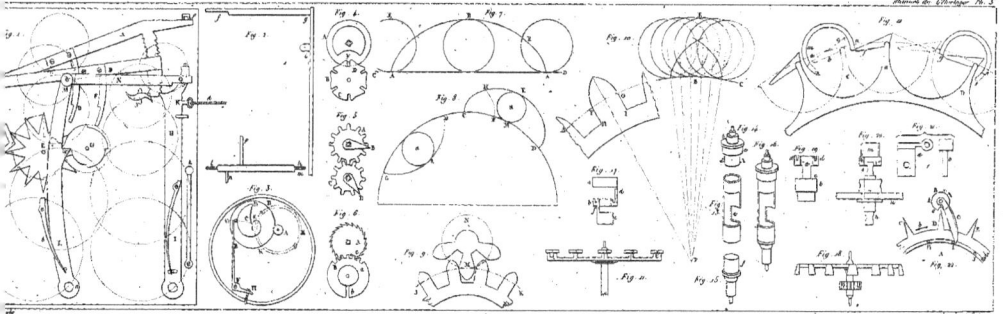

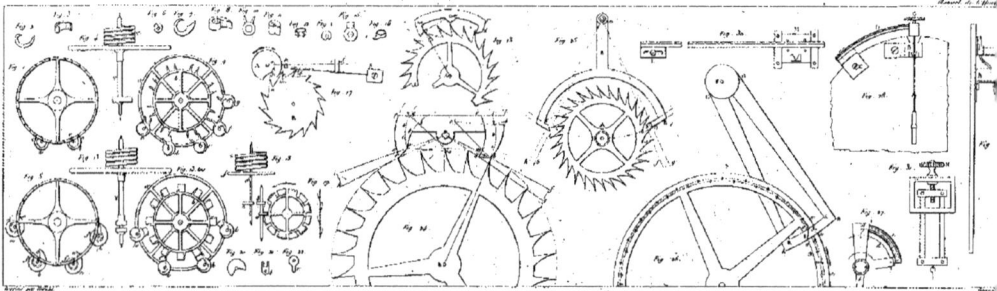

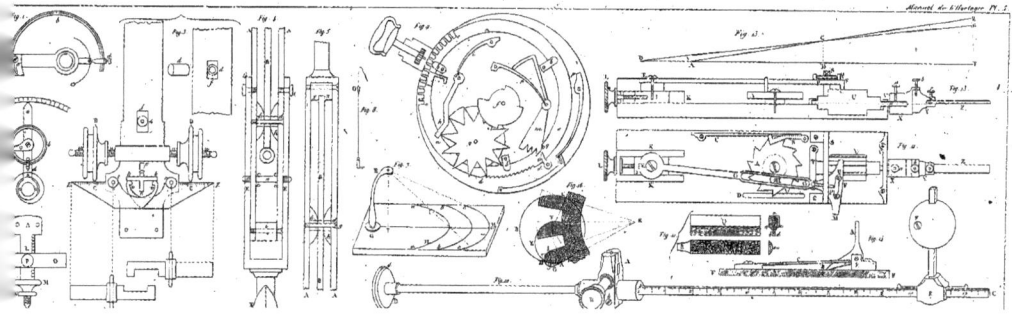

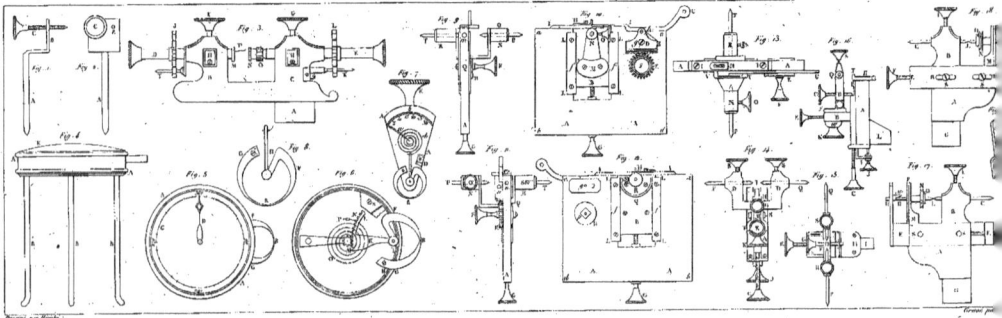

Fig. 1 Fig. 2 Fig. 3 Fig. 4 Fig. 5 Fig. 6 Fig. 7 Fig. 8 Fig. 9 Fig. 10 Fig. 11 Fig. 12 Fig. 13 Fig. 14 Fig. 15 Fig. 16 Fig. 17 Fig. 18

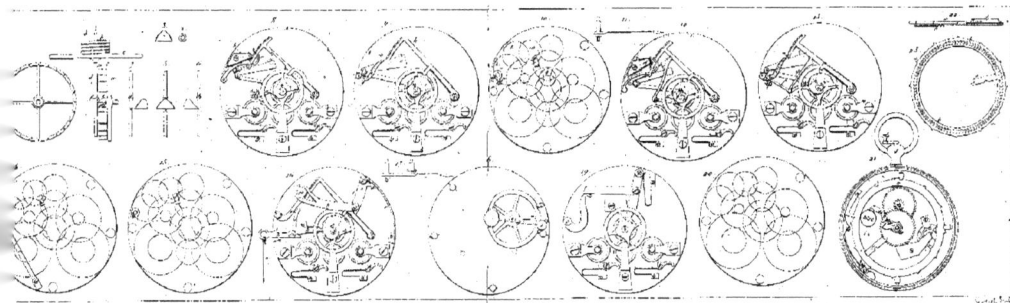

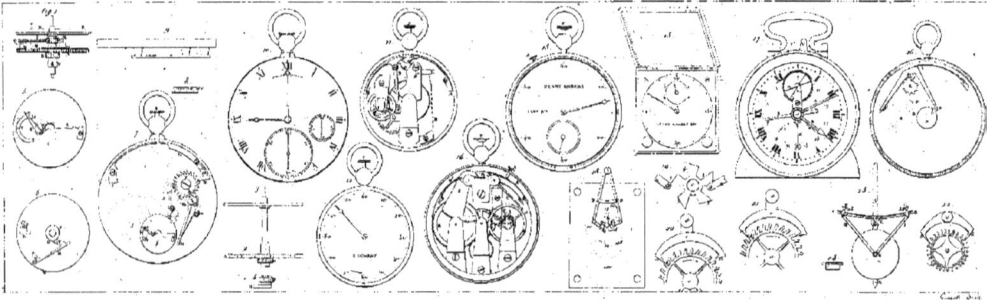

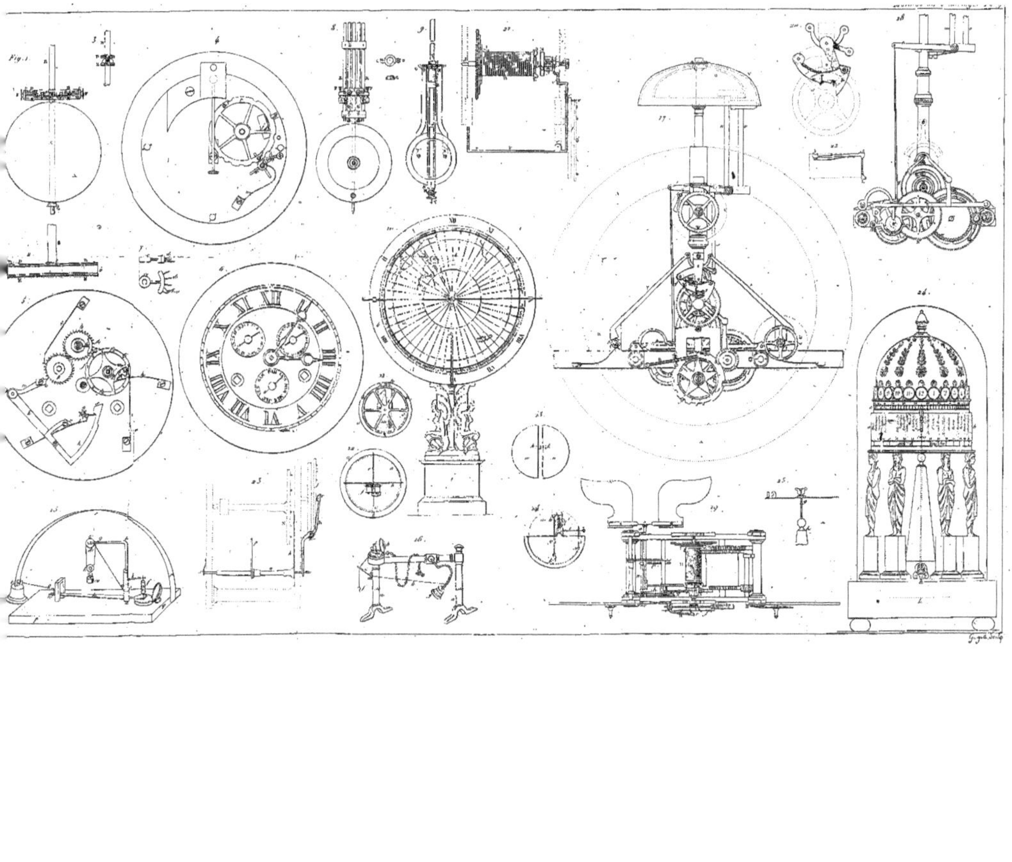